城市电力隧道与地铁隧道
同步建设技术
广州石井—环西电力隧道工程

主　审　黄威然　郭广才　颜天佑　罗淑仪
主　编　毕超豪　王小忠　梁怡星　潘　泓
副主编　雷　磊　雷正辉　张耿斌　叶浩霖　骆冠勇

中国建筑工业出版社

图书在版编目（CIP）数据

城市电力隧道与地铁隧道同步建设技术：广州石井
—环西电力隧道工程 / 毕超豪等主编；雷磊等副主编.
北京：中国建筑工业出版社，2024.12. -- ISBN 978-7-
112-30590-2

Ⅰ. TM7；U231.3

中国国家版本馆 CIP 数据核字第 2024A0J646 号

责任编辑：刘颖超　梁瀛元
责任校对：姜小莲

城市电力隧道与地铁隧道同步建设技术　广州石井—环西电力隧道工程

主　审　黄威然　郭广才　颜天佑　罗淑仪
主　编　毕超豪　王小忠　梁怡星　潘　泓
副主编　雷　磊　雷正辉　张耿斌　叶浩霖　骆冠勇

*

中国建筑工业出版社出版、发行（北京海淀三里河路 9 号）
各地新华书店、建筑书店经销
国排高科（北京）人工智能科技有限公司制版
临西县阅读时光印刷有限公司印刷

*

开本：787 毫米 × 1092 毫米　1/16　印张：18¼　字数：392 千字
2025 年 2 月第一版　　2025 年 2 月第一次印刷
定价：**178.00** 元
ISBN 978-7-112-30590-2
（43960）

编 委 会

随着社会的进步和城镇化率的提高,地面地上空间日益紧张,地下空间已成为城市最后的宝贵资源。而电力是现代城市的生命线,是人们追求高品质生活的必需品。如何将原需占有大量地面土地的传统"高压高架"结构,转到电力供应更为可靠、更为稳定、更易维护的地下?对现代城市建设来说,既是优先选项,又是同时存在管理和技术的难题。更何况为了达到地下资源共享的目标,电力与交通行业的地铁隧道协同建设,无疑是充满挑战的课题。

《城市电力隧道与地铁隧道同步建设技术 广州石井—环西电力隧道工程》这本书为电力、地铁等行业展示了一种创新的协同隧道建设模式和系列新技术,其在有效减少建设用地、减少资源投入以及成功克服全国最复杂地质条件方面的经验,将为高质量的城市建设带来新的启示。

首先,同步建设电力隧道和地铁隧道,大大减少了建设用地。在城市土地资源日益紧张的今天,每一寸土地都显得尤为重要。这种同步建设的技术,通过优化设计和施工策略,有效地避免了土地的重复开挖和使用,极大地提高了土地的利用效率。

其次,这种建设模式也显著减少了其他资源的投入。通过同步建设,电力隧道和地铁隧道的施工过程得到了优化,避免了建筑材料和人力设备的重复投入,从而有效地降低了施工成本。

最后,值得一提的是,该段电力隧道成功克服了全国最复杂的地质条件。该段工程地处富水岩溶发育区,地面老旧建(构)筑物众多,管线密集,交通繁忙,地下大多是上砂下岩的复合地层且界面频变起伏,对隧道的建设提出了极大的挑战。本书所介绍的同步建设模式和系统创新技术,通过精心设计和严格施工,攻克了无数地质风险,确保了电力隧道的安全、稳定运行。

该书由一线的建设者根据亲身经历,历经 3 年编著而成。我相信,该书的出版将为我国的城市隧道建设事业带来新的启迪，期待其在未来的实践中得到更好的应用和发展。

2024 年 12 月

前 言
FOREWORD

在人类社会发展的长河中，能源始终是推动文明进步的重要力量，其中电力无疑是最为独特和最为重要的一种能源，它是经济活动的血液，为现代城市带来了前所未有的便利和美好。电缆隧道隐匿于城市繁华之下，穿行其中的电缆如同城市电网主干血管，是确保电力供应最重要的基础条件之一。

21世纪是地下空间开发的世纪，向地下要空间已成为前沿性的国际战略主张，并成为城市发展的世界性趋势。城市环境下修建隧道面临两大极大的挑战，例如不可准确预判的岩溶区地质变化，或是极其复杂的人工建构筑物环境。攻克这些挑战，不仅需要提升的技术手段，更是需要创新灵活多变的综合统筹管理技巧。技术难题主要是匹配不同功能隧道的工程要素：空间关系、施工时序、机电设备功能、日常和应急工况下协调运行等。建设管理挑战主要是：不同功能隧道，其主管业主单位也不尽相同，涉及的建设管理程序不尽相同，资金筹措和运用不尽相同等。同步建设必须综合协调不同建设主体的管理要求。

本书详尽探讨攻克同步建设不同功能隧道的工程技术与建设管理实践技术，为读者揭示了一种在城市复杂环境的岩溶地层中修建电力隧道的成功路径，其要点包括：1、提升城市地下空间建设综合治理能力，打通了同步建设的立项、审批和资金等审批难点，为解决这一难题，首先是政府统一协调各方立场，其次是委托一个富有经验的咨询管理单位作为各方业主的协调媒介进行具体工程管理（第1章）；2、同步建设不同功能隧道规划设计技术，从而实现节约城市建设用地，优化资源配置（第2章）；3、同步建设不同功能隧道施工技术，上跨下穿不同类型的建构筑物（第3章）；4、同步施工中数字化监测技术，保证工程安全（第4章）5、突破岩溶地区修建中浅层电力隧道的技术瓶颈。（第5章）；6、工程实践中系列创新与辅助施工技术（第6章）；7、最后全面回顾和思考了工程实践与创新的历程（第7章）。

　　富水岩溶复合地层是电力隧道技术发展的一大挑战，电力隧道因为埋深较浅，需要面对复杂多变软土与岩石分界面工况，业内一直有"岩溶区能否修建盾构隧道"的争议。广州 2000 年修建地铁 2 号线首先遇到岩溶地层，历经 20 余年的工程实践和研究积累了丰富的经验。本书所述工程从勘察、盾构机选型及盾构施工三大方面入手，创新突破了一系列工程技术，如刀盘刀具优化、冷冻刀盘、开仓换刀等技术，最终形成了岩溶发育条件下电力盾构隧道工程成套关键技术。

　　总体而言，希望本书的出版为电力隧道建设事业带新的动力和启示，期待能为工程实践提供更好的解决方案。

黄威然

2024 年 12 月

目　录

CONTENTS

第 3 章 / 电力隧道同步施工与掘进关键技术　41

第 4 章／同步施工交叉影响监测技术研究　　85

第5章　盾构机选型及刀盘优化　161

第 6 章　盾构辅助施工技术与创新　201

第 **1** 章

CHAPTER 1

地下工程
同步建设的模式及立项

城市电力隧道
与地铁隧道同步建设技术
广州石井—环西电力隧道工程

地下空间开发与利用是生态文明建设的重要组成部分，基于国内外城市地下空间的调研，通过功能、形态和效益等方面的分析，并结合 21 世纪信息化革命的浪潮，国内外学者将地下空间的发展历程及趋势划分为四个阶段：其一，是以市政功能需求为导向的地下空间 1.0 阶段；其二，是以地下交通建设为主体的地下空间 2.0 阶段；其三，是旨在形成立体网络布局的地下空间 3.0 阶段；其四，是以立体化综合利用、人与自然和谐发展为目标的智慧型地下空间 4.0 阶段。随着中国"深地战略"的实施和美好城市的建设，城市地下空间势必会迈入具有韧性、绿色、智能、人文特性的 4.0 时代。

目前，我国的地下空间开发以城市轨道交通、隧道、地下建（构）筑物为主，而城市轨道交通建设中，北京、上海、广州、深圳等地已进入成熟期。近年来，地下工程建设规模日趋庞大，重大工程不断增多，技术水平不断提升，前瞻性构想也在不断提出，但值得关注的是：空间规划不可逆转，地下工程一旦开发或利用，地下空间很难改善或重建，所以在规划时需考虑空间目前的使用功能以及今后的发展功能。这就很考验城市建设的管理者，在地下工程项目投资决策、工程建设和项目运营过程中，综合性、跨阶段和一体化的建设管理的能力和水平。

城市轨道交通、隧道所涉及的地域最广，通常在地下空间有限的情况下，多条隧道需采用共同的路由的情况越来越多，最有效和经济的解决方案就是同步建设。**这里的同步建设，可以是空间上的同步，即一条隧道，集约多种功能的综合管廊；也可以是时间上的同步，即相同路由下的两条隧道，分开修建。**

地下隧道按使用功能分为单一用途型隧道和综合用途型隧道，电缆隧道是其中应用最多的一类。电缆隧道是城市发展到一定阶段，对城市地下空间集约化利用的一种体现，具有供电安全可靠性高、城市环境破坏小、节约城市土地资源等优点。针对大城市供电负荷高、电力需求增长快、线路密度大的特点，通过建设电缆隧道形成高压地下输电网络，可有效保障城市中心区的电力供应。

不同需求的地下工程，当选择相同路由时，在地下空间有限，并且地质条件和周边建（构）筑物、管线复杂的情况下，应提前策划、统筹规划设计。在有条件时，部分工程中合建、同步建设，成为可选的最优方案。

1.1 电力隧道与地铁隧道同步建设的优劣势分析

自国务院办公厅发布《关于推进城市地下综合管廊建设的指导意见》（国办发〔2015〕61 号）文件后，我国地下空间开发进入势如破竹的状态，各大城市相继对地下空间的开发进行了长远规划。尤其在广州这种规模的城市，地铁建设、电力隧道建设、综合管廊建设、给水排水隧道建设等地下空间开发正飞速推进。如何通过科学的管理模式顺利地推进此类工程成为目前地下空间开发的一大课题。

1.1.1 电力隧道与地铁工程同步建设的优势

（1）同步建设电力隧道和地铁隧道，大大减少了建设用地。在城市土地资源日益紧张的今天，每一寸土地都显得尤为重要。

（2）显著减少了其他资源的投入。通过同步建设，电力隧道和地铁隧道的施工过程得到了优化，避免了建筑材料和人力设备的重复投入，从而有效地降低了施工成本。如电力隧道与地铁工程合建可共用踏勘资料、共用施工场地、减少道路二次挖掘及恢复成本、节约土地成本、减少征地拆迁费用、缩短施工总工期。

（3）合建工作井部分管线改迁随地铁车站同步实施，与各自单独建设相比，缩减了管线改迁工作，节约了前期工作成本。

（4）电力隧道与地铁工程合建可避免市政道路的重复开挖，减少施工占道时间，减少对社会的干扰。

（5）电力隧道与地铁工程同步实施，有利于工程相互影响的协调，尤其是地下工程，可以通过提前做好相应措施，减少工程相互影响，减小施工安全风险。

（6）电力隧道工作井出入口与地铁站出入口合建，减小了永久占地面积，合理利用了地下空间，有利于后续城市规划建设。

1.1.2 电力隧道与地铁工程同步建设的劣势

（1）电力隧道与地铁工程虽为同步建设，但并未完全统一规划、统一设计、统一实施，致使后续合建及交叉部位后续施工方案稳定性差，施工协调难度增加。

（2）由于地铁施工与电力隧道施工各自的特殊性，工期均按照各自项目实际情况进行安排，致使合建部分工期难以控制。比如目前广州地铁 8 号线北延线采取先进行车站主体及区间盾构施工，再开展附属及出入口施工，而电力隧道工作井施工优先级最高，从而导致合建工作井工期延长，进而影响各自施工计划。

（3）电力隧道与地铁工程虽为同步建设，但参建单位均为各自招标的单位，施工过程中，因施工场地、施工工序冲突的问题时有发生，进而影响工程的顺利推进。

（4）若施工地段处于复杂复合地层，周边环境复杂，电力隧道与地铁工程为同步建设，基坑合建、盾构隧道交叉、盾构隧道净距小的施工区域比较多，施工安全风险大，对施工协调管理的难度高。

1.1.3 电力隧道与地铁工程同步建设的管理建议

通过对以往同步建设工程的管理，为优化同步建设过程中存在的问题，提出以下建议：

（1）"统一规划、统筹设计"，结合同步建设项目的各自特点，从源头统一进行规划，并委托一家设计单位对整个同步建设项目进行统筹。

（2）"同步建设、统一施工"，为避免同步建设项目的冲突，建议由政府牵头委托专业机构对同步建设工程进行统一管理，或者同步建设各项目业主共同委托一家经验丰富的建设管理单位对同步建设项目进行统一管理。避免合建部分分工不清、工筹不匹配的情况。

（3）成立同步建设统筹协调工作组，定期召开会议解决合建过程中出现的系列问题。

（4）重视同步建设统筹工期安排，结合同步建设项目各自的特点对合建部分工程进行重点分析，并制定详细计划。

1.1.4 小结

电力隧道与地铁工程同步的效益主要体现在两个方面：一方面是社会效益。电力隧道与地铁工程同步建设，可避免市政道路的重复开挖，减少施工占道时间，减少对社会的干扰。另一方面是直接经济效益。电力隧道与地铁工程共建，可共用踏勘资料、共用施工场地、减少道路二次挖掘及恢复成本、节约土地成本、减少征地拆迁费用、缩短施工总工期。因此，同步建设模式较电力隧道与地铁工程单独建设模式可以节约大量工程投资，具有显著的社会经济效益。但同步建设应注意"统一规划、统筹设计、同步建设、统一施工"的问题，只有在"统一规划、统筹设计、同步建设、统一施工"的思路上找到了解决方案，才能真正实现同步建设的初衷。

1.2 国内外地下工程同步建设的案例

1.2.1 各类型同步建设优缺点分析

相关地下工程合建，实现同步规划、同步设计和同步实施，以达到减少土地资源的占用，合理利用地下空间资源的目的。国内外地下工程同步建设的案例有很多，合建形式也有很多，结构上也存在不同类型。

以地铁工程与综合管廊的共建为例，通常有两种类型：一种是车站与综合管廊共建（点状形式），其中包括了与主体结构共建和附属结构共建；另一种是区间隧道的共建（线状形式），其中包括了共建不共构和共建共构。共建共构的局部节点，需要因地制宜，分析不同合建方案的用地、施工和协调难度等因素，选择合理的结合方案。各类型同步建设优缺点分析见表1.2-1。

各类型同步建设优缺点分析表

表 1.2-1

共建方案			图示	优点	缺点	相关案例
车站与综合管廊共建	管廊位于车站主体结构上方	明挖施作车站、管廊	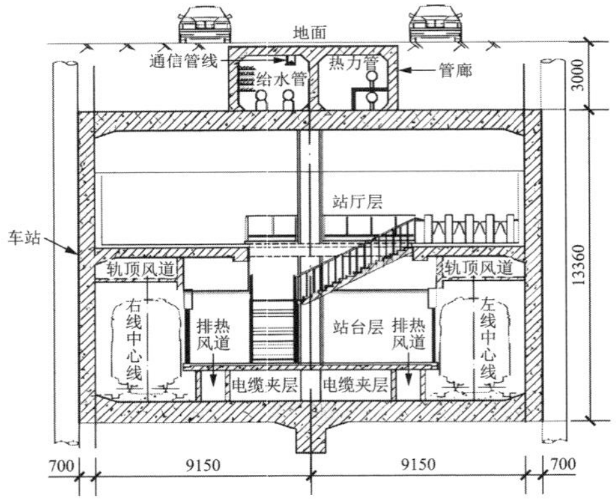地面 通信管线 给水管 热力管 管廊 车站 站厅层 轨顶风道 轨顶风道 右线中心线 左线中心线 排热风道 站台层 排热风道 电缆夹层 电缆夹层 3000 13360 700 9150 9150 700	综合管廊与地铁车站结构结合为一体，能大幅减少对土地资源的占用，减小拆迁征地压力，还能减小地下结构的开挖量，进而减少对周围建筑结构的影响，从而避免二者分别施工时对周边结构的二次扰动。两项工程综合造价最低	车站埋深适当加深，造价增加。管廊顶部覆土较少	福州轨道交通 4 号线前横路管廊
		暗挖施作车站、管廊	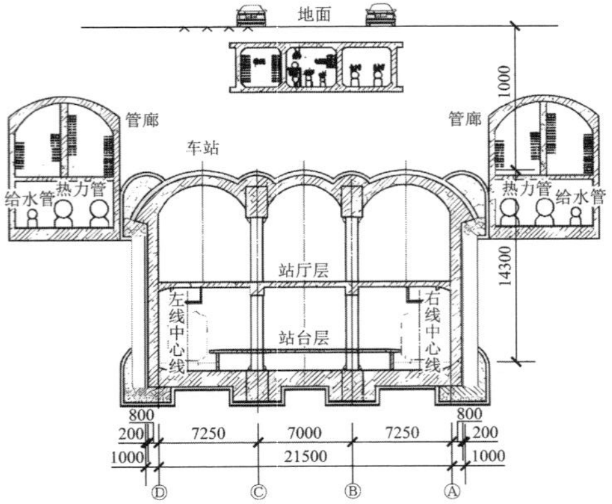地面 1000 管廊 管廊 车站 给水管 热力管 热力管 给水管 14300 站厅层 左线中心线 站台层 右线中心线 800 800 200 7250 7000 7250 200 1000 21500 1000 Ⓓ Ⓒ Ⓑ Ⓐ	能大幅减少对土地资源的占用，减小拆迁征地压力	暗挖施工风险大	深圳市光明中心综合管廊

续表

共建方案		图示	优点	缺点	相关案例
车站与综合管廊共建	管廊位于车站主体结构一侧 与车站主体结构带接合建	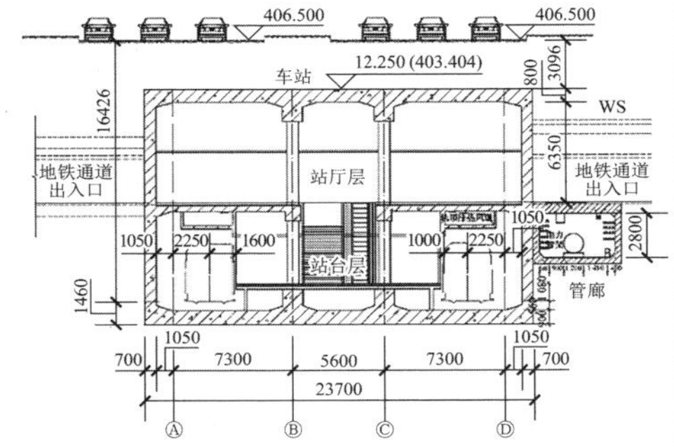 406.500　WS　2800　地铁通道出入口　管廊　6350　1096　800　960　1050　700　站厅层　12.250(403-404)　车站　5600　23700　7300　站台层　1600　2250　1000　1050　7300　1050　700　±60　16426　地铁通道出入口	与车站主体结构施工同时实施，进而减少对周围建筑结构的影响，避免二者分别施工时对周边结构的二次扰动	车站规模（宽度）增加，投资增加；道路红线较宽；管廊宽度受限，不同管线主要布置在高方向，不同管线高差大，后期检修困难；合建需要合理划分区域，综合设计防灾要求高，统筹协调要求高	广州地铁11号线杆元岗站
	在车站主体内结构分离	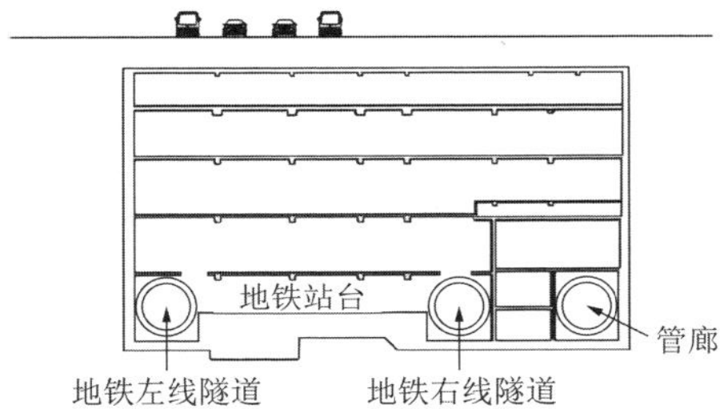 管廊　地铁站台　地铁右线隧道　地铁左线隧道	与车站主体结构施工同时实施，进而减少对周围建筑结构的影响，避免二者分别施工时对周边结构的二次扰动	地铁设备与管廊设备密集布置，对设备安装的要求提高；设备相互干扰的可能性增大。为保障安全，天然气管道及蒸汽介质热力管道不应纳入综合管廊。由于地铁与综合管廊分属不同的运营单位，还需要合理划分建设费用与运营费用，并合理分配二者的管理区域，以免出现责任不清的情况	广州环城综合管廊14号线与广州东站
	管廊与车站附属结构合于内侧 管廊与车站附属结构合建	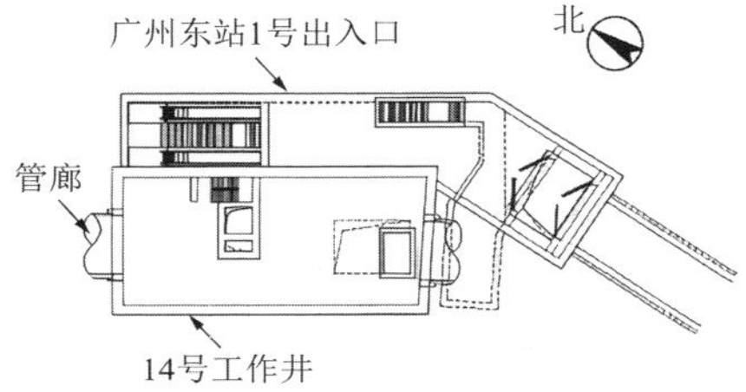 北　广州东站1号入口　管廊　14号工作井　(a)平面图	对车站影响较小；在时间上，综合管廊总体施工与地铁施工同步，可利用地铁车站的施工准备条件，能节省后期的前期准备工作	开挖量与占地面积较大；后期施工受到先期建成结构的影响	广州工作井与广州东站1号出入口

续表

共建方案		图示	优点	缺点	相关案例
车站与综合管廊共建	管廊与车站附属结构合于附属结构内侧	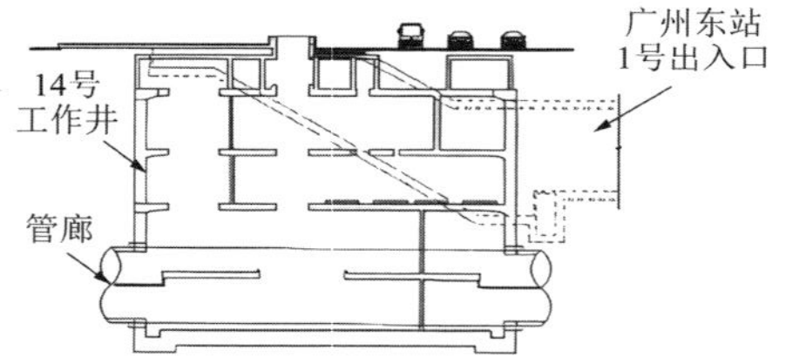 (b) 剖面图	对车站影响较小;在时间上,综合管廊工作井与地铁施工总体同步,可利用地铁车站先期的施工准备条件,能节省大量的前期准备工作	开挖量与占地面积较大;后期的施工会受到先期建成结构的影响	广州环城综合管廊14号工作井与广州东站1号出入口
	管廊与车站附属结构合于附属结构外侧	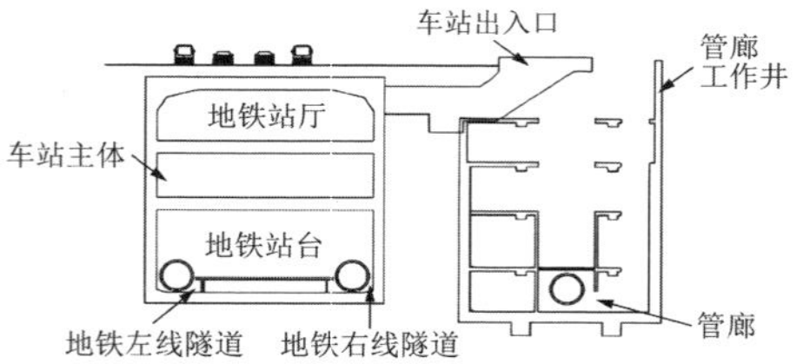	综合管廊工作井与地铁车站主体结构脱离,与附属结构共构,对车站影响较小;在时间上,综合管廊工作井施工与地铁施工同步,可利用地铁车站先期的施工准备条件,能节省大量的前期准备工作	管廊埋深大,车站两端重力流管线衔接困难,可能需重设置泵站。但开挖量与占地面积较大;后期的施工会受到先期建成结构的影响	广州环城综合管廊34号工作井与鹤洞东站1号出入口
区间隧道与综合管廊共建	共建不共构（结构分离）	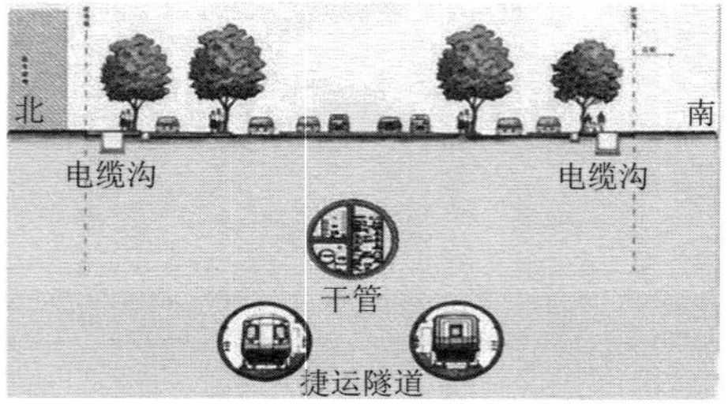	综合管廊与地铁同期建设,降低了对交通及周边环境的影响	后期的施工会受到先期建成结构的影响。土地资源有待进一步提高利用	东京都内一般国道4号线综合管廊,台北捷运南千住综合管廊,运营义线综合管廊与区间

续表

	共建方案	图示	优点	缺点	相关案例
区间隧道与综合管廊共建	上下结构（管廊在上，地铁在下）	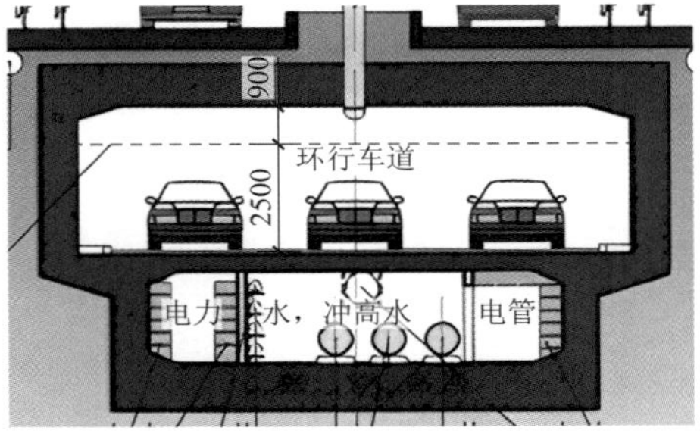	同步施工能减小对周围建筑结构的影响，从而避免二者分别施工时对周边结构的二次扰动。断面尺寸小，水平占地面积小	需占用更多的竖向空间，埋设深度一般相对较大	东京都内国道1号线从大崎到西马达站、北京中关村西区管廊
	共建共构（帮接建设）/ 左右结构	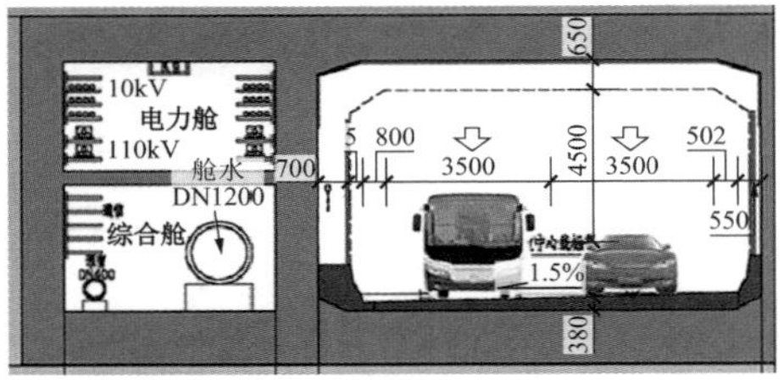	同步施工能减小对周围建筑结构的影响，从而避免二者分别施工时对周边结构的二次扰动。单基坑开挖深度较浅	共构体结构宽度较大	日照淄博路地下道路，天津中央大道海河隧道
	地铁建设预留市政公用弱电管线空间	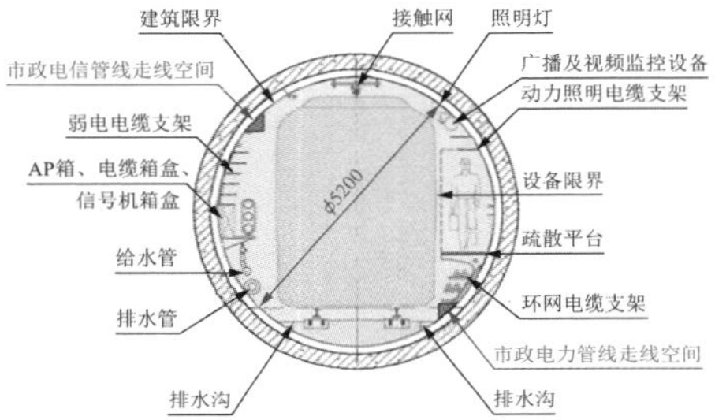	充分利用地铁区间隧道下空间，提高地下空间的集约利用效率	隧道内空间有限，所容纳管线较少，仅能够起到缆线管廊的作用，且缆线维修时受同受限，只能在地铁停运期内完成	厦门地铁1、2、3号线的跨海段

1.2.2 日本综合管廊协同建设案例

日本建设地下综合管廊（共同沟）的历史始于 1926 年。1963 年制定的《关于建设共同沟的特别措施法》从法律层面上规定日本相关部门需在交通量大及未来可能拥堵的主要干道地下建设综合管廊。在已建成的综合管廊中，存在许多与地下工程的协同建设案例。

1. 东京都内国道 1 号线综合管廊（大崎到西马込站）

东京都内国道 1 号线从大崎到西马込站，综合管廊与都营地铁 1 号线同时施工，从图 1.2-1 中可以看出，综合管廊位于地铁上方，综合管廊内设有高低压电力、通信、给水等管线。

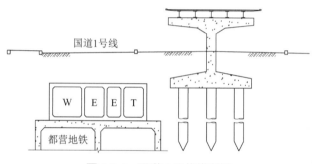

图 1.2-1 国道 1 号线横断面

2. 名古屋法寺部地区综合管廊

中部地方建设局管区内名古屋市内的综合管廊达数十公里。图 1.2-2 所示的横断面为该地区高速公路与综合管廊同期施工横断面，可以看出综合管廊位于桥桩之间的地层中，地下空间利用较为集约。

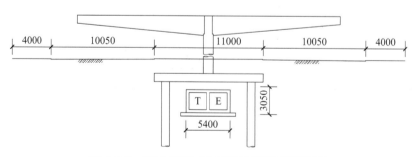

图 1.2-2 高速公路与综合管廊同期施工横断面

3. 伏见地区综合管廊

图 1.2-3 示意了伏见地区综合管廊与地铁合建的断面。综合管廊与地铁区间隧道共同施工建设的长度约 5.9km，两者采用合建方案，按同一基坑设计。综合管廊位于地铁上方，入廊管线为电力、通信、给水等管线。

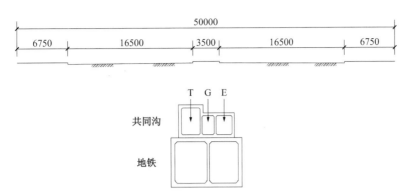

图 1.2-3　伏见地区综合管廊与地铁共建横断面

4. 东京都内一般国道 4 号南千住综合管廊

图 1.2-4 所示为东京都内一般国道 4 号在南千住的综合管廊。该综合管廊与地铁日比谷线同线，采用机械封闭型泥水盾构施工，长度约 840m，盾构外径 6.6m。该综合管廊与地铁近似并行，位于地铁日比谷线右下方。此外，该综合管廊与 JR 常磐线、环状 5 号线（明治大街）存在交叉，综合管廊最大埋深达 38m。

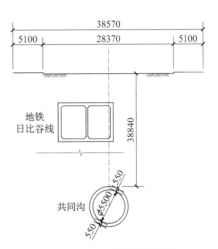

图 1.2-4　南千住综合管廊与
地铁同期施工断面

5. 国道 1 号横滨车站前综合管廊

图 1.2-5 所示为国道 1 号横滨车站前综合管廊。国道 1 号是该地区的重要干线道路，交通量 86000 辆/d。由于该区域用地紧张，横滨车站存在再开发需求，与高架桥等存在相互影响，因此在高架桥下方建设综合管廊，采用直径 7.6m 的盾构施工，建设长度约为 163m。

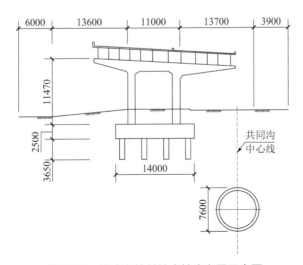

图 1.2-5　横滨车站前综合管廊布置示意图

小结：日本综合管廊建设时间较长，建设期近一个世纪，综合管廊的相关建设经验较为丰富，其中存在较多综合管廊与地下工程的协同建设案例，可为国内综合管廊与地下工程协同建设提供参考。此外，日本关于综合管廊的相关法律规定较为完善。

1.2.3 综合管廊与地铁、轻轨协同建设案例

1. 台北捷运信义线综合管廊

台北捷运信义线综合管廊建于 20 世纪 90 年代，为干线综合管廊，长度约 6km，该工程与台北捷运（地铁）共线，采用明挖法、盾构法等工法施工，其中盾构段 3.13km，明挖段 1.89km，共设 28 处特殊节点。地下车站范围采用明挖法施工，综合管廊位于地下车站上方，如图 1.2-6 所示；区间隧道段，地铁与综合管廊均采用盾构法施工，区间隧道与综合管廊均位于道路下方中间位置，且综合管廊位于上方，如图 1.2-7 所示。

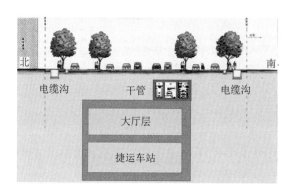

图 1.2-6 台北捷运信义线综合管廊与地下车站断面布置

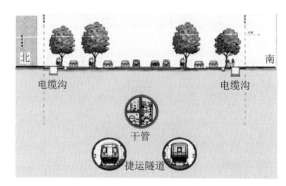

图 1.2-7 台北捷运信义线综合管廊与区间隧道断面布置

小结：我国台湾综合管廊有较长的建设历史，据不完全统计，截至 2015 年累计建成综合管廊 223km。台湾早在 2000 年后就陆续制定了一系列相关标准。信义线综合管廊与地铁同期建设，降低了对交通及周边环境的影响，同时取得了较好的经济价值。

2. 哈尔滨红旗大街综合管廊工程

红旗大街综合管廊与哈尔滨市轨道交通 3 号线二期工程存在共线段。在地铁先锋路站

节点综合管廊采用上穿地下车站且二者合建的方案；在区间隧道段，综合管廊位于区间隧道上方，道路北侧。如图 1.2-8 和图 1.2-9 所示。

图 1.2-8　红旗大街综合管廊上穿地下车站示意图

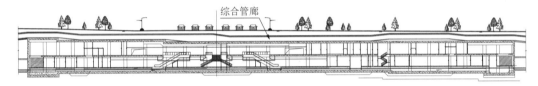

图 1.2-9　红旗大街综合管廊上穿地下车站剖面图

先锋路站覆土厚度超过 3m，上部有足够的空间，因而采用共板的形式将综合管廊置于地下车站的上部，如图 1.2-10 所示。该合建方式利于管线入廊以及设置出入口、逃生口、通风口等节点，具有较好的技术经济性。

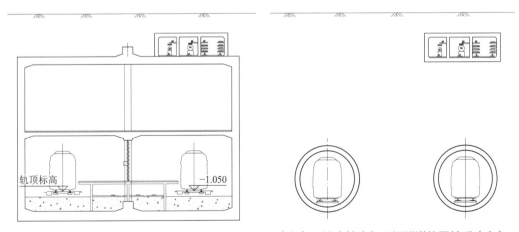

图 1.2-10　红旗大街综合管廊上穿地下车站横断面（左）及综合管廊与区间隧道位置关系（右）

小结：综合管廊与地下车站共板合建，利用了地下车站上方富余空间，同期施工。共板的结构设计解决了综合管廊的抗浮问题。值得一提的是，该案例中天然气管道舱室与地下车站采用了整体式结构，其安全性有待论证。

3. 成都成洛大道综合管廊工程

成都成洛大道综合管廊于 2016 年 11 月开工建设，采用盾构法施工，内径 8.1m、外径 9.33m，全长 4437m，最大埋深 38m，总造价约 11 亿元。综合管廊内部由"水电信舱""高压电力舱""燃气舱""输水舱"4 个舱室组成。

该工程穿越多个地铁站点和新建高架桥，如东洪路的地铁 4 号线和 9 号线换乘站。为保护此类既有建（构）筑物，降低不均匀沉降发生概率，综合管廊采用盾构法施工，如图 1.2-11 所示。为实现出线、投料、通风、逃生等功能，全线设计了 21 处综合井，最大深度达 36.2m，最小深度为 18m。

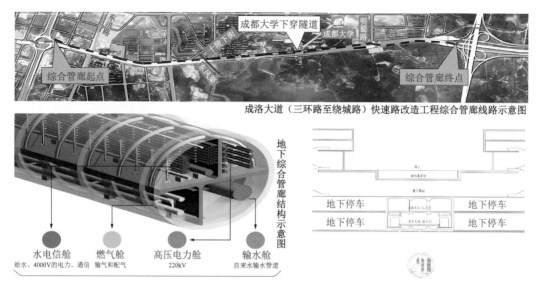

图 1.2-11　成洛大道综合管廊示意图

小结：成洛大道综合管廊是目前国内采用盾构法施工的综合管廊中截面最大的。综合管廊采用盾构法施工，埋深较大，与其他地下工程的相互干扰降低，但是建设成本增加，管线引出、逃生、投料等不方便。此外，考虑到管线的特点，在管廊断面布置上，天然气管道舱宜设置在上层。

4. 沈阳南运河段综合管廊

沈阳南运河段综合管廊为干线综合管廊，起于沈阳市南运河文体西路北侧绿化带内，终于和睦公园南侧，全长约 12.8km，主要为解决老城区的管线更新改造问题而建设。该综合管廊是国内首条贯穿老城区的综合管廊，也是沈阳市首条使用盾构法施工的综合管廊（采用两个圆形断面，外径均为 5.4m）。廊内包括"热力舱""天然气管道舱""水信舱""电力舱""紧急逃生通道"，涵盖电力、通信、给水、中水、供热、天然气六大类入廊管线，如图 1.2-12、图 1.2-13 所示。

工程沿线存在多处桥梁、地铁、市政隧道等工程需要协调，主要如下：

（1）平面布局上绕避加油站、和平桥、望湖桥、南湖桥、文化路人行天桥、绮芳园、过山车等建（构）筑物。

（2）预留规划地铁 3 号线下穿综合管廊的条件。

（3）预留截流管（阳春园段）与综合管廊的安全净距，不小于 6m。

（4）预留桥梁（望湖桥）上跨综合管廊的条件。

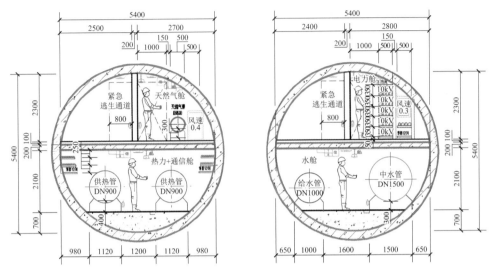

图 1.2-12　沈阳南运河段综合管廊断面

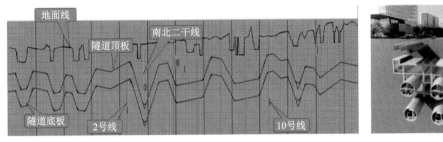

图 1.2-13　沈阳南运河段综合管廊穿越节点

小结：城市老城区开发强度高，建设综合管廊的影响因素较多，建设过程中存在大量协调工作。沈阳南运河段综合管廊采用盾构法施工，较好地实现了对地下工程的绕避及空间预留，并与同期建设工程相结合，是城市老城区建设综合管廊的较好案例。

5. 广州地铁 11 号线综合管廊（在建）

广州市近期建设的与地铁相结合的综合管廊共三条：地铁 11 号线沿线综合管廊（44.9km），地铁 13 号线沿线综合管廊（19.1km，远期共 33.8km），地铁 18 号线沿线综合管廊（23km）。

地铁 11 号线为环线，全长 44.2km，均采用地下模式，共设 32 个车站（19 个换乘站）。由于地铁 11 号线位于老城区，适宜利用地铁 11 号线同步建设干线综合管廊。沿地铁 11 号线布置综合管廊，总长约 48km，其中主线沿地铁 11 号线布置，长约 44.9km，设 46 座出地面井；支线沿科韵路布置，长约 3.1km，设 4 座出地面井。其中，综合管廊与地铁 11 号线共线段占比约 70%，与地铁结合建设井 24 座，结合率 75%，如图 1.2-14 所示。

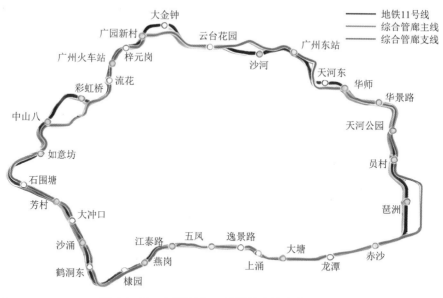

图 1.2-14　广州地铁 11 号线综合管廊总平面图

综合管廊断面与地铁 11 号线区间隧道相同，采用圆形断面，内径 5.4m，外径 6m。综合管廊共分上下两舱：上部强电舱、下部综合舱（给水＋通信），如图 1.2-15 所示。

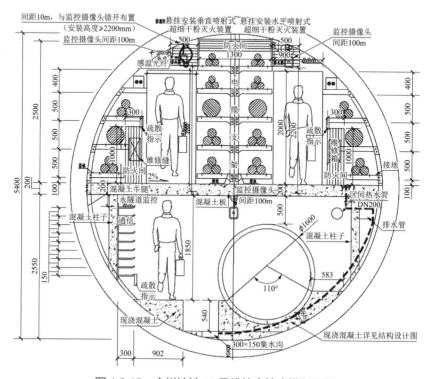

图 1.2-15　广州地铁 11 号线综合管廊横断面图

小结：在老城区建设综合管廊，受地面实施条件限制，采用大规模浅埋明挖工法并不合适，与地铁结合建设，采用盾构工法是可行的解决方案。地铁 11 号线沿线综合管廊与地铁同步实施，减少了沿线大量的土地征用，节约了土地资源；同时，可统筹考虑临时施工场地，提高了临时施工场地的利用率。此外，综合管廊与地铁同期施工大大节省了工程投资。经测算，综合管廊与地铁 11 号线合建比分建节约投资约 7.07 亿元。

1.2.4 地铁建设预留市政公用弱电管线空间

厦门市创新性地把市政公用管线建设融进地铁建设，为全国首创。部分管线结合地铁进行建设，在地铁盾构隧道内预留空间。待地铁通车后，缆线即可入驻，如图 1.2-16 所示。该做法充分利用地铁区间隧道空间，提高了地下空间的集约利用效率，具有较好的经济效益和社会效益。根据厦门市相关规划，至 2020 年，地铁计划建成 148km，依托地铁建设的弱电缆线管廊将同步建设。特别是地铁 1、2、3 号线的跨海段将考虑铺设弱电管道，这对于厦门市建设智慧城市，实现互联互通起到一定的辅助作用。但限于轨道交通盾构隧道内空间，所容纳管线较少，仅起到缆线管廊的作用。

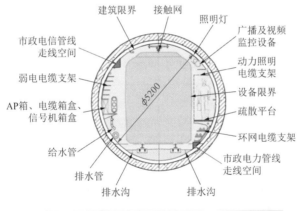

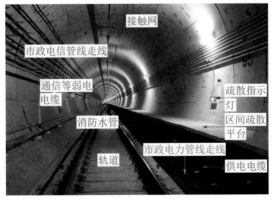

图 1.2-16 地铁区间隧道敷设弱电管线示意图

小结：作为全国首创，厦门市市政公用管线的敷设充分利用了地铁区间隧道空间，但因区间隧道断面的局限性，仅能布置弱电缆线，且检修作业需要与地铁养护同步，抢修作业困难。

1.2.5 其他协同建设案例——南京扬子江大道综合管廊

扬子江大道综合管廊结合扬子江大道快速化工程同期建设，沿扬子江大道布置，起于定淮门大街，终于河西大街。由于与众多地下工程共线或交叉，如地铁、地下道路、人行地道、电力隧道、大口径管道等，综合管廊平面布置在扬子江大道西侧与东侧间发生多次转换，导致线形扭曲，如图 1.2-17 所示。

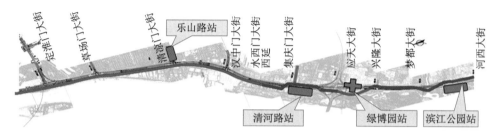

图 1.2-17 扬子江大道综合管廊总体布局

1. 综合管廊与地铁

扬子江大道综合管廊与地铁 4 号线、13 号线、9 号线及 10 号线存在相互影响。综合管廊与地铁 9 号线存在部分共线段，与地铁 4 号线、13 号线、9 号线及 10 号线均存在交叉节点，如表 1.2-2 所示。

综合管廊与地铁的关系 　　　　　　　　　　　　　　表 1.2-2

序号	管廊桩号	地铁情况	相交形式	净距	处理措施
1	GLK0 + 420	规划 4 号线	交叉	> 15m	基本无影响
2	GLK2 + 580	规划 13 号线	交叉	> 21m	基本无影响
3	GLK3 + 120	规划 9 号线	交叉	7.39m	基本无影响
4	GLK3 + 940	规划 9 号线	相交，电力支廊（2.6m×3.5m）共线长度 280m	3.9～4.4m	调整桩基位置
5	GLK4 + 520	现状 10 号线	交叉	4.10m	分舱逐段施工，保证地铁运行安全
6	GLK4 + 920	规划 9 号线	交叉	5.16m	调整桩基位置
7	GLK5 + 540	规划 9 号线	交叉	3.01m	调整桩基位置
8	GLK5 + 660	规划 9 号线	交叉	2.07m	调整桩基位置

由于地铁车站埋深较浅，其上方不具备布置综合管廊的条件，因此综合管廊采用绕避地下车站的方案。以绿博园站点为例，地下车站覆土厚度仅 3.1m，综合管廊进行绕避，如图 1.2-18 所示。

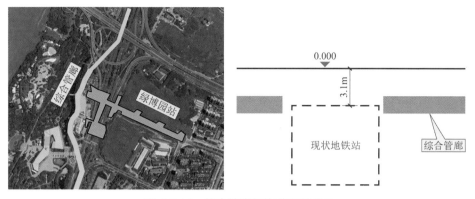

图 1.2-18 综合管廊与轨道交通关系

2.综合管廊与电力隧道

既有 220kV 电力隧道布置于扬子江大道东侧，与扬子江大道综合管廊基本共线，局部位置存在交叉。综合管廊为绕避规划地铁 9 号线清河路站，布置于扬子江大道东侧，与既有 220kV 电力隧道存在两次交叉，交叉处综合管廊下穿电力隧道。

3.综合管廊与地下道路

扬子江大道快速化改造工程采用节点下穿的快速化方案，设置了 4 座节点隧道。为集约利用地下空间，降低工程费用，综合管廊与节点隧道共线段，综合管廊布置于地下道路一侧。两者按同一基坑设计，如图 1.2-19 所示。

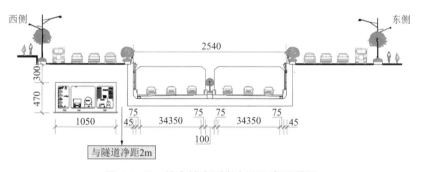

图 1.2-19 综合管廊侧穿市政下穿隧道图

小结：扬子江大道综合管廊借助扬子江大道快速化改造的契机进行建设，在综合管廊与地下工程协同建设方面开展了诸多积极的探索。该综合管廊位于南京市主城区，区域开发强度较高，综合管廊设计过程中不仅需要解决与既有地铁、人行地道、电力隧道的共线或交叉问题，而且需协调与新建节点隧道的三维控制关系，还需为规划地铁预留实施空间，设计难度极大。该综合管廊属于较为典型的主城区综合管廊采用明挖法为主的案例，对于结合道路改造进行综合管廊建设具有较高的借鉴价值。

第 2 章

电力隧道与地铁隧道同步
建设立项与设计方案

城市电力隧道
与地铁隧道同步建设技术
广州石井—环西电力隧道工程

修建电力隧道，节约了城市用地，但在实施过程中却遇到了新的挑战：一方面，旧有道路狭窄、管线复杂，新建道路未预留电缆地下廊道或预留的电缆地下廊道位置不够等，使电缆地下廊道的实施举步维艰；另一方面，随着人防、轨道交通、污水治理、雨水工程等市政设施工程规划的编制，道路的地下空间资源日趋紧张。因此，为推进电缆地下廊道建设的顺利开展，广州市急需依据《广州市城市高压电网规划》所确定的远景接线，对电缆地下廊道的路径进行规划，综合协调电缆地下廊道与人防、地下工程、地下隧道、其他市政管线等的关系，并指导城市道路管线综合规划。电缆地下廊道需求量依据整合后的远景规划 220kV 及 110kV 接线，对远景规划 220kV 及 110kV 主干电缆地下廊道进行整合优化，形成广州市中心城区主干电缆地下廊道；规划电缆地下廊道支线就近接入周边的主干电缆地下廊道，最终形成广州市中心城区电缆地下廊道规划方案。

为提高广州市北郊变电站向中心城区送电能力、完善北郊片区 220kV 电网结构，广州供电局于 2011 年年初对 220kV 石井—环西电力隧道（以下简称电力隧道）进行了路径方案报建，并获得市规划局批复，但在批复中指出该段电力隧道路径与广州地铁 8 号线北延段（以下简称地铁八北段）平行且有部分重叠。由于两个地下工程途经地区交通拥堵，施工场地狭窄，为保证电力隧道和地铁八北段两个项目的施工安全和顺利实施，减少反复开挖道路和对居民出行的影响，电力隧道与地铁八北段并行处同步设计、同步实施。

2.1　同步建设

2.1.1　立项背景

220kV 石井—环西电力隧道工程拟作为地铁 8 号线北延段专用变电站上级电源的电源通道。电力隧道与地铁八北段在白云区石槎路、西槎路并行约 6.1km，电力隧道 1 次过地铁车站主体，4 次上跨地铁隧道，10 次下穿地铁车站出入口或风道，需多次交叉施工。经广州市建委对两项工程的审查协调，认为两项工程有必要同步建设。

由广州市建委牵头与广州市财政局、广州市发改委、广州地铁总公司、广州供电局等单位积极协调，对本共建项目相关立项问题达成一致意见，作为首个由广州市财政和广州供电局按照各占 50%的投资比例进行建设的电力工程隧道项目于 2014 年 1 月获得广州市发改委的正式批复立项许可，至此完成本共建项目的立项。

2.1.2　建设组织

1. 政府出资及产权归属

本共建项目立项协调时，明确电力隧道建设由广州市政府和广州供电局共同投资各承担 50%的土建费用，并明确广州市政府承担的一半土建费用从地铁建设专项资金中列支，广州地铁总公司作为地铁建设资金申请主体，广州市财政局进行资金划拨。

电力隧道建成后产权由广州市政府和广州供电局共同拥有，移交广州供电局管理与维护。

2.电力隧道建设管理

广州供电局作为电力隧道项目建设业主；广州地铁总公司及广州供电局作为出资单位；广州轨道交通建设监理有限公司作为电力隧道建设管理单位统筹电力隧道工程的前期工作、设计协调、质量安全监督、进度控制及过程管理等工作。在选择本项目的建设管理单位方面，鉴于本共建项目安全风险和技术难度较大，在市建委组织的协调会中建议本项目的建设管理单位（代建单位）应具有较丰富的地铁项目管理经验和协调能力，经招标投标，广州供电局正式确定广州轨道交通建设监理有限公司作为电力隧道建设管理单位。广州轨道交通建设监理有限公司接到任务后，开展系列前期工作，包括协助立项，协调广州地铁总公司和广州供电局的合同框架体系，确定责任主体、建设模式、流程、资金来源及支付等关键性前期工作。后续作为建设管理单位履行工程管理相关职责。

3.共同投资资金管理

所有电力隧道工程费用按照共同投资出资比例分别向广州地铁总公司和广州供电局申请，具体程序如下：

（1）广州供电局投资部分，由广州轨道交通建设监理有限公司按施工进度向广州供电局申请，并送广州地铁总公司确认。广州供电局审核后，直接支付电力隧道施工单位。

（2）市政府投资部分，由广州轨道交通建设监理有限公司按施工进度向广州地铁总公司申请，并送广州供电局确认后，由广州地铁总公司纳入地铁建设资金中一并向市财政局申请资金拨付。资金到位后，再由广州地铁总公司直接拨付给电力隧道施工单位。

2.1.3 同步建设意义

1.优化社会资源配置

地铁供电系统的外部电源引入来自城市的电网。地铁是耗电大户，地铁中无论是列车运行的牵引电、车站的照明电、空调的通风电、设备的运行电都来自供电系统。为满足地铁供电需求，采用集中式供电时，需要线路专门建设属于自己的主变电所，然后由主变电所从城网先引入高压电源，然后再为下级的牵引变电所和降压变电所进行供电；

若采用分散式供电，可不建立主变电所，直接在线路沿线从城网的中压电源处给牵引变电所和降压变电所拉电。但无论哪种形式，地铁公司都需要建设单独的电力隧道来引用电源。

广州市政府同意和广州供电局共同出资兴建本项目电力隧道的初衷，就是希望实现隧道功能的最大化，既满足北郊变电站向中心城区送电能力，又满足地铁 8 号线用电需求，是城市综合管廊优秀的实践案例。

2. 工程管理资源共享

（1）电力隧道与地铁工程合建可共用踏勘资料、共用施工场地、减少道路二次挖掘及恢复成本、节约土地成本、减少征地拆迁费用、缩短施工总工期。

（2）电力隧道合建工作井部分管线改迁随地铁车站同步实施，与各自单独建设相比，缩减了管线改迁工作，节约了前期工作成本。

（3）电力隧道与地铁工程同步实施，有利于工程施工协调，可以通过提前做好相应的措施，减少工程之间的相互影响，减小施工安全风险，保证施工质量安全。

3. 经济效益提升

本电力隧道工程由政府与广州供电局共同投资建设，一方面，广州供电局作为建设业主直接节约一半的建设资金成本；另一方面，政府出资从地铁建设专项资金中列支，电力隧道建成后由广州供电局管理运维并可供广州地铁无偿使用，节约了地铁配套供电隧道单独建设的投资及后期运维管理成本，直接节约政府财政支出，总体从业主、政府层面提高经济效益。

4. 降低社会负面影响

（1）电力隧道与地铁工程合建可避免市政道路的重复开挖，减少施工占道时间，减少对社会的干扰。

（2）电力隧道工作井出入口与地铁站出入口合建，减小了永久占地面积，合理利用了地下空间，有利于后续城市规划建设。

因此，同步建设模式较电力隧道与地铁工程单独建设模式可以节约大量工程投资，具有显著的社会效益和经济效益。

2.2 工程概况

220kV 石井—环西电力隧道主要经过广州市荔湾区和白云区，是 220kV 石井—环西电缆线路工程的配套建设项目。地铁八北段是广州市重大建设项目，全线计划 2012 年年底土建开工建设，2014 年 8 月附属结构开工，2016 年年底开通试运营。为方便建设，电力隧道与地铁八北段的并行段同期实施。如图 2.2-1 所示。

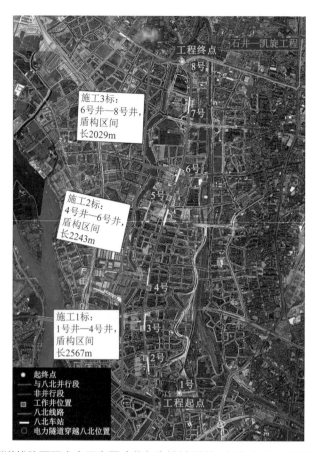

图 2.2-1 隧道线路平面方案示意图（紫色为地铁隧道，红色为电力隧道平行地铁段）

2.2.1 工程地质

广州市地表形态大体表现为北高南低的特征，北部以山地、丘陵为主，中部以台地、阶地为主，南部和西部平原是珠江三角洲河网地区的组成部分。隧道线路范围位于珠江三角洲堆积平原区，以珠江三角洲冲积平原地貌为主，局部为剥蚀残丘形成的低矮坡地，地形相对较为平坦，高差不大。本工程并行段隧道洞身穿越地层主要为③$_1$、③$_2$、③$_3$，局部为④$_{2A}$、④$_{2B}$、④$_{N-2}$、④$_{N-3}$、⑦$_C$、⑧$_{C-1}$、⑨$_{C-2}$。本段区间范围内岩土分层及其特征分述如下。

1. 填土层（Q_4^{ml}）

人工填土，代号为①

本场地地表揭露。素填土呈黄褐色、灰黄色、红褐色、深灰色，由粉质黏土、中粗砂等回填而成，局部含少量建筑垃圾，欠压实，上部 0.10～0.30m 为混凝土，局部混凝土路面下为石粉垫层。本层位于鹅掌坦以北二叠及石炭系基岩地区，共有 274 个钻孔揭露本层，层顶高程 5.87～10.61m，层底埋深 0.5～10.6m（高程 0.01～8.04m），层厚 0.5～10.6m，平均厚度 3.85m。共进行标准贯入试验 7 次，实测击数为 3～10 击，平均击数为 6.3 击，修正后击数为 2.1～9.3 击，平均击数为 5.3 击。

2. 冲积—洪积层（Q_{3+4}^{al+pl}）

根据砂层的颗粒级配不同，本层分为三个亚层。

1）粉细砂，地层代号③$_1$

呈深灰色、浅黄色、青灰色、灰白色等，以粉细砂为主，饱和，松散至稍密状，局部含少量淤泥，级配不良。本层呈中厚层带状分布或呈透镜体状零星分布。本层层顶埋深 0～31.30m（高程 −23.67～7.82m），层底埋深 2.00～31.30m（高程 −24.77～4.62m），层厚 0.50～9.60m，平均厚度 3.16m。本层共进行标准贯入试验 120 次，其实测击数为 3～14 击，平均击数为 7.3 击，修正后击数为 2.5～10.4 击，平均击数为 5.9 击。

2）中粗砂，地层代号③$_2$

呈浅黄色、灰白色、灰黄色等，组成物主要为中粗砂，饱和，松散至中密，本层呈带状或厚透镜体状分布，层顶埋深 0.60～31.30m（标高 −24.77～6.83m），层底埋深 3.00～31.30m（标高 −23.78～4.85m），层厚 0.20～12.50m，平均厚度 3.54m。在本层进行标准贯入试验 132 次，其实测击数为 6～12 击，平均击数为 9.6 击，修正后击数为 5～17.26 击，平均击数为 10.1 击。

3）砾砂，地层代号③$_3$

呈浅黄色、灰白色、灰黄色等，组成物主要为砾砂，局部含中粗砂，饱和，稍密至中密状为主，本层分布于增埗河以北。其中，鹅掌坦至同平沙段分布较为连续，上步以南厚度较大，小坪站、白云湖站附近呈中厚条带状分布，其余地带零星分布。共有 199 个钻孔有揭露，层顶埋深 1.80～27.4m，层顶标高 −20.95～5.11m，层底埋深 3.00～33.1m，层顶标高 −25.22～3.91m，层厚 0.35～19.0m，平均厚度 4.43m。在本层进行标准贯入试验 239 次，其实测击数为 10～39 击，平均击数为 19.4 击，修正后击数为 7.4～27.3 击，平均击数为 15.1 击。

3. 冲积—洪积层土层（Q_{3+4}^{al+pl}）

根据土的类型、状态将勘察范围内冲积—洪积土层分为五个亚层。

1）流塑—软塑状粉质黏土，地层代号④$_{N-1}$

呈黄褐色、浅灰色、杂白色、杂黄色等，主要为粉质黏土，局部含少量粉细砂、腐木，呈软塑状态，无摇震反应，刀切面光滑，韧性较强，干强度高。本层有 50 个钻孔揭露，分布于增埗河以北，大部分以透镜体分布于砂层之间，MHBZ2-362 孔埋深及厚度较大，位于灰岩风化槽部。层顶埋深 1.4～22.10m（高程 −14.74～6.35m），层底埋深 2.50～28.30m（高程 −20.98～5.35m），层厚 0.50～8.20m，平均厚度 2.38m。本层共进行标准贯入试验 29 次，其实测击数为 2～5 击，平均击数为 3.5 击，修正后击数为 1.8～4 击，平均击数为 2.7 击。

2）可塑状粉质黏土，地层代号④$_{N-2}$

呈褐黄色、红褐色、浅灰色、杂黄色等，主要为粉质黏土，局部含少量粉细砂或中粗砂，可塑，无摇震反应，刀切面较粗糙，韧性中等，干强度低。分布于增埗河以北，MHBZ2-122 孔埋深、厚度较大，其余多以透镜体或条带状与砾砂互层，本层全线有 157

个钻孔揭露，层顶埋深 0.5～272.5m（高程 −15.97～ −8.04m），层底埋深 2～27.5m（高程 −20.95～5.26m），层厚 0.50～12.90m，平均厚度 2.72m。本层共进行标准贯入试验 128 次，其实测击数为 5～19 击，平均击数为 9.8 击，修正后击数为 3.6～16.2 击，平均击数为 7.8 击。

3）硬塑状粉质黏土，地层代号④$_{N-3}$

呈褐黄色、浅灰色、灰褐色、灰黄色等，主要为粉质黏土，局部含少量细砂、中粗砂或砾石，无摇震反应，刀切面较光滑，韧性中等，干强度中等。分布于增埗河以北，多以透镜体分布于砾砂之间，本层全线有 32 个钻孔揭露，层顶埋深 2.10～30.0m（高程 −17.17～5.98m），层底埋深 3.1～31.3m（高程 −23.67～4.95m），层厚 0.60～4.1m，平均厚度 2m。在本层进行标准贯入试验 18 次，其实测击数为 18～38 击，平均击数 23.5 击，修正后击数为 13～29 击，平均击数为 18 击。

4）河湖相沉积淤泥，地层代号④$_{2A}$

深灰色，流塑，含少量有机质或粉细砂，偶见贝壳，具臭味，无摇震反应，刀切面较光滑，韧性中等，干强度中等。分布于增埗河以北，多以透镜体分布于砂层间或与淤泥质土互层，本层全线有 41 个钻孔揭露，层顶埋深 1.30～27.00m（高程 −19.37～6.16m），层底埋深 2.6～30m（高程 −22.37～5.26m），层厚 0.50～5.1m，平均厚度 2.25m。在本层进行标准贯入试验 19 次，其实测击数为 1～3 击，平均击数为 2.1 击，修正后击数为 0.9～2.7 击，平均击数为 1.8 击。

5）河源相沉积淤泥质土，地层代号④$_{2B}$

深灰色，流塑，含少量有机质及细砂，下部含中砂较多，具臭味，无摇震反应，韧性中等。分布于增埗河以北，多以条带状或透镜体分布于砂层间或与淤泥质土互层，上部至聚龙、小坪站附近分布较为连续。本层全线有 132 个钻孔揭露，层顶埋深 1.50～14.8m（高程 −7.80～6.43m），层底埋深 3.2～19m（高程 −12.00～4.83m），层厚 0.50～11.2m，平均厚度 3.15m。在本层进行标准贯入试验 114 次，其实测击数为 1～4 击，平均击数为 2.2 击，修正后击数为 0.8～3.3 击，平均击数为 1.9 击。

4. 残积层（Q^{el}）

沿线残积土主要由石炭系灰岩风化残积而成。按土的状态分为三个亚层，分述如下。

1）软塑状灰岩残积土，地层代号⑤$_{C-1A}$

粉质黏土，灰色，软塑，为灰岩风化残积土，局部含较多灰岩碎屑，无摇震反应，刀切面较光滑，韧性中等，干强度中等。本层仅在增埗河以北 9 个钻孔中揭露，多呈透镜体位于灰岩顶部。层顶埋深 14.00～30.00m（高程 −22.34～ −6.14m），层厚 0.8～4.10m，平均厚度 2.68m。本层共进行标准贯入试验 1 次，实测击数为 5 击，修正后击数为 3.5 击。

2）可塑状灰岩残积土，地层代号⑤$_{C-1B}$

粉质黏土，为灰岩或炭质灰岩残积土。炭质灰岩残积土上部灰黑色，下部青灰色、灰黑色，灰岩残积土呈深灰色，可塑—硬塑状，主要由粉黏粒组成，土质不均匀，切面见灰白色斑点，含强风化灰岩碎屑，局部含炭质高，岩芯呈灰黑色。分布于增埗河以北，其中同德围站厚度埋深较大，MHBZ2-304 孔未穿透该层，其余地段多以透镜体分布，本层共有 24 个钻孔揭露，层顶埋深 3.6～30.1m（高程 −22.42～5.18m），层厚 0.6～20.20m，平均厚度 4.57m。本层共进行标准贯入试验 26 次，实测击数为 6～16 击，平均击数为 9.7 击，修正后击数为 4.2～11.2 击，平均击数为 6.8 击。

3）硬塑状灰岩残积土，地层代号⑤$_{C-2}$

粉质黏土，黄褐色、灰黄色、灰白色，硬塑，为灰岩风化残积土，含较多灰岩碎屑，无摇震反应，刀切面较光滑，韧性中等，干强度中等。本层共有 71 个钻孔揭露，层顶埋深 6.20～43.0m（高程 −35.38～2.10m），层厚 0.50～20.70m，平均厚度 4.16m。本层共进行标准贯入试验 68 次，实测击数为 16～36 击，平均击数为 22.9 击，修正后击数为 11.2～28.8 击，平均击数为 16.6 击。

5. 岩石全风化带（C、Q、T、K）

灰岩全风化带，地层代号⑥$_C$

石炭系、二叠系全风化灰岩，灰白色、灰黑色，岩石风化剧烈，原岩结构已基本破坏，已风化成坚硬土状，岩质极软，部分含少量炭质。本层共有 33 个钻孔揭露，层顶埋深 7.00～32.80m（高程 −25.65～1.26m），层底埋深 8.40～39m（高程 −32.55～−0.14m），层厚 0.50～17.20m，平均厚度 4.64m。本层仅进行标准贯入试验 30 次，实测击数为 28～58 击，平均击数为 41.8 击，修正后击数为 19.6～43 击，平均击数为 30.2 击。

6. 岩石强风化带（C、P、T、K）

灰岩强风化带，地层代号⑦$_C$

呈灰色、黑色、灰黑色，岩石风化强烈，原岩结构已大部分破坏，岩芯呈半岩半土状，手掰易断，岩质极软，夹较多中风化碎岩块，局部含少量炭质。本层共有 4 个钻孔揭露，层顶埋深 9.0～16.6m（高程 −8.3～−1.4m），层厚 0.6～6.4m，平均厚度 2.3m。本层未进行标准贯入试验。

7. 岩石中等风化带（C、P、T、K）

1）炭质灰岩中风化带，地层代号⑧$_{C-1}$

炭质灰岩，中厚层至巨厚层状构造。岩石组织结构部分破坏，矿物成分基本未变化。有风化裂隙，岩芯较破碎，呈短柱状及碎块状，局部夹微风化岩块，属于较软岩—较硬岩，岩体较破碎，近似 RQD 值多在 20% 左右，岩体基本质量等级为Ⅳ级。本层共 29 个钻孔有揭露，其中 20 孔未穿透该层，层顶埋深 9.8～35.7m（高程 −26.61～−1.99m），层厚 0.50～13.20m，平均厚度 4.63m。本层岩溶发育，串珠状溶洞较多见。岩石试验结果表明，天然状态岩石单轴抗压强度 10.73～25.95MPa，平均值 18.94MPa，标准值 14.98MPa，极大值 32.7MPa。

2）灰岩中风化带，地层代号⑧$_{C-2}$

灰岩，中厚层至巨厚层状构造。岩石组织结构部分破坏，矿物成分基本未变化。有风化裂隙，岩芯较破碎，呈短柱状及碎块状，局部夹微风化岩块，属于较软岩—较硬岩，岩体较破碎，近似 RQD 值多在 20% 左右，岩体基本质量等级为Ⅳ级。本层共 83 个钻孔有揭露，层顶埋深 2.7～33.1m（高程 −25.09～6.51m），层厚 0.20～19.80m，平均厚度 4.87m。本层岩溶发育，串珠状溶洞较多见。本层岩石试验多沿结构面破坏，天然状态岩石单轴抗压强度：有效值 19.5MPa，极大值 36.6MPa。

8. 岩石微风化带（C、P、T、K）

1）炭质灰岩微风化带，地层代号⑨$_{C-1}$

炭质灰岩，隐晶质结构，中厚层至巨厚层状构造。裂隙发育，矿物成分基本未变化，见少量方解石细脉。岩芯呈短柱—长柱状，锤击声脆，属较硬岩—坚硬岩，岩体较完整，近似 RQD 值多在 80% 左右，裂隙面强度低，岩块强度较高，岩体基本质量等级为Ⅲ～Ⅳ级。本层共 21 个钻孔有揭露，层顶埋深 9.60～42.10m（高程 −28.06～−0.72m），揭露层厚 0.10～21.50m，平均厚度 5.20m。本层岩溶发育，串珠状溶洞较多见。岩石试验结果表明，天然状态岩石单轴抗压强度 35.57～66.2MPa，平均值 47.38MPa，饱和状态岩石单轴抗压强度 19.36～38.47MPa，平均值 25.6MPa，标准值 18.31MPa。

2）灰岩微风化带，地层代号⑨$_{C-2}$

灰岩，隐晶质结构，中厚层至巨厚层状构造。裂隙稍发育，矿物成分基本未变化，见少量方解石细脉。岩芯呈短柱—长柱状，锤击声脆，属较硬岩—坚硬岩，岩体较完整，近似 RQD 值多在 80% 左右，岩体基本质量等级为Ⅱ～Ⅲ级。本层共 313 个钻孔有揭露，层顶埋深 10.00～42.10m（高程 −34.42～−1.46m），揭露层厚 0.10～15.50m，平均厚度 3.16m。本层岩溶发育，串珠状溶洞较多见。岩石试验结果表明，天然状态岩石单轴抗压强度 23.09～92.83MPa，平均值 58.74MPa，标准值 55.15MPa，饱和状态岩石单轴抗压强度 17.1～89MPa，平均值 53.63MPa，标准值 51.87MPa，干燥状态岩石单轴抗压强度 39.18～82.92MPa，平均值 61.9MPa，标准值 58.54MPa。

9. 特殊性岩土及不良地层

本工程场地特殊性岩土主要有填土、软土、残积土及风化岩。根据室内膨胀性试验数据，各自由膨胀率主要数据大多不超过 20%，仅 MHBZ2-272 一样品（埋深 10.4～10.6m）自由膨胀率为 46%。

1）填土

根据钻探资料分析，填土层在各钻孔均有揭露，主要为杂填土，少量为素填土。素填土由粉质黏土、中粗砂等组成，杂填土含砖块、碎石、混凝土块等建筑垃圾。填土结构松散，地基承载力低，变形较大且不均匀，因此具有孔隙率大、透水性强的特点。

2）软土

沿线软土层为河湖相淤泥④$_{2A}$、淤泥质土④$_{2B}$ 和灰岩软—流塑状残积土，软土力学性质很差，极易被扰动。对基坑支护、地基稳定性及沉降控制均有不利影响。软土属高压缩性土，极易因其体积的压缩而导致地面和建筑物沉降。因软土透水性弱，对地基排水固结不利，不仅影响地基强度，也延长了地基趋于稳定的沉降时间。该类土由于平面位置及厚度分布不均，极易产生不均匀沉降。除此以外，该类土 pH 值偏低，有机质和富里酸含量偏高，对地基处理会有一定影响。

3）残积土及风化岩

勘察范围内残积土和风化岩根据类型不同，分为三类，分述如下。

（1）碎屑岩残积土和风化岩

残积土主要为粉质黏土，呈可塑—硬塑状，工程性质较好。全风化岩呈坚硬粉质黏土状，工程性质较好。强风化岩呈半岩半土状，风化裂隙发育，为极软岩，岩体完整性差，岩体基本质量等级为 V 级。具有遇水软化、失水干裂的特点。风化岩受结构面发育程度的影响，风化不均匀，在垂直方向不同风化程度的岩石往往交错出现，使岩体的力学强度变化和差异较大。

（2）可溶岩残积土和风化岩

主要为石炭系灰岩和二叠系栖霞组炭质灰岩，两种地层的残积土均为粉质黏土，含较多原岩风化岩碎屑和角砾，其中可塑—硬塑状残积土工程性质较好，软—流塑状残积土强度低，压缩系数大，变形模量低，工程性质差。残积土在垂直方向往往分布于冲洪积砂层之下和基岩中、微风化岩面以上，地下水活动较强，极易在本层中形成土洞。

因基岩为可溶岩，全、强风化岩不发育，仅在二叠系栖霞组基岩分布区有所揭露，全风化岩呈黑色坚硬粉质黏土状，强风化岩呈半岩半土状，均为极软岩。强风化带裂隙发育，岩体破碎，岩体完整性差，岩体基本质量等级为 V 级。由于基岩风化岩裂隙发育，易在本层溶蚀形成溶洞、溶蚀沟槽等。

（3）断层破碎带

初勘在同德围站、小坪至石井区间等多处钻探中揭露断层破碎带，断层破碎多为断层泥和断层角砾，未胶结，结构松散，工程性质差，且是地下水的良好通道。破碎带附近岩体裂隙发育，岩体破碎，岩溶发育。

综上所述，本工程地质物理力学指标如表 2.2-1 所示，地层构造复杂，场地土多为中软土—中硬土。本段为岩溶地区，溶、土洞均有分布，砂土分布广泛且厚度较大，在周边地区出现过因工程建设而导致的地面塌陷事件，此段为软土地基沉降较高风险区和岩溶地面塌陷高风险区。

地层物理力学指标 表 2.2-1

岩土分层	岩土名称	天然密度/（g/cm³）	孔隙比	黏聚力/kPa	内摩擦角/°	变形模量/MPa	渗透系数/（m/d）
①	人工填土	1.99	0.656	9	6	6	1.50
③₁	粉细砂	1.81	—	—	26*	10	10.00

岩土分层	岩土名称	天然密度/ （g/cm³）	孔隙比	黏聚力/kPa	内摩擦角/°	变形模量/ MPa	渗透系数/ （m/d）
③₂	中粗砂	2.00	—	—	30*	23	20.00
③₃	砾砂	2.03	—	—	32*	40	50.00
④₂A	河湖相沉积淤泥	1.51	1.867	6.9*	3.8*	2	0.001
④₂B	河源相沉积淤泥质土	1.78	1.150	10.2*	4.5*	3	0.001
④N-1	流塑—软塑状粉质黏土	1.88	0.834	9.3	3.5	5	0.01
④N-2	可塑状粉质黏土	1.91	0.830	19.3	6.8	18	0.01
④N-3	硬塑状粉质黏土	1.95	0.710	27.4*	16.3	35	0.01
⑤C-1A	灰岩残积土（软塑）	1.89	0.904	19.2	18.1	10	0.01
⑤C-1B	灰岩残积土（可塑）	1.9	0.819	20	18.5	25	0.01
⑤C-2	灰岩残积土（硬塑）	2.05	0.52	29.8	17.2	38.0	0.05
⑥C	灰岩全风化	2.00	0.670	33.5	17.8	88	0.50
⑦C	灰岩强风化	2.11	0.47	38.57	20.95	120	1～3
⑧C-1	炭质灰岩中风化	2.35	—	—	—	—	2
⑧C-2	灰岩中风化	2.25	—	—	—	—	3～5
⑨C-1	炭质灰岩微风化	2.65	—	—	—	—	1
⑨C-2	灰岩微风化	2.55	—	—	—	—	2

注：*代表地区经验值。

2.2.2 水文地质

1. 水文地质条件

工程范围内的地下水按赋存方式，划分为第四系松散层孔隙水、层状基岩裂隙水和岩溶裂隙水三种类型。

1）第四系松散层孔隙水

第四系松散层孔隙水主要赋存于冲洪积细砂③₁、中粗砂③₂和砾砂③₃中，其含水性能与砂的形状、大小、颗粒级配及黏粒含量等有密切关系。③₁、③₂透水性一般为中等，③₃透水性强。

2）层状基岩裂隙水

层状基岩裂隙水主要赋存于碎屑岩强风化带及中等风化带中，为承压水，地下水的赋存不均一。根据本地勘察经验，层状基岩含水层水量不大。由于岩层的涌水量和透水性主要由其裂隙发育程度所控制，存在明显的不均匀性，因此局部有较大涌水量的可能。

3）岩溶裂隙水

岩溶裂隙水主要赋存在石炭系灰岩中，溶蚀裂隙和溶洞发育，水量中等—丰富，具承压性。裂隙、溶蚀及溶洞不太发育的部位，岩层透水性一般较弱；溶蚀及裂隙发育的部位，透水性一般中等，溶洞发育的部位透水性一般较强。

2. 地下水位

勘察范围内所有钻孔均遇见地下水。勘察时测得钻孔中初见水位埋深为 0.40～11.00m，初见水位标高为 −0.39～15.79m；混合稳定水位埋深为 0.90～14.80m，稳定水位标高为 −4.19～16.28m。

地下水位变化主要受气候的影响，每年 4～9 月为雨季，大气降水丰沛，是地下水的补给期，其水位会明显上升，而 10 月到次年 3 月为地下水的消耗期，地下水位随之下降，年变化幅度 2.00～3.00m；同时，在地表水道附近，地下水亦会随珠江潮汐水位涨落而起伏变化。

3. 地下水的腐蚀性

Ⅰ类及Ⅱ类环境下，有干湿交替作用和无干湿交替作用时，综合判定地下水对混凝土结构具以"微"腐蚀性为主，其次为"中等"腐蚀性，个别为"弱"腐蚀性，"中等"腐蚀性的腐蚀介质为侵蚀性 CO_2 和 HCO_3^-，"弱"腐蚀性的腐蚀介质为 SO_4^{2-}。长期浸水及干湿交替情况下，地下水对钢筋混凝土结构中的钢筋具"微"腐蚀性。

水文条件评价

发育有石井河、白云湖等地表水体，地表水体与地下水水力联系密切。主要含水层是四系冲洪积砂层和石炭系基岩，全单元均发育且厚度较大。本段发现的三元里—温泉断裂、新市断裂、石井断裂等的断层破碎带也是地下水通道和含水层。地下水对工作井及区间隧道施工影响均非常大，水文地质条件复杂，地下水对本工程建设影响巨大。

2.3 工程建设方案

电力隧道线路与地铁八北段并行区间沿西槎路、石槎路敷设。途中西湾路、西槎路沿线开发强度较大，建筑密集，多以住宅小区为主。石槎路沿线大部分为村镇居民区及工业发展区，石槎路沿线开发强度不大，分布多个城镇，途经多个居住区等。线路沿线主要控制构筑物有增埗河桥、上埗桥、北环高速公路、沿线三座人行天桥等。由于盾构法施工无须管线迁改，对周边建筑、地铁、地下管线等影响小。电力隧道与地铁八北段工程的建设方案为隧道采用盾构法施工，工作井采用明挖法施工。

2.3.1 隧道规模

本项目电力隧道内电缆容量根据《广州中心城区电缆地下廊道规划》（终期规模）及系统专业提资考虑：由石槎路石沙路路口至岭泊、凤岗站接入点，为 220kV 线路 4 回（石井—环西 2 回，雅岗—凤岗 2 回），110kV 线路 4 回，共 8 回；由岭泊、凤岗站接入点至同德站接入点，为 220kV 线路 4 回（石井—环西 2 回，雅岗—同德 2 回），110kV 线路 7 回，共

11 回；由同德站接入点至西湾路，为 220kV 线路 4 回（石井—环西 2 回，同德—金沙洲 2 回），110kV 线路 6 回，共 10 回。

为满足电力隧道使用需求，电力隧道设计截面时为目前广泛采用的内径 3.5m 圆形盾构，可放置 4 回 220kV 及 6 回 110kV 电缆，基本与出线规模相匹配，并可考虑接头布置摆放位置。而岭泊、凤岗站接入点至同德站接入点位置的 11 回电缆，超出隧道容量 1 回，建议远期的 1 回 110kV 电缆不进入隧道，可另选路由或改换其他敷设形式。隧道断面及内支架布置见图 2.3-1，按每 1m 一榀开列。支架上胶垫按 600mm×100mm×10mm，采用阻燃 PVC 胶垫，每托支架上 1 个。

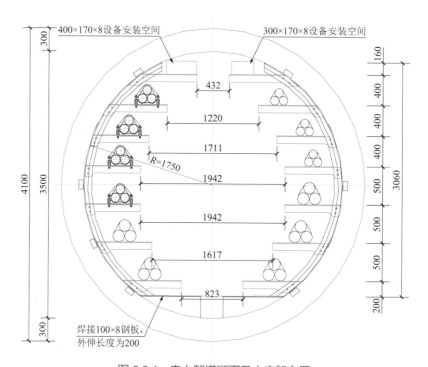

图 2.3-1　电力隧道断面及内支架布置

地铁八北段采用 6m 外径的盾构区间隧道。由于地铁隧道及电力隧道均设置在城市规划路下方，外径为 6m 的地铁八北段已将大部分线路可敷设的路由占用，电力隧道施工路由选择余地很小。道路两侧房屋较多，地下管线密集，同时本工程地质属于岩溶发育区，地质风险很大，在满足下穿地铁出入口的埋深要求时，电力隧道线路尽量采用浅埋方案，以避开灰岩发育地质，减小地质风险。

2.3.2　工作井建设方案

电力隧道线路全长 6.8km，工作井在有条件的情况下尽量考虑与地铁附属出入口合建，合建后电力隧道出入口及出地面口部可与地铁出入口同时考虑，满足城市规划及景观要求。为此，电力隧道共设置 8 处工作井，每个工作井平均间距为 971m，线路与地铁八北段并行长度为 6.1km。表 2.3-1 所示为工作井具体信息，工程在 1 号工作井预留了环西出站段西线电力明挖隧道土建接口，在 8 号工作井预留了石井—凯旋电力明挖隧道的土建接口，2 号、5 号、6 号、7 号工作井与地铁出入口通道结合设置。

各工作井信息 表 2.3-1

井号	平面尺寸 长×宽/mm	埋深 （线路中心）/m	盾构工法	出入口及风亭出地面情况	建筑面积/ m²	备注
1 号工作井	24400×9800	11.3	始发	顶出	513	配电房
2 号工作井	20500×12000	14.8	过站	侧出（与地铁出入口结合设置）	842	配电房
3 号工作井	14250×10000	16.1	过站	顶出	454	
4 号工作井	24400×9800	14.3	始发	顶出	753	配电房
5 号工作井	20500×11700	16.4	过站	侧出（与地铁出入口结合设置）	856	配电房
6 号工作井	17000×10000	13.9	吊出	顶出（贴地铁出入口独立建设）	541	
7 号工作井	20500×11700	17.0	过站	侧出（与地铁出入口结合设置）	826	配电房
8 号工作井	24400×9800	11.7	始发	顶出	511	

2.3.3 线路平面方案

在电力隧道的设计过程中，经过多方案比选，反复研究，采取措施，线路平面中有 7 处线路越出规划道路红线，共计长度约 0.77km，详见表 2.3-2。在线路设计时，考虑了地下管线的平面位置与埋深，由于区间隧道均采用盾构施工，埋深对地下管线已无直接影响，在盾构施工时对净距较小的管线进行加固处理，只在工作井明挖施工时对地下管线有迁改。但工作井结构顶面覆土均按市政的要求，均考虑在 3.0m 及以上，以满足各种管线的铺设要求。

区间超出红线统计表 表 2.3-2

序号	位置/里程	超出道路红线长度/m
1	CK1+070～CK1+160	90
2	CK2+380～CK2+460	80
3	CK5+060～CK5+260	200
4	CK5+315～CK5+360	45
5	CK5+770～CK5+930	160
6	CK6+165～CK6+260	95
7	CK6+600～CK6+700	100
总计		770

2.3.4 线路纵断面方案

电力隧道线路走向基本与地铁八北段线路走向一致，且部分工作井与地铁出入口结合实施，结构关系复杂。从电力隧道和地铁八北段结构的实施难度、实施时间等方面考虑，两线路在场地条件允许的情况下平行设置，并尽可能拉大间距。在两条线路必须重叠时，电力隧道一般情况下上跨地铁隧道，电力隧道与地铁区间隧道均为盾构法施工，在线路平面及纵断面上保证电力隧道与地铁八北段区间隧道的安全距离。施工期间两条隧道将会相互影响，在工序上应进行合理安排。初步设计时建议地铁八北段隧道先行施工，上跨电力隧道在地铁八北段隧道掌子面远离重叠位置一定距离后再施工。电力隧道施工时，可通过控制盾构掘进姿态、同步注浆、补偿注浆等措施降低两者的相互影响。

1. 电力隧道与地铁八北段隧道的空间关系

电力隧道线路自环西变电站引出，下穿增埗河，其埋深较深。同时要上跨地铁八北段区间，必须保证最小净距，下穿增埗河后线路以大坡爬升。在鹅掌坦站前，线路上跨 8 号线区间，竖向净距约为 2.4m。隧道沿西槎路北行，从鹅掌坦西侧的 2 个出入口下穿，竖向最小净距约 1.2m。隧道在同德围站下穿 1 处出入口，竖向最小净距约 3.2m。线路出同德围站后继续爬升，在同德围至上步区间上跨 8 号线区间，竖向净距约为 3.16m。隧道下穿 2 处上步站出入口，竖向最小净距约 1.9m。在上步至聚龙区间，隧道上跨 8 号线区间，竖向净距约 3.8m，电力隧道在聚龙站西侧 7 次下穿出入口，1 次通过车站换乘节点区域，与出入口竖向最小净距约 1.3m。隧道出聚龙站后，以大坡度爬升，在平沙站前上跨 8 号线区间，竖向净距约 1.9m，在平沙站东侧下穿平沙站 2 处出入口，竖向最小净距约 1.6m。之后线路基本与 8 号线并行，平面最小净距约 3m。电力隧道在小坪站东侧下穿 3 处出入口，竖向最小净距约 3.1m。之后线路在 8 号线东侧并行至终点，与石井—凯旋电力隧道相接。

如表 2.3-3 所示，电力隧道 4 次上跨地铁八北段区间隧道，1 次过聚龙站主体结构，14 次下穿车站附属结构。其中，电力隧道 2 号工作井与地铁鹅掌坦站、5 号工作井与地铁聚龙站、6 号工作井与地铁石潭站、7 号工作井与地铁小坪站进行合建。电力隧道与地铁隧道交叉点处电力隧道覆土按 4m 考虑，最小竖向净距约 1m。

2. 电力隧道对地铁八北段隧道施工的影响

电力隧道对地铁八北段隧道存在小间距平行施工、上穿、下穿等多种复杂工况，其影响有：

（1）电力隧道与地铁八北段共用同一路由，西槎路、石槎路和石沙路道路均较窄，对地铁线路选线产生一定制约。

（2）地铁车站设置在道路上，电缆隧道需下穿车站出入口、风亭等附属结构，地铁附属结构纵向标高需避让电缆隧道。

（3）电力隧道与地铁隧道多次相交，两隧道之间净距较小，地铁施工时需要对交叉点处进行加固处理，增加工程投资。

（4）电缆隧道施工工期需与地铁车站、区间施工工期相协调，避免施工过程的相互干扰。

电力隧道与地铁车站、区间隧道交叉点关系表　　　　　　　　表 2.3-3

地铁	关系	
	电力隧道与地铁区间隧道的关系	电力隧道与地铁站的关系
起点—鹅掌坦站（含）	电力隧道 1 处上跨西村站—鹅掌坦站区间隧道，竖向净距约 2.4m	电力隧道下穿 2 处鹅掌坦站出入口，竖向最小净距约 1.2m
鹅掌坦站—同德围站（含）	两隧道平行，最小线净距约 2m	电力隧道下穿 1 处同德围站出入口，竖向净距约 3.2m
同德围站—上步站（含）	电力隧道 1 处上跨区间隧道，竖向净距约 3.16m	电力隧道下穿 2 处上步站出入口，竖向最小净距约 1.9m
上步站—聚龙站（含）	电力隧道 1 处上跨区间隧道，竖向净距约 3.8m	电力隧道下穿 7 处聚龙站出入口，1 次通过车站换乘节点区域，与出入口竖向最小净距约 1.3m
聚龙站—平沙站（含）	电力隧道 1 处上跨区间隧道，竖向净距约 1.9m	电力隧道下穿 2 处平沙站出入口，竖向最小净距约 1.6m
平沙站—小坪站（含）	两隧道平行，最小线净距约 3m	电力隧道下穿 3 处小坪站出入口，竖向最小净距约 3.1m
小坪站—石井站（含）	两隧道平行，最小线净距约 3.5m	无关系

2.3.5　电力隧道穿越地铁隧道的设计

考虑地铁隧道先施工，电力隧道后施工，在先行施工的地铁隧道内注浆加固地铁隧道四周土体，加固范围为隧道四周 2m，详见图 2.3-2。

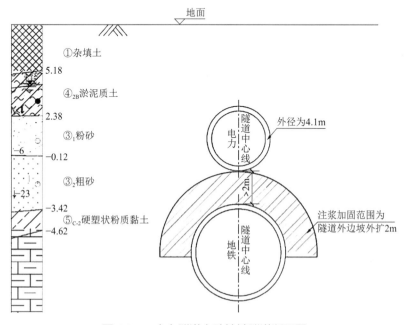

图 2.3-2　电力隧道上跨地铁隧道断面图

2.3.6 电力隧道穿越地铁车站出入口及风道的设计

总的原则为尽量要求地铁附属的围护结构和主体结构施工完成后电力隧道再通过，对无条件的可先施工地铁附属结构的围护结构，待电力隧道通过后再施工地铁主体结构。具体措施如下：

（1）电力隧道下穿地铁车站附属位置的加固措施，附属围护结构采用玻璃纤维筋，并采用搅拌桩加固附属下方地层。

（2）电力隧道和地铁附属结构斜交部分的处理措施，附属围护结构采用玻璃纤维筋，斜交部分外侧与隧道斜交的三角区域采用搅拌桩加固。

（3）附属结构如不能保证在电力隧道盾构通过前完成主体结构，可考虑先施工电力隧道通过范围的地铁附属围护结构，待电力隧道盾构通过后再施工地铁附属其他部分围护结构和主体结构。

2.3.7 小净距隧道的设计要点

在砂层等软弱地层，当电力隧道与地铁隧道净距小于 0.5D（D 为较大直径盾构隧道外径）时，在先行施工的地铁隧道内注浆加固与电力隧道之间的区域，详见图 2.3-3。当地面交通疏解和管线情况可满足地面加固施工场施工要求时，优先采用地面施作隔离桩。当无地面加固时，考虑在先行施工的地铁隧道内向两隧道之间的软弱地层进行注浆加固地层，并在先行施工的隧道提前通过环形钢架的结构形貌加固隧道管片。施工顺序为：

（1）施工地铁隧道。

（2）进行注浆。

（3）施工电力隧道。

注浆采用单液浆，注浆时应加强洞内监测。如发现变形过大，应及时调整注浆压力。

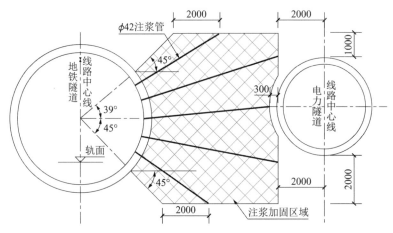

图 2.3-3 小净距隧道加固设计断面图

2.3.8 小结

（1）线路选型：由于地铁隧道及电力隧道均设置在城市规划路下方，地铁隧道采用 2 条 6m 外径的盾构区间隧道，将大部分线路可敷设的路由占用，电力隧道施工路由选择余地很小。道路两侧房屋较多，地下管线密集，同时本工程地质属于岩溶发育区，地质风险很大，在满足下穿地铁出入口的埋深要求时，电力隧道线路尽量采用浅埋方案，以避开灰岩发育地质，减小地质风险。

（2）区间隧道设计：电力隧道工法除工作井采用明挖法施工外，区间隧道推荐采用盾构法施工，盾构法施工无须管线迁改，对周边建筑、地铁、地下管线等影响小。

（3）工作井设计：电力隧道工作井在有条件的情况下尽量考虑与地铁附属出入口合建，合建后电力隧道出入口及出地面口可与地铁出入口同时考虑，满足城市规划及景观要求。

（4）施工工序：电力隧道主要方案为上跨地铁区间盾构隧道，下穿地铁车站出入口，在工序上考虑地铁车站和区间先行施工，电力隧道后施工。在下穿地铁车站出入口时，优先考虑对地铁车站出入口先行加固。针对地铁隧道与电力隧道为小净距的情况，地铁隧道施工时考虑在洞内加固与电力隧道之间的土体。

第 **3** 章

CHAPTER 3

电力隧道同步施工与掘进
关键技术

城市电力隧道
与地铁隧道同步建设技术
广州石井—环西电力隧道工程

由于环西电力隧道与地铁 8 号线北延段交叉、穿越次数多，电力隧道在立项前期已考虑尝试采用电力与地铁共建模式，即本电力隧道与地铁 8 号线北延段同步设计、同步施工的建设模式探索。全线有 3 个临近地铁车站的隧道工作井实现了与地铁车站同基坑开挖、同步进行结构施工，有效集约利用了城市道路的地下空间和地下资源。隧道区间上也成功完成了 4 次上跨地铁隧道，6 次下穿地铁车站出入口或风亭结构的线路节点，3 次与地铁隧道小间距平行施工。此外，电力隧道还穿越北环高速等重要建（构）筑物。

如此多上跨、并行、下穿、合建等工况，环西电力隧道同步建设工程在初始评定达到Ⅰ级风险有 2 个、Ⅱ级风险有 6 个；采取相关措施后，Ⅱ级风险有 2 个、Ⅲ级风险有 5 个、Ⅳ级风险有 1 个。

3.1　电力工作井与地铁车站基坑同步施工技术

环西电力隧道共有 3 个工作井与地铁 8 号线北延段工程结构合建，分别是 2 号、5 号、7 号。工作井的合建可减小施工占地面积，降低征地难度；可减少对地下空间占用。由于工程量减少，借地和其他费用都相应减少，故合建也有效地减少了建设投资。但由于电力隧道与地铁隧道的征地工作进度不一，7 号工作井电力隧道场地率先取得，故地铁通道在电力工作井中穿越，导致实际过程中也未实现同步施工的 3 个合建井的基本工况如表 3.1-1 所示。

情况统计表　　　　　　　　　　　　　表 3.1-1

序号	电力隧道	地铁隧道	合建规模或影响范围	地质情况	周边环境	施工先后关系		采取保护措施	
						原设计	实际	原设计	实际
1	2 号工作井	鹅掌坦站Ⅲ号出入口	长 42.7m，宽 15.7~22.35m，深 19.6m	杂填土、淤泥质土、淤泥质粉细砂	管线复杂、邻近建筑物	同步实施	同步实施	对邻近的污水压力钢管进行钢管桩注浆加固	对邻近的污水压力钢管进行钢管桩注浆加固
2	5 号工作井	聚龙站Ⅳ号出入口	深度 16m	①、④-N-2、⑤-C-2、⑧-C-1	石槎路与西槎路交叉路口	同步实施	同步实施	端头加固	洞内支撑＋注浆加固
3	7 号工作井	小坪站Ⅱ号出入口	深度 21m	淤泥、砂层、粉质黏土、中/微风化灰岩	小坪站施工围蔽内	同步实施	先电力后地铁	无	无

3.1.1　2 号工作井与地铁附属结构合建施工风险分析（初始风险Ⅱ级）

2 号工作井与地铁 8 号线鹅掌坦站出入口结构合建，平面尺寸：20.5m×12m，在地铁出入口侧出（图 3.1-1）。负三层：电缆隧道；负二层：风机房、进排风口、设备吊装孔、电缆放线孔；负一层：配电房、弱电房、通风口、设备吊装孔、电缆放线孔。基坑深度 18.8m，围护结构采用 800mm 厚连续墙＋（4＋1）道撑，第一、二道混凝土撑（600mm×800mm，斜撑 600mm×800mm 混凝土撑），第三、四道支撑（600mm×800mm 混凝土撑）。

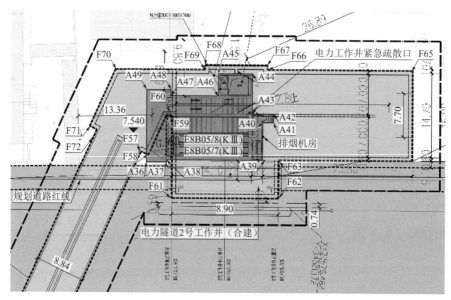

图 3.1-1 2号工作井

该工作井存在的主要风险为：地下连续墙施作风险、深基坑开挖风险和交叉作业风险。

1.地下连续墙施作风险（地质风险）

1）风险描述

2 号工作井地处岩溶发育地段，该地区由于溶蚀作用造成岩面起伏变化大，岩土层交界面附近发育土洞，岩层表层和上部溶沟、溶槽、溶隙及溶洞等发育强烈，岩溶及土洞发育规律性差，呈无序状态，其形态特征、规模和分布范围难以确定，局部溶洞富含水且具有连通性，且该地层岩层较坚硬，也给地下连续墙增加了施工难度。如果溶土洞处理不当或施工方法不当，连续墙冲槽过程中可能出现泥浆大量流失以致槽段坍塌的险情；同一槽段或者相邻墙段不能对齐和漏水；墙底无法按设计要求嵌入岩层而产生缝隙形成渗水通道，造成后续基坑开挖时渗水、涌水灾害等问题。地下连续墙成槽质量的好坏直接关系到墙体的整体性及使用效果，关系到工程的经济效益。所以，在灰岩地层中地下连续墙施工方法对整个基坑加固起到关键作用。

2）风险预防管理措施

（1）编制连续墙施工组织设计，严格履行专家、企业技术负责人、总监理工程师批准程序。

（2）编制专项应急预案，提前进行各项演练并储备足够的应急物资。

（3）做好各项方案、预案的交底工作，并在作业前向作业人员进行风险管控交底和培训。

2. 深基坑开挖风险控制（地质风险）

1）风险描述

2 号工作井基坑开挖具有较高的风险性，容易产生涌水、涌砂的情况，特别是在岩溶地层基坑施工，由于溶（土）洞和硬岩的存在，基坑开挖时极易出现险情。基坑开挖中需解决基坑涌水、涌砂的问题。

2）风险预防管理措施

（1）编制深基坑施工组织设计，严格履行专家、企业技术负责人、总监理工程师批准程序。

（2）编制专项应急预案，提前进行各项演练并储备足够的应急物资。

（3）做好各项方案、预案的交底工作，并在作业前向作业人员进行风险管控交底和培训。

3. 先隧后井风险

1）风险描述

根据电力隧道建设思路工作井施工应以服务盾构推进需求为目标，并据此进行筹划、场地布置，确保如期、最大化交付盾构场地；因此，需要加快工作井主体的施工进度，以尽早交付盾构施工场地，同时避免后续同步施工的影响。

按原工筹，环西 1 标包括 3 个工作井，其中 1 个始发井，2 个盾构过井。原计划采用常规盾构过井，但根据现场实际情况，2 号工作井无法满足常规盾构过井要求。

最后采用先隧后井施工方案，先进行隧道掘进后再进行工作井部分的施工。即先掘进隧道，并在隧道掘进工作井之前采取端头加固的方案。由于隧道及隧道下基底存在淤泥，周边存在大量的管线，施工风险大，且盾构通过后，无法对工作井下方的③₁地层进行处理，造成工作井开挖时出现涌水、涌砂风险，以及盾构隧道与工作井接头处渗漏水的风险。

2）风险预防管理措施

根据相关盾构施工经验，结合本工程项目特点，采用以下措施控制工程进度的风险：

（1）加强配合业主进行征借地工作。

（2）提前进行 2 号工作井施工人机材准备工作。

（3）加强与设计沟通，做好各项施工方案、预案的策划工作。

3.1.2　5 号工作井与地铁聚龙站Ⅳ号出入口合建风险分析（初始风险Ⅱ级）

1. 风险描述

5 号工作井位于石楼路口以北交通疏解道西侧，为盾构过井，与地铁聚龙站Ⅳ号出入口合建，5 号工作井外包尺寸长 17.6m，宽 13.6m，井深 19.91m。采用明挖顺筑法施工，围护结构采用地下连续墙＋三道内支撑体系，基坑施工容易造成周边建（构）筑物沉降变形、基坑透水等风险。部分连续墙底存在溶土洞，需要提前进行处理，如图 3.1-2、图 3.1-3 所示。

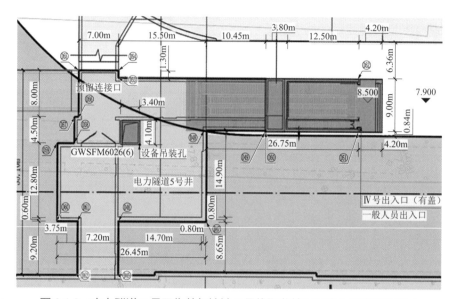

图 3.1-2 电力隧道 5 号工作井与地铁 8 号线聚龙站Ⅳ号出入口纵断面图 1

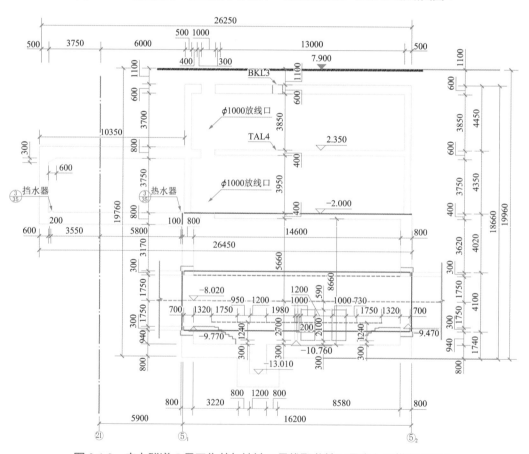

图 3.1-3 电力隧道 5 号工作井与地铁 8 号线聚龙站Ⅳ号出入口纵断面图 2

2. 风险预防管理措施

（1）结构采用连续墙＋内支撑，做好连续墙接缝及桩间的止水帷幕。连续墙采用超前钻探明溶洞情况。

（2）组织好支撑拆除和主体结构模筑的施工次序。

（3）注意完善雨期施工时的防水、排水措施，尽可能快地封闭基坑底板。

（4）对溶土洞采取地面注浆处理措施。

3.1.3　7号工作井风险分析（初始风险Ⅱ级）

7号工作井与地铁8号线北延段小坪站Ⅱ号出入口合建，工作井主体结构长20.5m，宽10.85m，深度约24.5m，围护结构采用14幅1000mm厚地下连续墙结构，深度28.4～29.4m，盾构穿越段采用6m×6m的玻璃纤维筋结构。支撑体系采用4道混凝土环框梁结构。

1. 溶洞发育区地下连续墙施工风险

1）风险描述

7号工作井与地铁8号线北延段小坪站Ⅱ号出入口合建，工作井主体结构长20.5m，宽10.85m，深度约24.5m。7号工作井溶洞发育，围护结构28个超前钻中有23个发现溶洞，见洞率为82%，最高溶洞高度约为7m，基本为半填充型。在地下连续墙施工成槽过程中遇到溶洞，泥浆有可能流失，导致地面塌陷，影响地铁车站的安全。

2）风险预防管理措施

（1）管理措施

①编制7号工作井超前钻施工方案、7号工作井围护结构施工方案，严格履行审查批准程序。

②做好各项方案、预案的交底工作，并在作业前向全体作业层人员进行施工风险交底。

③加强现场巡视，监督作业层严格按照方案实施，实行领导带班检查。

④加强现场一线管理人员的培训，贯彻相关技术标准规范，增强风险意识和应对风险的处理能力。

⑤严格对各项技术措施进行质量验收。若措施质量达不到规范或设计标准，严禁进行下一道工序。

⑥编制应急预案、备齐应急物资、提前演练，确保危机处置及时、有序。

（2）技术措施

①在围护结构和主体结构施工前，先对施工范围进行地质补勘，对连续墙区域采取"一槽两钻"进行勘察。对存在影响的溶洞进行注浆处理，处理效果经检测合格后再进行围护结构施工。

②严格控制连续墙施工的泥浆质量，储备足够量的泥浆。

2. 深基坑开挖风险

1）风险描述与分析

根据地质详勘报告，7号工作井基坑开挖深度范围地层情况为：①人工填土层，层厚约4.2m；淤泥质土层④$_{2B}$，层厚约2m；砂砾层③$_3$，层厚约3.8m；硬塑状粉质黏土层⑤$_{C-2}$，层厚约 4.7m；灰岩微风化层⑨$_{C-2}$，层厚约 6.8m。其中，⑨$_{C-2}$ 地层天然状态岩石单轴抗压强度 35.11～159.6MPa，平均值 75.86MPa。

7 号工作井溶洞发育，围护结构 28 个超前钻中有 23 个发现溶洞，见洞率为 82%，最高溶洞高度约为 7m，基本为半填充型。

7 号工作井围护结构基坑开挖深度范围内存在砂层，可能由于接头质量问题，导致在开挖过程中，连续墙接缝处容易出现漏水、漏砂情况。同时，7 号工作井下部溶洞发育，在开挖工程中，可能出现溶洞涌水风险引发基坑失稳；支撑施作不当、不及时可能引发基坑失稳；基坑开挖方法不当，可能导致坑内土体溜塌或滑移，破坏支撑体系导致基坑失稳。严重时将导致地面塌方、管线破坏，影响地铁车站安全。

2）风险预防管理措施

（1）管理措施

①编制 7 号工作井围护结构施工方案、7 号工作井土方开挖专项方案、7 号工作井基坑监测方案、连续墙间止水桩施工方案、7 号工作井连续墙涌水、涌砂及溶洞涌水应急预案，严格履行审查批准程序。

②做好各项方案、预案的交底工作，并在作业前向全体作业层人员进行施工风险交底。

③加强现场巡视，监督作业层严格按照方案实施，实行领导带班检查。

④加强现场一线管理人员的培训，贯彻相关技术标准规范，提高风险意识和应对风险的处理能力。

⑤严格对各项技术措施进行质量验收，若措施质量达不到规范或设计标准，严禁进行下一道工序。

⑥编制应急预案、备齐应急物资、提前演练，确保危机处置及时、有序。

（2）技术措施

①在围护结构和主体结构施工前，先对施工范围进行地质补勘。

②做好连续墙接头处的高压旋喷注浆，形成良好的隔水。

③严格按照设计要求设置降水井，加强对降水效果的观察。若效果不佳，则及时调整深井的位置及深度，严格控制坑底地下水位。

④坑内设置完善的明排水系统，挖土后在坑内设明沟或盲沟集水井明排水，并避免在基坑底边布置。

⑤地下连续墙接缝渗漏水技术措施：按照设计，对连续墙采用工字钢接头，钢筋笼吊装过程中避免碰撞接头工字钢。

⑥基坑突涌技术措施：严格按设计进行连续墙施工，保证其嵌固深度；按设计对基地存在的软弱地层进行旋喷桩加固。

⑦基坑开挖严格遵循时空效应，做到"分层、分块、对称、均衡"开挖，并及时施作底板封闭基坑。

⑧若开挖过程出现坑边裂缝，须及时采取措施封闭，防止地表水从缝隙中渗入，对土

体进行冲切破坏，造成边坡的不稳，引起滑坡和塌方。

⑨按设计要求布设监测点，并按要求频率进行监测，及时反馈，指导施工。

3.2 电力隧道下穿地铁结构的施工技术

环西电力隧道有 6 次下穿地铁车站出入口、风亭结构或线路。从策划方案来看，此 6 次穿越均建议地铁结构完工后，电力隧道再从下部穿越。但因 8 号线北延段部分工点施工进度滞后，故 4～5 号工作井区间下穿聚龙站 I 号风亭及 V 号出入口，电力隧道 6～7 号工作井区间下穿小坪站 A 风亭，电力隧道 7～8 号工作井区间下穿小坪站 B 风亭，此 4 次的下穿实际上是先施工电力隧道，再施作地铁上部结构。6 次下穿情况如表 3.2-1 所示。

穿越建（构）筑物统计表　　　　　　　　　表 3.2-1

序号	电力隧道位置	地铁隧道位置	最小距离/m	地质情况	周边环境	施工先后关系		采取保护措施	
						原设计	实际	原设计	实际
1	4～5 号工作井	聚龙站 I 号风亭	2.994	⑦$_C$、⑧$_{C-1}$	西槎路	先地铁后电力	先电力后地铁	地面加固	洞内注浆＋洞内支撑＋地面加固
2	4～5 号工作井	聚龙站 V 号出入口	2.099	③$_3$、⑤$_{C-2}$、⑦$_C$	西槎路	先地铁后电力	先电力后地铁	地面加固	洞内注浆＋洞内支撑＋地面加固
3	5～6 号工作井	平沙站 1 号口	1.54	③$_3$	石槎路	先地铁后电力	先地铁后电力	地面加固	地面加固
4	5～6 号工作井	平沙站 2 号口	2.89	⑤$_{C-1B}$、⑧$_{C-1}$	石槎路	先地铁后电力	先地铁后电力	地面加固	地面加固
5	6～7 号工作井	小坪站 A 风亭	2	微风化灰岩、砂层上软下硬	小坪站施工围蔽内	先地铁后电力	先电力后地铁	风亭基底三轴搅拌桩加固	连续墙单轴搅拌桩＋双管旋喷桩加固＋洞内注浆＋钢支撑加固
6	7～8 号工作井	小坪站 B 风亭	2.4	粉质黏土	小坪站施工围蔽内	先地铁后电力	先电力后地铁	风亭基底三轴搅拌桩加固	连续墙单轴搅拌桩＋双管旋喷桩加固＋洞内注浆＋钢支撑加固

3.2.1 电力盾构隧道近距离下穿地铁结构基本概况

1. 聚龙站附属结构

电力隧道先后 2 次下穿聚龙站附属结构，按照原设计方案，聚龙站附属结构围护结构完成后基坑开挖前，在基坑底板以下的位置采用ϕ850mm@600mm 三轴搅拌桩加固，加固完成后电力隧道再进行下穿。因实际情况无法按照原设计方案实施，该位置交叉施工的先后顺序发生变化，即电力隧道先通过，再进行聚龙站附属结构施工，加固方式也随之发生变化，由三轴搅拌桩加固改为隧道的洞内注浆加固，保证地铁附属结构基坑开挖的安全。

2. 平沙站附属结构

盾构过平沙站附属结构从上至下地层分别为①、③$_3$、⑥$_C$、⑧$_{C-1}$，电力隧道下穿前采用

$\phi 850mm@600mm$ 三轴搅拌桩加固。穿越⑧$_{C-1}$地层加固范围见图 3.2-1。

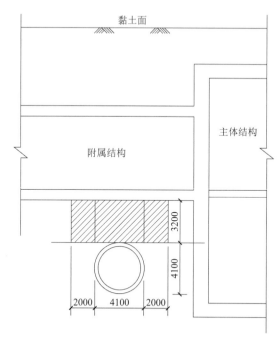

图 3.2-1 平沙站附属结构与隧道关系及加固图

3.2.2 盾构近距离穿越地铁结构风险分析

1. 先地铁附属后电力隧道施工风险

1）在浅覆土处易产生冒顶、掌子面失稳塌方

由于隧道顶与附属结构底部距离比较近，最小处只有 1.21m，隧道上方覆土厚度较浅，掌子面的泥土压力平衡不容易建立，容易造成掌子面土体失稳，甚至掌子面塌方，影响附属结构安全。

2）盾构机姿态不好控制、隧道上浮、管片开裂、漏水

隧道上方覆土浅，盾构机姿态容易上扬、压坡困难。拼装完成的隧道管片脱开盾尾后，由于上部压载及自重无法抵抗地下水引起的浮力使隧道上浮，如果不采取相应措施，极易引起管片开裂、漏水。

3）盾构施工造成附属结构损坏

由于盾构隧道与地铁结构距离比较近，盾构施工过程容易对地铁结构造成扰动，盾构施工参数控制不良会造成地铁结构损坏。

在 YDK13＋912.384～YDK14＋012.471 处，即 790～860 环之间，为盾构隧道覆土厚度较浅的范围（约 100m 宽），特别是在 840 环处，隧道穿越地层主要为③$_3$、⑤$_{C-2}$、⑧$_{C-2}$，隧道上部为淤泥质土层。该土层含有粉细砂，渗透性较强，是盾构近距离穿越地铁结构最大的风险地段。

2. 先电力隧道后地铁附属施工风险

1）地铁附属结构基坑开挖过程中基地涌水、涌砂

由于电力隧道先施工，电力隧道正上方的基坑连续墙的深度无法满足设计的入岩要求，导致连续墙无法闭环，形成流水通道，在基坑开挖过程中容易造成基底涌水、涌砂，造成基坑周边出现沉降、塌陷现象。同时，电力隧道也可能因周边土体流失造成管片下沉、开裂等。

2）地铁连续墙施工造成管片破损

由于电力隧道与基坑的连续墙距离近，在连续墙冲孔施工时，对电力隧道的管片造成冲击，容易对管片造成破损、裂缝、漏水。

3.2.3 盾构近距离穿越地铁结构掘进技术

1. 在穿越地铁结构前盾构机检修

在穿越地铁结构前，让盾构机停下进行检修工作，根据刀具磨损情况对刀具进行更换，提高盾构机穿越地铁附属结构破岩能力。防止在下穿地铁附属结构过程中出现刀具磨损严重需更换刀具的情况，为保证盾构机安全顺利穿越地铁结构打下基础。

2. 开挖面泥水压力指标控制

保持开挖面压力平衡，以维持开挖面的稳定。开挖面的稳定是一种动态的平衡，盾构穿越地铁结构施工时，无论是掘进阶段还是停止掘进阶段，都应该随时注意压力的变化，使其尽可能地接近设计的土仓压力值，设计土仓压力 = 自然压力 + 附加压力。一般附加压力值控制在 10～20kPa，加压过大将使开挖面的渗透力加强甚至产生"冒顶"，加压过小可能会导致塌方。自然压力值要根据地下水压力、地层的强度指标、渗透系数等进行设定。经过计算，盾构穿越地铁附属结构时土仓压力设定为 180～230kPa 较为适宜。

3. 掘进速度控制

控制掘进速度，盾构穿越地铁结构要以"稳定通过"为原则，确保开挖面稳定，保持盾构机匀速前进较好。掘进速度必须在确保注浆质量和保持出土畅通的前提下逐步合理加快。在过江段，以确保开挖面稳定为原则，保持盾构机匀速前进，保持环流系统畅通。穿越地铁结构的掘进速度控制在 10～15mm/min，刀盘转速控制在 1.5r/min。

4. 注浆管理

采用双液注浆，A 液为水泥浆液，B 液为水玻璃，A、B 液的比例为(9～11)∶1，初凝时间根据开挖地质情况及地下水情况具体调控，一般为 13～15s，注浆压力控制在 0.3～0.5MPa。双液注浆浆液的性能指标如表 3.2-2 所示。

双液注浆浆液的性能指标　　　　　　　　　　　　　　　　表 3.2-2

项目	指标	项目	指标
凝结时间	13～15s	1d 抗压强度	0.5～1MPa
1h 抗压强度	0.05～0.1MPa	1h 析水率	＜5%

为了提高注浆与盾构推进的同步性，使浆液能及时充填管片外侧空隙，严格控制管片位移量，并控制地面沉降，管片注浆的位置选在出盾尾第一环管片的 11 点、1 点、5 点和 7 点的位置（时钟位置），注浆的顺序根据对管片测量的结果来确定。当注浆充填量小于 130%时，采用二次补压双液浆的措施，注浆范围为最近安装的 5～8 环管片。本项目在盾构下穿地铁结构时的平均注浆量为 4.96m³/环，达到 130%充填率的要求（设计 100%为 3.75m³/环，130%为 4.88m³/环）。

5. 盾构机掘进姿态控制

盾构机姿态的控制在穿越地铁结构时更为重要，一是隧道处于上坡段，二是覆土层薄，三是在复合地层中掘进，盾构机容易产生"抬头"，向下纠偏难。因此，在穿越地铁结构段掘进设定报警值为 30mm（偏移值），限制值为 50mm，严格控制盾构机在 ±50mm（垂直和水平方向）范围内行走。

土压平衡盾构机应选择合理的掘进模式、适宜的掘进参数，向土仓中加入高分子材料等添加剂，提高渣土的塑性和流动性，保障渣土改良的顺畅，严格控制出渣量，使出渣量与掘进速度相对应，以避免泥饼生成或喷涌。设计每环出渣量为 22m³ 左右（虚方），用电机车渣土计量为每环 4.5 斗左右，出土量可采用掘进 300mm 出渣 1 渣斗车控制。

加强地铁附属结构的监测并及时反馈施工。盾构下穿附属结构时每天两测，分析对比监测数据，及时指导施工。

盾构穿越地铁附属结构前，对隧道穿越范围采用ϕ850mm@600mm 的三轴搅拌桩进行土体加固，以减少盾构施工对附属结构的扰动。需要加固的主要地层为③₃、⑤_{C-2}、⑧_{C-2}，通过抽芯检测，符合设计加固效果。

3.2.4 过地铁聚龙站案例（初始风险Ⅱ级）

电力隧道穿越聚龙站Ⅰ号风亭及Ⅴ号出入口，电力隧道先施工，聚龙站Ⅰ号风亭及Ⅴ号出入口后施工。地层主要为④_{2B}、④_{N-2}、⑤_{C-2}、⑦_C。

1. 风险描述

电力隧道穿越地铁 8 号线聚龙站换乘节点，换乘节点结构位于聚龙站西侧，长 26.486m，宽 6.15m，高 8.06m，如图 3.2-2 所示。

2. 风险预防管理措施

1）管理措施

（1）编制《盾构专项施工方案》，并组织专家进行审查。

（2）编制应急预案、备齐应急物资，确保危机处置及时、有序。

（3）严格履行巡察制度。

（4）建立与地铁项目相关单位的沟通协调机制。

（5）做好各项方案、预案的交底工作。

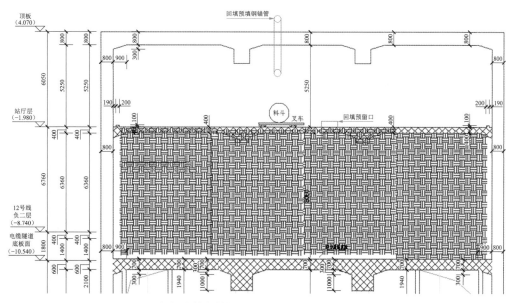

图 3.2-2　电力隧道穿越地铁 8 号线聚龙站换乘节点纵断面图

2）技术措施

（1）在电力隧道掘进穿越换乘节点前，需要对结构内采用 C15 细石混凝土进行回填处理。

（2）过换乘节点时采用土压平衡、微扰动掘进模式，始终维持开挖土量与排土量的平衡，以保持正面土体的稳定。

（3）盾构刀具选择及换刀，选择在盾构通过地铁隧道前检查刀具，有必要时更换新刀具，避免在地铁隧道的正上方更换刀具。

（4）严格控制盾构机推力，避免因推力过大而造成换乘节点结构开裂。

（5）注浆量控制，注浆压力取值 0.3～0.5MPa，掘进结束后进行二次注浆补充，保证管片与围岩之间充填密实。

3. 原设计方案

电力隧道下穿前采用 ϕ850mm@600mm 三轴搅拌桩加固。根据穿越的地层以及距离地铁附属结构的情况采用不同的加固范围。

4. 方案变更

采用电力隧道洞内钢花管注浆方式对基坑连续墙与电力隧道交叉区域进行加固处理，由于钢花管上预设有小孔，通过小孔可向上跨部分压入水泥浆，注入的浆液在压力作用下以填充、渗透和挤密等方式使管片与连续墙之间土体，通过水泥浆液固结成一个整体，形成一个强大、防水性能高的结合体。

（1）加固区域：聚龙站Ⅰ号风亭南北端前后各三环，即 1227～1229 环、1231～1233 环、1267～1269 环、1271～1273 环；聚龙站Ⅴ号出入口北端前后各三环，即 1291～1293 环、1295～1297 环、1300～1302 环、1304～1306 环；总共加固长度 24 环，如图 3.2-3 和图 3.2-4 所示。

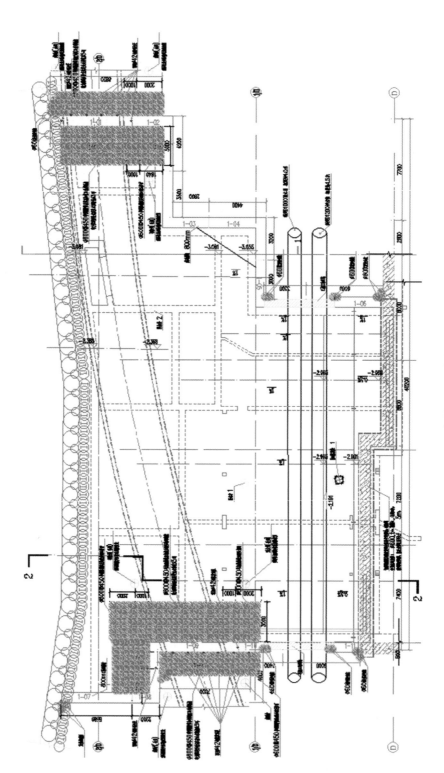

图 3.2-3　聚龙站Ⅰ号风亭加固平面图

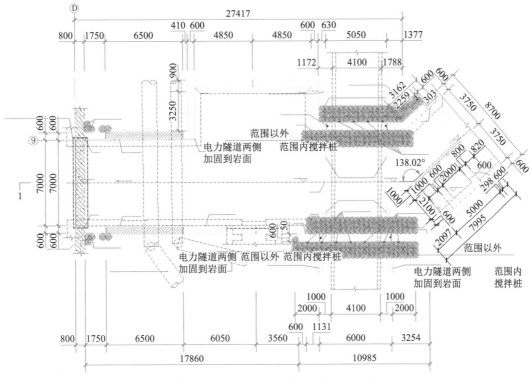

图 3.2-4 聚龙站 V 号出入口加固平面图

（2）钻孔：根据设计方案，在 V 号出入口交叉隧道上半圆部分均匀钻 5 个孔作为注浆孔，在 I 号风亭交叉隧道均匀钻 10 个孔作为注浆孔，如图 3.2-5 和图 3.2-6 所示。

（3）插管：注浆管采用 ϕ42mm 钢花管，管长 2m，沿隧道管片吊装孔击入地层 2m。

（4）绑设压浆管：采用丝扣套接压浆管与钢花管，压浆接头应保持密闭，不漏浆、泄浆，牢固，不脱落。

（5）浆液制作：为了保证水泥浆液的配制质量，按照设计配合比拌制浆液，水泥浆液的水灰比为 3：1、2：1、1：1、0.8：1、0.6：1、0.5：1 六个等级，注浆过程中应该按照由稀至浓的顺序。

（6）注浆：注浆管采用 ϕ42mm 导管，注浆浆液一般地段采用水泥浆。注浆压力控制在 0.3～3MPa 以内，注浆量宜控制在 30～100L/min，当同等压力情况下浆液无法继续注入时或者压力开始超出 3MPa 时应停止注浆；注浆扩散半径设计为 2m，具体注浆参数应通过现场试验最终确定。

（7）堵孔：注浆结束后拔出注浆管，封堵注浆口，采用快速水泥或其他防水材料封住注浆口，防止浆液流失。

（8）清管：每孔注浆完毕后应对钢花管用清水进行清洗，防止管孔堵孔。

（9）为防止地铁连续墙冲孔施工对电力隧道成型管片造成破损，在该段电力隧道范围内增设钢支撑，对管片进行内支撑加固保护，详见图 3.2-7。

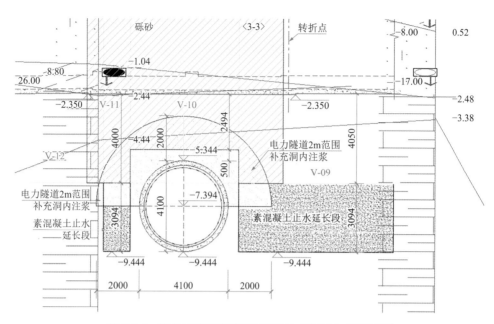

图 3.2-5　聚龙站附属交叉段 V 号出入口洞内加固示意图

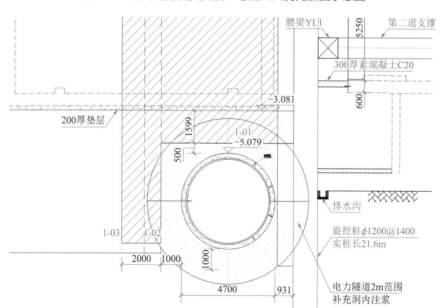

图 3.2-6　聚龙站附属交叉段 I 号风亭出入口洞内加固示意图

图 3.2-7　电力隧道钢支撑加固

3.2.5 过地铁小坪站 A、B 风亭案例

电力隧道下穿小坪站附属结构，其中包括Ⅱ号出入口、南北风亭，详见图 3.2-8、图 3.2-9。该工程地质情况分别为：①、③$_3$、④$_{2B}$、⑤$_{C-1B}$、⑨$_{C-2}$。其中，⑨$_{C-2}$ 微风化灰岩，位于隧道断面中下方区域。隐晶质结构，中厚层—巨厚层状构造，裂隙稍发育，见少量方解石脉，岩体较完整，岩芯呈短柱—长柱状，岩质较硬，*RQD*达 90%。

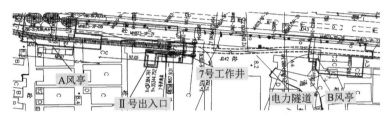

图 3.2-8 电力隧道下穿小坪站附属结构平面图

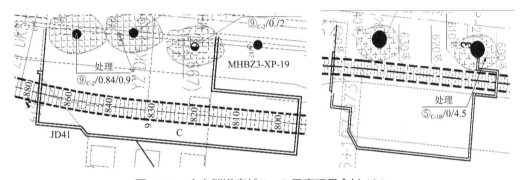

图 3.2-9 电力隧道穿越 A、B 风亭环号全长 104m

穿越段隧道埋深 13～15m，隧道地层为③$_3$砂层、⑤$_{C-1B}$黏土层、⑨$_{C-2}$微风化灰岩组成的上软下硬地层。A、B 风亭基底地层为③$_3$砂层、⑤$_{C-1B}$黏土层。隧道顶板距离风亭基底最短距离为 2m，详见图 3.2-10。

1. 原穿越方案设计

原工筹策划为先地铁结构后电力隧道通过，相关施工方案如下：

（1）对小坪站 B 风亭连续墙电力隧道穿越段进行加固，加固方式为单排φ600mm@450mm 双管旋喷桩及多排φ600mm@450mm 单轴搅拌桩。平面加固范围为穿越段连续墙纵向两侧各 3m，连续墙两侧采用一排φ600mm@450mm 双管旋喷桩，外侧采用φ600mm@450mm 单轴搅拌桩，搭接长度均为 200mm。

（2）竖向加固范围为岩面到砂层，以保证小坪站风亭基坑开挖的安全。

（3）施工顺序为：连续墙施工→搅拌桩施工→旋喷桩施工。

（4）单轴搅拌桩直径 600mm，桩间搭接长度不少于 150mm，桩间距取 450mm。深桩身采用 42.5 级普通硅酸盐水泥，实桩部分水泥掺量取 15%，泥浆水灰比为 0.45～0.55，空

桩部分的水泥掺量为 7%。施工前必须进行工艺性试桩，数量不得少于 2 根。搅拌桩允许偏差不得大于 1/200，桩位偏差不得大于 50mm，桩径偏差不大于 ±10mm。

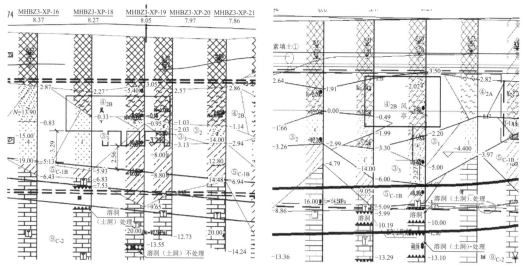

图 3.2-10　隧道穿越 A、B 风亭断面图

（5）双管旋喷桩采用 42.5 级普通硅酸盐水泥，水泥掺量不少于 360kg/m，双管旋喷桩空气压力 0.5～0.7MPa；浆液压力取 20～25MPa，流量取 40～120L/min。

（6）加固体无侧限抗压强度不得少于 1.0MPa，渗透系数小于 1.0×10^{-6}cm/s。

2. 方案变更

由于电力隧道先于 8 号线北延段小坪站风亭施工计划，故施工顺序由原来的先地铁后电力，改为先电力隧道通过，再施工地铁结构。相关的保护加固措施也随之变化，最终采用连续墙单轴搅拌桩 + 双管旋喷桩加固、洞内注浆 + 钢支撑加固。

洞内注浆加固

对小坪站风亭围护结构内部范围进行隧道洞内注浆加固。电力隧道管片为特殊管片，A、B、C 块各增加两个注浆孔，每环管片增加 10 个注浆孔，共 16 个注浆孔，采用小导管注水泥浆，注浆范围按隧道外径外扩 2m。

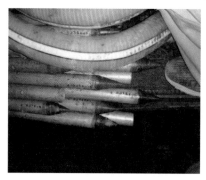

图 3.2-11　注浆导管加工成品图

小导管采用 ϕ42mm 无缝钢管加工，每条长 2.5m，末端加工为锥形，如图 3.2-11 所示。

采用水灰比 1∶1 的水泥浆，注浆平台设置在 7 号工作井地面，往南北风亭两端敷设注浆软管。

注浆压力控制不大于 0.4MPa，洞外围岩面的注浆孔不需加固。

A 风亭注浆环号为 795～857 环，B 风亭注浆环号为 603～653 环，共 114 环。

每次注浆位置相隔 2 环，如 603→606→609，604→607→610，每环注浆量不大于 12m³。

3.3 电力隧道上跨地铁结构施工技术

电力隧道工程有 4 处上跨地铁，相关情况如表 3.3-1 所示。

电力隧道工程上跨地铁明细表　　　　　　　　　　表 3.3-1

序号	分类	电力隧道	地铁隧道	最小距离/m	影响范围/m	地质情况	周边环境	施工先后关系		采取保护措施	
								原设计	实际	原设计	实际
1	上跨地铁	1～2 号工作井	西鹅区间	5.34	30	中砂、粉质黏土	位于西槎路主干路的机动车道	先地铁后电力	先地铁后电力	隧道内同步注浆及二次补浆	隧道内同步注浆及二次补浆
2	上跨地铁	3～4 号工作井	同上区间	1.7	70	砂层	位于西槎路主干路的机动车道，周边地面管线复杂	先地铁后电力	先地铁后电力	电力方对地铁隧道注浆加固	电力方对地铁隧道注浆加固
3	上跨地铁	4～5 号工作井	聚上区间	3.3	90	④$_{N-1}$、④$_{N-2}$、⑦$_C$	西槎路	先地铁后电力	先地铁后电力	洞内注浆	洞内支撑加固
4	上跨地铁	5～6 号工作井	平聚区间	1.27	200	③$_1$、④$_{2A}$、④$_{2B}$	石槎路	先地铁后电力	先地铁后电力	洞内注浆	洞内注浆

3.3.1 盾构穿越 8 号线北延线（西村—上步）区段隧道（初始风险Ⅰ级）

1～2 号工作井区间里程 DK0＋880～DK0＋905 处，电力隧道上跨地铁 8 号线北延段西鹅区间与地铁最小净距为 5.34m，如图 3.3-1 所示，电力隧道两次上跨地铁西鹅区间，交叉长度为 25m。3～4 号工作井区间 DK2＋245～DK2＋290，第二次上跨地铁 8 号线北延段同上区间，与地铁垂直最小净距为 1.7m，长约 45m，覆土厚度为 7.42m，地层为砂层。2～3 号工作井区间 DK1＋580～DK1＋785，与地铁 8 号线北延段近距离平行施工段长约 205m，与地铁平面净距为 2m，垂直净距为 0～3m，地层主要为粉细砂及淤泥质粗砂，存在成型地铁隧道变形等风险。交叉段为地铁隧道先行通过后，电力隧道再通过，存在成型地铁隧道变形等风险。加强盾构施工管控与地表监测，快速通过，加强壁后注浆，必要时隧道间地层采用 ϕ42mm 注浆管进行注浆加固处理，在成型地铁隧道内加钢撑，防止电力隧道施工时发生变形。

风险描述

（1）电力隧道盾构掘进 1～2 号工作井区间，过增埗河后，需上跨地铁 8 号线北延段西鹅区间，里程范围为 DK0＋880.189～DK0＋899.063。与地铁隧道最小净距为 5.34m，覆土厚度为 13.16m。根据与地铁建设总部多次沟通协调，地铁隧道先行施工，电力隧道后行，如图 3.3-2 所示。

（2）电力隧道盾构掘进 3～4 号工作井区间，电力隧道第二次上跨地铁 8 号线北延段同上区间，里程范围为 DK2＋244.569～DK2＋288.914，长约 44m，与地铁平面净距为 2.84m，覆土厚度为 7.42m。电力隧道主要地层：③₁ 粉细砂。根据与建设总部多次协调的结果，该段交叉为地铁隧道先行施工，电力隧道后施工，如图 3.3-3 所示。

图 3.3-1　电力隧道两次上跨地铁西鹅区间及同上区间

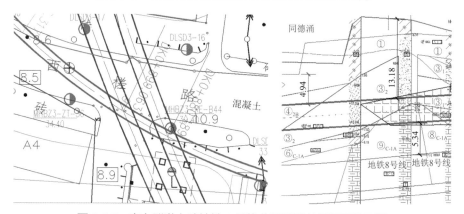

图 3.3-2　电力隧道上跨地铁 8 号线北延段西鹅区间平纵面图

图 3.3-3　电力隧道第二次上跨地铁 8 号线北延段同上区间平纵面图

3.3.2　电力隧道上跨地铁聚上区间（初始风险Ⅱ级）

电力隧道在 DK3＋340～DK3＋430 范围上跨聚龙站至上步站区间，交叉段地层为①、④$_{2B}$、④$_{N-1}$、③$_3$，电力隧道主要穿越④$_{2B}$、④$_{N-1}$ 地层，两隧道的最小净距为 1.27m。在 DK4＋382～DK4＋412 范围上跨平沙站至聚龙站区间，交叉段地层为①、③$_1$、④$_{2A}$、④$_{2B}$、④$_{N-2}$、③$_1$、⑤$_{C-1B}$、⑤$_{C-2}$，电力隧道主要穿越④$_{N-2}$、④$_{N-3}$、⑤$_{C-1B}$、⑤$_{C-2}$ 地层，两隧道的最小净距为 1.3m，位置关系如图 3.3-4 所示。

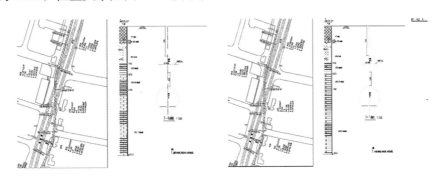

图 3.3-4　电力隧道上跨地铁聚上区间及平聚区间平剖图

1. 风险描述

掘进过程中易出现超挖、扰动地层、注浆不饱满或注浆压力过大，将导致地铁隧道沉降或上浮，造成严重的影响。

2. 风险预防管理措施

1）管理措施

（1）编制《盾构上跨地铁隧道专项施工方案》，并组织专家进行审查。

（2）编制应急预案，备齐应急物资，确保危机处置及时、有序。

（3）严格履行巡查制度。

（4）建立与政府相关部门、权属单位及相关单位的沟通协调机制。

（5）做好各项方案、预案的交底工作。

（6）采用城市轨道交通项目数字化管理平台软件，使各项管理制度、风险、管控措施和专项方案能够得到切实的贯彻和落实。

2）技术措施

（1）过地铁隧道时采用土压平衡、微扰动掘进模式，始终维持开挖土量与排土量的平衡，以保持正面土体稳定，并防止地下水土的流失而引起地表过大的沉降。

（2）盾构刀具选择及换刀，选择在盾构通过地铁隧道前检查刀具，有必要时更换新刀具，避免在地铁隧道的正上方更换刀具。

（3）严格控制出土量，实际每环出渣量为 22m³ 左右（虚方），用电机车渣土计量为每环 4.5 斗左右，出土量控制可采用掘进 300mm 出渣 1 渣斗车控制。

（4）注浆量控制，注浆压力取值 0.3～0.5MPa，掘进结束后进行二次注浆补充，保证管片与围岩之间充填密实。

（5）在地铁隧道内增设环形钢架，防止地铁隧道椭变。

3.3.3 盾构上跨平聚区间风险分析（初始风险Ⅰ级）

1. 风险描述

电力隧道在 CK4＋314.453～CK4＋464.373 范围上跨平沙站至聚龙站区间，交叉段地层为④$_{2A}$ 沉积淤泥、④$_{2B}$ 沉积淤泥质土、④$_{N-1}$ 粉质黏土、④$_{N-2}$ 粉质黏土，两隧道的最小净距为 1.27m，位置关系如图 3.3-5 所示。如掘进过程中出现超挖、扰动地层、注浆不饱满或注浆压力过大将导致隧道沉降或上浮，影响区间运营，造成严重的社会影响。

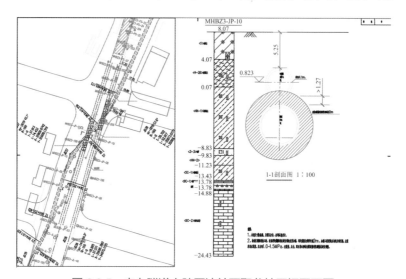

图 3.3-5 电力隧道上跨平沙站至聚龙站区间平面图

2. 风险预防管理措施

1）管理措施

（1）编制《盾构上跨地铁隧道专项施工方案》，并组织专家进行审查。

（2）编制应急预案，备齐应急物资，确保危机处置及时有序。

（3）严格履行巡察制度。

（4）建立与地铁相关部门的沟通协调机制。

（5）做好各项方案、预案的交底工作。

2）技术措施

（1）对地铁隧道的上半部分进行注浆加固，减少盾构上跨时对地铁隧道的影响。

（2）过地铁隧道时采用土压平衡、微扰动掘进模式，始终维持开挖土量与排土量的平衡，以保持正面土体稳定，并防止地下水土的流失而引起地表过大的沉降。

（3）盾构刀具选择及换刀，选择在盾构通过地铁隧道前检查刀具，有必要时更换新刀具，避免在地铁隧道的正上方更换刀具。

（4）严格控制出土量，实际每环出渣量为 22m³ 左右（虚方），用电机车渣土计量为每环 4.5 斗左右，出土量控制可采用掘进 300mm 出渣 1 渣斗车控制。

（5）注浆量控制，注浆压力取值 0.3～0.5MPa，掘进结束后进行二次注浆补充，保证管片与围岩之间充填密实。

3.4 电力隧道上跨地铁结构大纵坡掘进控制的施工技术

电力隧道施工 2 标盾构掘进中由于要避让地铁结构，盾构从 4 号工作井（兼盾构始发井）始发，沿西槎路地下向北，沿途下穿地铁 8 号线上步站出口，之后上跨地铁 8 号线地铁隧道，下穿地铁聚龙站，通过 5 号工作井，下穿地铁平沙站出入口到达 6 号工作井吊出。区间隧道长度为 2212.3m，隧洞埋深 7.5～17.4m，平面最小曲线半径约为 150m，最小竖曲半径为 1000m，该盾构隧道 5～6 号工作井区间存在 200m 坡度 58‰以及 150m 坡度 54‰（图 3.4-1、图 3.4-2）。为控制好大纵坡掘进过程中的安全风险，过程中采取系列措施，并创新性研发出防溜车装置。

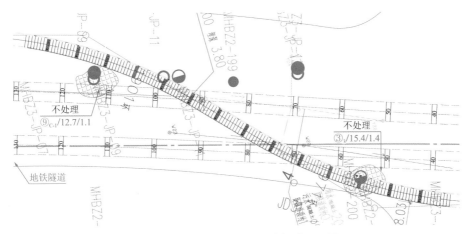

图 3.4-1　电力隧道超大坡度掘进平面图

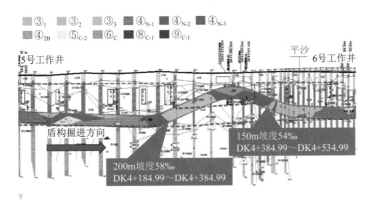

图 3.4-2　大坡度纵断面图

3.4.1 地表沉降控制

1. 变形预测

施工前对于液化砂土的预测根据排水固结前后的孔隙比、压缩系数、固结系数等指标综合评判,在施工过程中,根据现场监测得到的各项参数,对施工阶段产生的地表沉降及时作出分析、反馈,以便指导施工。

2. 监测措施

1)监测布点和监测频率

在软弱地层及建筑物段沿盾构线路前进方向每隔 10m 进行钻孔,布置沉降观测断面,钻孔直径为 108mm,监测频率为 2 次/d,当掘进过程发生异常(如出土量超量或沉降聚变)情况时,实施 24h 实时监测。

2)信息反馈

软弱地层施工期间,根据类似工程测量信息和盾构操作机手反馈的信息进行跟踪,确保在施工期间能有效指导施工。

3. 掘进过程中的变形控制

(1)根据地质条件和地下水状况,确定各地段土仓压力值,以保证工作面的稳定,并在掘进中根据反馈信息进行及时调整。

(2)保证同步注浆质量:盾构施工中严格执行"掘进与注浆同步,不注浆不掘进"的原则,加强设备管理,确保同步注浆不间断进行,必要时进行二次补充注浆。

(3)防止地下水流失。

4. 注浆控制

1)盾构施工参数设定

在泥岩或砂质泥岩中,按高转速、低扭矩原则选取参数,提高掘进效率。但在裂隙较为发育的岩层及岩层交界处掘进时,应适当降低转速和推进速度,以防刀盘因扭矩发生较大波动而卡在围岩当中。具体掘进控制参数如下:

总推力:5000～7000kN。

推进速度:3～5cm/min。

刀盘转速:1.5～1.7r/min,裂隙发育时为 1.2r/min。

刀盘扭矩:700～1400kN·m,扭矩波动控制在 100kN·m 以内。

2)出土量控制

盾构掘进出土量控制在理论出土量的 99%～100% 之间,即 17.7～18m³ 之间,每环理论出土量:

$$\pi/2 \times D \times L \times 1.2 = 3.14/2 \times 4.362 \times 1 \times 1.2 \approx 8m^3$$

式中　D——盾构外径（m）；

　　　L——管片长度（m）。

盾构施工过程中一旦有超挖现象，必须对该区段进行处理，包括二次补浆、地面注浆加固等措施。现场安排值班人员每天对出土量进行统计，按照出土渣斗体积进行现场量测，在渣斗上标记出土量控制线，严禁出土超限。

3）盾构施工注浆量与压力

盾构尾部空隙量计算：

$$V = \pi l (D/2)^2 - \pi l \left(\frac{d}{2}\right)^2$$

式中　D——盾构外径（m），取切口位置盾构外径 4.362m；

　　　d——管片外径（m），取 4.1m；

　　　l——管片径向长度（m），取 1m。

计算空隙量为 0.785m³。考虑盾构施工地层中以泥岩、砂岩为主，实际注浆量取值为理论方量的 1～1.5 倍，即 0.785～1.18m³/环。注浆量的最终确定要视注浆压力、隧道稳定情况以及地面沉降情况而定，以上数值仅为经验值。在前 100m 试验段掘进时加强地面沉降、隆起、管片姿态监测，及时分析数据并总结整理出实际参数。

盾构机在泥岩及砂质泥岩中时，由于刀盘的开挖直径略大于盾构直径，因此盾体与围岩间有一定的空隙，因此掘进过程中的同步注浆无法一次填充管片与围岩之间的空隙，如果注浆压力过大，则浆液会在高压下流向盾体前方，进入土仓，从而造成浆液浪费，因此泥岩及砂质泥岩中的壁后注浆必须分两个部分同时进行。

第一部分：同步注浆部分。即在掘进过程中进行注浆，注浆压力保持在 0.12MPa 左右，注浆量不小于 6m³（表 3.4-1）。

同步注浆材料配比表　　　　　　　　　　　　　　表 3.4-1

水泥/kg	粉煤灰/kg	膨润土/kg	砂/kg	水/kg	外加剂
120	652	195	60	430	根据试验加入

第二部分：二次注浆部分。根据盾构机改造后增加的同步注双液浆的管路进行双液注浆，双液浆凝固速度快可快速形成止浆环，一方面可以防止隧道顶部浆液向下流窜，另一方面可以防止浆液向盾构机前方流窜，从而保证管片与围岩之间特别是顶部空隙填充密实，同时防止管片上浮。

浆液材料：以水泥浆为主，双液浆为辅。

双液浆配比：水泥浆与水玻璃体积比为 1∶1，水玻璃用水稀释，体积比为 1∶3，水泥浆水灰比为 1∶1。

注浆量：一般取 0.5～1.0m³/环，适量多次注入，根据注浆压力及监测调整。

注浆参数：注浆压力保持在 0.15～0.2MPa 之间。

同步注浆的数量按照方案中的数据要求进行控制，计量以人工计量为主，同步注浆系统为辅的办法予以控制，安排专人进行同步注浆量和浆液拌合质量的监督工作，并做好计量记录备查。

3.4.2 同步注浆质量保证措施

在大坡度条件下，盾构同步注浆存在压力升高后浆液向压力低的部分流窜的问题。在施工过程中，主要通过控制同步注浆压力、在盾体上注入聚氨酯、加强盾尾止浆板的耐久性来控制。

1.控制同步注浆压力

在同步注浆过程中严格控制同步注浆压力。分区间对同步注浆压力进行计算，并进行细致的交底。同步注浆过程中保证同步注浆量与同步注浆压力双控的方式进行。同时根据注浆方案及时加注同步双液浆，加快浆液的凝固。

2.在盾体上注入聚氨酯

由于同步注浆压力过高后有可能从盾构机盾体侧向刀盘方向流窜，因此在盾构机径向注浆孔处将连接聚氨酯注入设备。在盾构机掘进过程中浆液前窜严重的情况下，及时注入聚氨酯进行阻挡。

3.加强盾尾止浆板的耐久性

由于同步注浆压力过高后有可能从盾构机盾体侧向刀盘方向流窜，从盾构机自身结构特点考虑加强盾构机盾尾止浆板的耐久性。盾尾止浆板能有效地阻挡同步注浆浆液前窜。

3.4.3 盾构姿态控制与防止管片上浮措施

盾构施工中，在大坡度条件下，盾构机推力在轴线方向上产生一个向上的分力，加之同步注浆浆液的浮力，导致管片上浮与管片姿态控制上的困难。控制管片上浮需要从盾构掘进推力分配、同步注浆等方面考虑。

1.盾构掘进推力分配

盾构掘进过程中为保证盾构机垂直姿态需使上下部分区油缸产生推力差，防止盾构机掘进过程中发生"栽头"现象。而管片上浮主要是受向上的分力，加之同步注浆浆液浮力共同作用导致的浮动。因此，盾构推进过程中在保证盾构机不发生"栽头"现象的前提下，尽量降低上下部推力的差值，从而降低向上的分力作用。

2.同步注浆

根据盾构机改造后的构造，在盾尾处增加同步注双液浆的设备及管路。在盾构机同步注浆的同时加注双液浆，加快盾构同步浆液的凝固速度。同时，可防止上部同步注浆的浆液下沉造成管片上浮。

3.4.4 水平运输安全措施

盾构施工中，在大坡度条件下，水平运输设备极易发生溜车、制动失灵、动力不足等情况。为防止以上情况的发生，主要从以下几点进行考虑，采取加强措施。

1. 采用大牵引力的 20t 牵引车头

根据最大坡度计算，组列按照三节渣土车、一节浆车及两节管片车的编组进行施工。采用 20t 牵引车头可满足粘结力的要求。同时，20t 牵引车头的制动性能较 40t 牵引车头强，对水平运输安全有利。

2. 加强电瓶车组列的制动系统

对电瓶车组列的制动系统进行改造，增加砂浆运输车及管片运输车的制动系统，加强电瓶车、渣土运输车辆的制动系统。从多方面加强电瓶车的制动。

3. 减少电瓶车组列渣土车数量，降低组列重量

电瓶车上坡牵引及下坡制动均受到极大的考验。为保证电瓶车上坡拉得动、下坡刹得住，在合理组织施工的前提下降低每组列车的渣土车数量。增加电瓶车组列以保证施工工效。

3.4.5 防溜车装置的创新技术应用

由于坡度最大达到了 58‰，电瓶车上坡牵引及下坡制动均受到极大的考验，容易发生溜车事故，具体溜车情况有：

（1）在盾构机台车内出土、等土、抽浆、卸管片等由电制动转为手刹容易溜车。操作过程是手把开关由释放转为制动。此时，电制动切换掉了，而气制动要克服气缸弹簧力等阻力，需要 2～3s 才能推动闸瓦抱刹车轮，在有斜坡位置，容易发生溜车。

（2）电瓶车运行过程中，由于上坡、下坡时超载、过流、欠压等原因，变流器保护跳停导致失去电制动，在速度较快时，司机又没有及时气刹，等速度上来后再采取气刹，闸瓦过热刹车性能迅速下降，此时出现溜车。

（3）气压不够，司机违章操作，导致闸瓦不能有效刹车，出现溜车。

电瓶车溜车事故危害性较大，对隧道内作业人员、设备及电瓶车本身的破坏也危害极大，因此通过对电瓶车防溜车装置进行创新从而确保施工过程安全可控。

创新技术应用

为防止电瓶车水平运输过程中因刹车失灵造成溜车、出轨等情况发生，在列车编组的连接空隙增设一种防溜制动装置，在不破坏轨道的情况下，快速制动机车编组，达到防溜制动效果（图 3.4-3～图 3.4-8）。

通过现场摸索及试验，设计生产出用气压控制双向应急防溜制动装置，在机车运行或者溜车等紧急情况下，通过气动装置，解除制动装置与机车的约束，使制动装置自由落体并吸附于机车行走轨道上。当机车轮子转至制动装置上，轮子与轨道之间的滚动摩擦改变

为制动装置与轨道的滑动摩擦，机车自身重力作用于制动装置，增大摩擦力，达到机车制动效果，为电机车增加一道制动"安全锁"（图 3.4-9、图 3.4-10）。

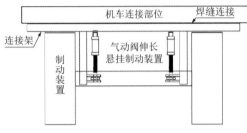

图 3.4-3　制动装置侧面图

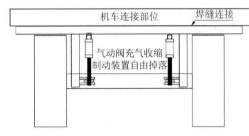

图 3.4-4　制动装置正立面图

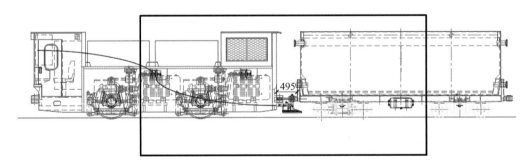

图 3.4-5　制动装置俯视组装图　　　　　图 3.4-6　制动装置俯视图

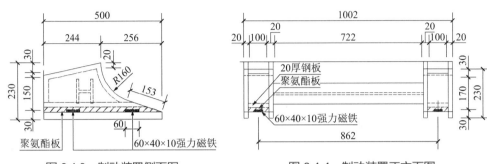

图 3.4-7　制动装置组装侧面图

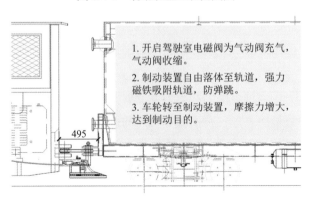

图 3.4-8　制动装置向前制动

图 3.4-9　制动装置现场照片　　　　图 3.4-10　防溜车装置专利证书

该技术成功在 220kV 石井—环西（西湾路—石沙路段）土建工程（施工 2 标）应用，在大坡度隧道水平运输过程中未发生出轨事故，保障了电机车大坡度运输安全，降低对轨道的破坏，节约轨道维修时间，节省电机车出轨造成的轨道、轨枕、走道板等的维修费用。

3.4.6　盾构长距离施工控制措施

1. 区间工效计算

区间工效依据最不利条件计算如下。

区间掘进施工最不利边界条件：

按最不利条件计算区间电瓶车总运距为 2km。由于存在大坡度影响，考虑到安全因素影响电瓶车运行速度控制在 3km/h；岩层条件下掘进速度设定为 38mm/min。

设定每天正常工作时间：15h。

每月正常施工时间：20d（除去换刀等情况影响）。

掘进进度列式计算如下：

单循环时间 = 电瓶车水平运输时间 + TBM 掘进时间 + 龙门式起重机出土时间 = 136min + 60min + 20min = 216min（3.6h）。

每日掘进 = 15h/d ÷ 2.2h/m = 6.8m/d。

每月掘进 = 6.8m/d × 20d = 136m。

为保证工效需采取的应对方案是增加电瓶车组列（图 3.4-11），根据区间工期要求及进度计划，计划电瓶车组列为一台牵引车 + 三台渣土运输车 + 一台砂浆运输车 + 两台管片运输车的编组方式。

2. 电瓶车列车编组

根据平聚区间最大坡度为 48‰，牵引车选定为自重 60t 的电瓶车。根据牵引车的轮载选定 50kg/m 的重型钢轨。

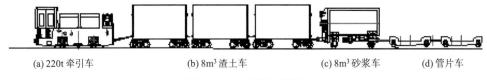

(a) 220t 牵引车   (b) 8m³ 渣土车   (c) 8m³ 砂浆车   (d) 管片车

图 3.4-11 电瓶车组列

考虑区间长度较大，远远超过常规施工的经济运距，为尽量降低运距过长导致的工效，增加 3 组电瓶。

3. 增加风机，提高供风能力，1km 增加一台轴流风机

区间长度最长时可达 2km，根据规范要求需在区间中间增加风机，保证洞内的空气流通。

1）按隧道内工人呼吸及电焊计算风量

$$Q_1 = (qN + q_d N_d)\gamma = (4 \times 20 + 50 \times 2) \times 1.2 = 216 \text{m}^3/\text{min}$$

式中　q——每人所需的新鲜空气量，取 4m³/min；

　　　q_d——每个电焊机所需的新鲜空气量，取 50m³/min；

　　　N——隧道内最多人数，取 20 人；

　　　N_d——隧道内同时施工的电焊机数，取 2 台；

　　　γ——安全系数，取 1.2。

2）按隧道内允许最低风速计算风量

$$VS = 3.14 \times 2.18 \times 2.18 \times 9 \approx 134 \text{m}^3/\text{min}$$

式中　V——隧道内允许最低风速，取 9m/min；

　　　S——隧道内截面面积（m²）。

3）风机实际风量计算

通风所需风量取上述计算风量的最大值，风机实际风量在通风所需风量的基础上还要考虑风管漏风。

$$Q = \frac{\max(Q_1, Q_2)}{(1-\beta)^{L/100}}\gamma = \frac{216}{(1-0.03)^{1000/100}} \times 1.2 \approx 351 \text{m}^3/\text{min}$$

式中　β——百米风管漏风系数，取 0.03；

　　　L——风管最大长度，根据工程概况取 1km，不足部分采用风机接力形式进行通风。

由上述计算可知需选用送风能力在 351m³/min 以上的风机，在最长距离条件下单线需选用 4 台。

3.4.7　风险分析及防控

1. 风险分析

（1）为了保证隧道的正常施工，预防突发事件以及某些预想不到、不可抗力等事件的

发生，事前应有充足的技术措施准备和抢险物资储备，最大限度地减少人员伤亡、国家财产和经济损失，同时必须进行风险分析和预防。

（2）根据工程的施工重点及复杂的地层情况，充分考虑到施工技术难度和困难、不利条件等，确定工程可能的突发事件、存在的风险和紧急情况。

（3）发生塌方事故造成对地铁线路的影响，导致公共性质的事件发生。

2.盾构隧道施工安全防控措施

针对盾构法施工在特定的地质条件和作业条件下可能遇到的风险问题，施工前必须仔细研究并制定防止发生灾害的安全措施。

1）施工准备

为确保盾构施工安全，必须在各作业点之间设有便捷、可靠的通信设备。

盾构施工前应编制施工安全作业规程，向施工人员做全面的安全技术交底。

运输设施的运输能力应与盾构施工所需的材料、设备供应量相适应。所有的起重机械、机具要按安全规程要求定期检查、维修与保养。

2）起重安装作业

起重安装作业前应清除工地所经道路的障碍物，做到工地整洁、道路畅通。

各种起重机械起吊前，应进行试吊。

起吊作业时，严格执行安全操作规程，做到"十不吊"，起重机停止作业时，应安全制动，收紧吊钩和钢丝绳。

起吊重物时，吊具捆扎应牢固，以防吊钩滑脱。

3）电瓶车操作

电瓶车司机必须经过培训，工作时必须持证上岗。

司机交接班时，必须仔细检查机车状态，确认完好。

电瓶车在接近弯道、道岔等地点时应减速行驶。

4）盾构掘进

严格执行盾构机安全操作规程。

掘进时，不得在设备运转过程中检修设备，特别是皮带机、注浆泵、空压机及电气设备等。

进入刀盘时，必须按人舱进出安全作业指导书的程序执行。

管片安装过程中，举起的管片下严禁有人作业。

掘进时，隧道内应有良好的通风，以满足安全作业的各方需要。

3.5　电力隧道小间距平行地铁隧道施工技术

电力隧道小间距平行于地铁隧道情况如表 3.5-1 所示。

表 3.5-1

电力隧道小间距平行于地铁隧道情况表

序号	分类	电力隧道	地铁隧道	影响范围/m	最小距离/m	地质情况	周边环境	施工先后关系		采取保护措施	
								原设计	实际	原设计	实际
1	平行（小间距）	2～3号工作井	同鹅区间	205	2	粉细砂及淤泥质粗砂	位于西槎路西侧人行道，周边临近建（构）筑物	先地铁后电力	先地铁后电力	沿线预埋注浆管进行跟踪注浆，地铁方对地铁隧道进行注浆加固	沿线预埋注浆管进行跟踪注浆，地铁方对地铁隧道进行注浆加固
2	平行（小间距）	4～5号工作井	聚上区间	210	2.41	④$_{N-3}$、⑤$_{C-1B}$、⑤$_{C-2}$	西槎路	先地铁后电力	先地铁后电力	洞内注浆	地铁洞内支撑加固
3	平行（小间距）	7～8号工作井	小坪—石井	40	3	灰岩，上软下硬	石槎路面	先地铁后电力	先地铁后电力	无	无

3.5.1　盾构穿越 8 号线北延线（西村—上步）区段隧道（初始风险 I 级）

1. 风险描述

电力隧道盾构掘进 2～3 号工作井区间，与地铁 8 号线北延段同鹅区间近距离施工，里程范围为 DK1＋580～DK1＋785，平行施工段长约 205m，与地铁平面净距为 2m，覆土厚度为 8～12m。电力隧道主要地层：③₁ 粉细砂、③₂ 淤泥质粗砂。电力隧道与地铁隧道平行施工，如图 3.5-1 所示。

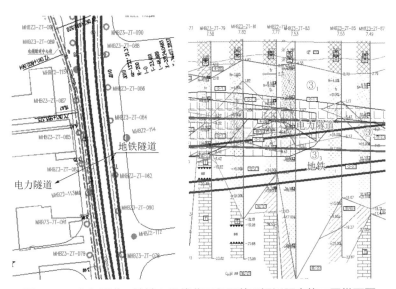

图 3.5-1　电力隧道、地铁 8 号线北延段同鹅区间近距离施工平纵面图

2. 风险预防管理措施

（1）编制盾构掘进专项施工方案，严格履行企业技术负责人、总监理工程师批准程序，并严格按照方案执行。选择正确的掘进参数，加强地表沉降、地下水位观测，并及时反馈施工方。加强过程控制管理，实施信息化施工，防止开挖面失稳引起过大的地表沉降；同时也应防止地面由于切口水压过大引起地表隆起。盾构穿越地铁时，要加强对盾构掘进中的工况管理，严防由于送排泥管堵塞等不可控因素的发生，导致盾构机长时间停留于交叉施工，确保盾构机快速安全通过。

（2）提前进行各项演练并储备足够的应急物资。

（3）做好地铁交叉或平行段的施工技术交底工作，并在作业前向作业人员进行风险管控交底和培训。

3.5.2　电力隧道穿越地铁小坪站区间施工风险分析（初始风险 II 级）

1. 风险描述

电力隧道与广州地铁 8 号线北延段部分在建隧道并行，与地铁隧道水平最小间距为 3.03m，基本处于地铁隧道的斜上方，局部电力隧道与地铁车站存在垂直方向上的上跨、下穿关系。地铁小坪站—石井站盾构区间自南向北掘进，与电力隧道掘进方向相反；小坪站—平沙站盾构区间自北向南掘进，与电力隧道掘进方向相同。根据工期筹划，地铁小坪站—平沙站盾构工程先于电力隧道施工，地铁小坪站—石井站盾构区间也将先于电力隧道始发，如图3.5-2所示。

　　由于两条隧道间距较小，后施工隧道将对先施工隧道造成影响，如施工中控制不当，将造成已完成隧道产生不均匀沉降、开裂等事故，严重影响到已完工隧道的质量，造成隧道破损。

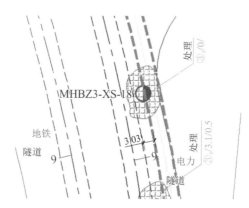

图3.5-2　电力隧道与广州地铁8号线北延段部分在建隧道并行平面图

2. 风险预防管理措施

1）管理措施

（1）编制盾构施工方案、交叉施工专项方案等施工方案，严格履行审查批准程序。

（2）做好各项方案、预案的交底工作，并在作业前向全体作业层人员进行施工风险交底。

（3）加强现场巡视，监督作业层严格按照方案实施。

（4）加强现场一线管理人员的培训，贯彻相关技术标准规范，增强风险意识和应对风险的处理能力。

（5）编制应急预案、备齐应急物资、提前进行演练，确保危机处置及时有序。

（6）建立与地铁建设各方以及本工程参建单位的沟通协调联动机制。

2）技术措施

（1）在施工前做好小间距范围的地质补勘，掌握具体的地质资料。

（2）采用土压平衡模式掘进，进行开挖面稳定计算，并进行试验段掘进，收集相关数据，确定最佳掘进模式和参数，控制盾构机姿态，控制土压力以稳定掌子面，控制地表沉降，将施工对成型隧道的影响减到最小。

（3）对先行地铁隧道采取智能化监测措施。在先行隧道内布置全站仪，通过数据线将隧道沉降数据直接传送到地面监控计算机。

（4）按设计要求布设监测点，对成型隧道进行监测，及时反馈，指导施工。后行隧道施工时应对先行隧道进行监测，如发现先行隧道变形过大应及时调整后行隧道盾构掘进参数。

（5）在建成隧道内通过洞内注浆加固的方式对后续隧道注浆时应加强洞内监测，如发现变形过大应及时调整注浆压力。

（6）在到达交叉施工段前，电力隧道盾构机停机等待八北段 7 标右线隧道通过并进入全断面岩层时，电力隧道再通过交叉施工段。

3.6 电力隧道下穿北环高速的施工技术

广州环城高速是全国首条环绕城市的北环高速公路，于 1987 年动工建设，全长约 60km，双向六车道，车速限制为 100km/h。广州环城北环高速公路分为东环、南环、西环和北环 4 段，西樵人行涵洞为北环高速上一座 13m 跨空心板梁简支结构桥梁，两侧桥台为悬臂式钢筋混凝土挡墙，桥台基础采用 ϕ480mm 灌注桩，桩基进入粗砂层约 5m，桩长约 7.5m，承台厚度为 1.0m。

经过对现场详细勘察，下穿北环高速公路段北环高速公路东侧为上步桥，周边均为小房屋。经过现场调查走访和咨询相关的路桥专家得知，地铁 8 号线北延段同上区间下穿北环高速的同时，下穿该桥的桥桩，地铁工程已计划采取有效措施进行保护，且上步桥距离本工程水平距离达 12m，详见图 3.6-1。

图 3.6-1 隧道下穿北环高速公路示意图

3.6.1 风险分析

本次穿越北环高速公路，电力隧道里程范围为 DK1＋950～DK2＋8.2，盾构穿越北环高速公路段范围内隧道断面主要地层为④$_{2A}$ 淤泥及③$_1$ 粉细砂。根据地质条件可知，盾构隧道下穿北环高速公路的同时穿越液化砂层，存在砂土液化高速路面沉降风险，详见图 3.6-2。

在盾构隧道施工过程中，开挖破坏了地层的原始应力状态，地层单元产生了应力增量，特别是剪应力增量，这将引起地层的移动，而地层移动的结果又必将导致不同程度的地面沉降。当差异沉降过大时，桥桩或桥面有可能遭到破坏。

盾构下穿北环高速施工发生高速路面沉降，风险若不能得到有效管控，可能造成严重的社会影响和较大的经济损失。根据"安全风险评估基准表"判定标准，该风险的严重程度值 S 取 60，可能性值 L 取 3。风险程度值 $R = L \times S = 3 \times 60 = 180$，等级为 Ⅱ 级。

采用上述措施后，风险发生的可能性会大幅降低，L 值降为 1。$R = L \times S = 1 \times 60 = 60$，采取上述措施后盾构下穿北环高速施工风险评估为Ⅲ级。

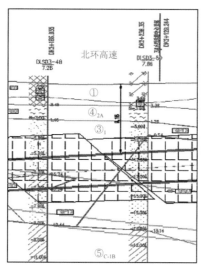

图 3.6-2 北环高速路范围内地质图

3.6.2 重难点分析

本工程穿越北环高速时,采用一台ϕ4350mm 泥水盾构机施工,针对泥水盾构施工特点,本工程下穿北环高速公路时的重难点有以下几点:

（1）穿越段北环高速公路从路面自上而下地层分布主要为①素填土、④$_{2A}$淤泥质土、③$_1$粉细砂、③$_3$砾砂、⑤$_{C-1B}$粉质黏土,隧道洞身穿越地层为③$_1$粉细砂、③$_3$砾砂,隧顶覆土自上而下分布为①素填土、④$_{2A}$淤泥质土、③$_1$粉细砂。覆土为偏软弱地层,对沉降控制要求高,因此盾构掘进过程中切口压力需根据掘进情况调整控制,防止地面沉降。下穿路基段与袋装砂井距离近,触及风险高（图 3.6-3、图 3.6-4）。

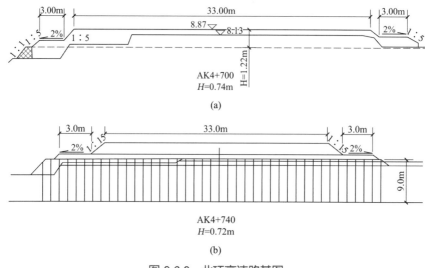

图 3.6-3 北环高速路基图

（2）隧道洞身穿越地层为③₁粉细砂、③₃砾砂。下穿北环高速时，局部位于砂土液化地层中，盾构机姿态控制难度大，需注意保持泥浆管路畅通，及时进行一次注浆与二次注浆，同时确保其他盾构配套设备的正常运转，保证盾构机快速、顺利通过北环高速（图 3.6-5）。

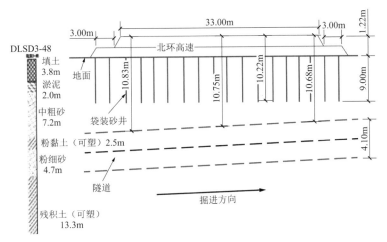

图 3.6-4　电力隧道与北环高速竖向相对位置图

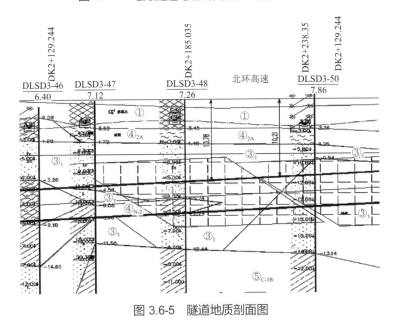

图 3.6-5　隧道地质剖面图

3.6.3　防控措施

1.风险预防管理措施

（1）编制盾构掘进施工方案，严格履行企业技术负责人、总监理工程师批准程序，并严格按照方案执行。

（2）提前进行各项演练并储备足够的应急物资。

（3）做好下穿北环高速的交底工作，并在作业前向作业人员进行风险管控交底和培训。

2. 风险预防技术措施

1）开仓检修刀具及其他设备

在穿越北环高速公路前，提前开仓检查，对损坏的刀具进行更换，以确保过北环高速期间刀具的正常，同时对相关设备进行检修保养工作。

2）根据地形特点，及时调整切口水压

根据地形特点，隧顶覆土自上而下分布为①素填土、④$_{2A}$淤泥质土、③$_1$粉细砂，隧道洞身穿越地层为③$_1$粉细砂、③$_3$砾砂。盾构机过高速公路时，掘进按以下参数操作：覆土厚度为 9～11m，盾构机进入北环高速公路斜坡时，将切口水压维持在 135～150kPa 之间，防止切口水压波动过大。

3）严格控制盾构施工参数，确保盾构施工安全

盾构机穿越北环高速时，要加强对盾构掘进中的工况管理，严防由于送排泥管堵塞等不可控因素的发生，导致盾构机长时间停留在高速路底下，确保盾构机快速安全通过。

（1）在盾构过北环高速前，对盾构机设备及配套设施进行系统检查，确保各设备正常运行，并对工人进行有针对性的安全技术、应急措施交底等，安排好值班人员对北环高速及危险区域进行巡视。

（2）对盾构到达北环高速下方前 50m 范围内的掘进参数及地面沉降情况进行统计分析，预测盾构机通过北环高速公路可能出现的沉降值，以制定盾构掘进最优参数。根据穿越段地形起伏的特点，盾构过高速公路时掘进按以下参数操作：

①严格控制切口水压，根据现场实际情况调整切口水压。

②掘进速度控制在 10～18mm/min；总推力控制在 10000～20000kN；转速设为 1.0～1.5r/min，刀盘扭矩为 700～1000kN·m。

③掘进过程中遇黏土层时，为防止结泥饼，控制泥浆黏度在 25s 以下，加大 P_0 泵的循环流量，P_0 出口设置在刀盘面板上冲刷泥饼。

④遇全断面砂层时，控制泥浆黏度在 25s 以上，关闭 P_0 泵，减少对土仓的冲刷作用；根据现场出渣情况，实时调节循环流量。

（3）提高同步注浆质量与管理：在同步注浆过程中，合理掌握注浆压力，注浆出口压力＝切口水压＋(60～100)kPa，同步注浆量按建筑空隙130%～180%的量注入，根据理论计算，1.2m管片和围岩间的施工空隙体积为3.24m³，过北环高速时，由于地层较软弱，为保证管片的稳定及姿态，尽量多注浆，注浆量尽量达到180%，即达到5.832m³。注浆量还应结合注浆压力进行控制，注浆压力一般控制在切口压力＋(60～80)kPa 之间，若压力明显增大，则暂时停止注浆，以免注浆压力击穿地层。控制注浆量、注浆流量和推进速度等施工参数形成最佳匹配，同时必须保证充足的同步注浆量及二次补浆量。管片注浆采用双液浆，其压力约为0.5MPa，注入量为1～2m³，每环推进前对管片注浆浆液进行小样试验，严格控制初凝时间，初凝时间为13～15s。

（4）推进速度和转弯段姿态控制：盾构机的推进速度和姿态控制直接影响到土体沉降，

因此在过北环高速公路时应适当放慢盾构的掘进速度，即一环的掘进时间控制在 60～80min，均匀快速地通过，以尽量减少对土体的扰动。依据信息化施工管理，根据掘进数据反馈调整掘进参数和盾构机姿态，同时加强管片选型和安装，使管片姿态适当超前，确保盾构机和成型管片隧道符合设计路线。

（5）选择正确的掘进参数，加强地表沉降、地下水位及周围建（构）筑物倾斜观测，并及时反馈施工方。加强过程控制管理，实施信息化施工，防止开挖面失稳引起过大的地表沉降；同时也应防止地面由于切口水压过大引起地面冒浆。

（6）加强盾尾舱的管理：在推进过程中，因设备故障和操作失误往往引起切口水压的波动，在每次调高切口水压后，必须进行试推进，并安排专人观察盾尾漏浆情况，确定无漏浆后再正式调高切口水压，进行正常掘进。同时，还应注意盾构机本身要增加盾尾刷保护及严格控制盾尾油脂的压注，在使用时对盾尾舱进行定期检查，平均每8环全面检查一次；并且在管片拼装前必须把盾壳内的杂物清理干净，以防对盾尾刷造成损坏。

（7）加强对盾构掘进中的工况管理，严防由于泥饼生成和土仓的堵塞，导致在高速公路下方清洗土仓。向泥浆水中加入添加材料，提高泥浆水的流动性，保障环流系统的顺畅。

（8）采取相应措施从地表向地层补充注水，以保证正常的地下水位，从而减小地表沉降。必要时可从地表进行注浆止水和加固来控制地层沉降。

4）选择合适的刀具配置

针对隧道，根据详勘报告及区间地质纵剖面图显示，下穿北环高速区间（洞身范围内）揭露地层主要为③₁粉细砂、③₃砾砂，为软弱土层，根据地层特点，主要采用软岩刀配置，刀具配置如表 3.6-1 所示。

刀具配置表　　　　　　　　　　表 3.6-1

刀盘设计	刀盘对复合地层的适应性	通过更换刀盘上滚刀的配置形式，能适应广州地区地质条件
	刀盘的开口率	35%
	刀间距的布置	根据不同的岩层进行布置，间距为 90～100mm
刀具布置	中心刀的类型	1 把中心鱼尾刀
	滚刀的数量及轴向转动力矩	10 把大铲刀
	先行刀的数量	25 把
	刮刀的数量	24 把
	各种刀具的高差设置	以距离刀盘面计：滚刀 140mm；先行刀、中心刀 120mm；切削刀、刮刀 90mm

5）砂层液化袖阀管注浆加固

针对隧道，根据详勘报告及区间地质纵剖面图显示，下穿北环高速区间地层为砂层液化地质，为控制地面沉降，保证北环高速公路安全，在盾构掘进施工中，保证注浆及二次注浆质量的情况下，还需及时对砂层液化地层进行袖阀管加固处理。袖阀管注浆加固砂层液化地层机理是将水泥浆液通过劈裂、渗透、挤压密实等作用，与土体充分结合形成较高强度的水泥土固结体和树枝状水泥网脉体，非常适合隧道软弱土体加固处理技术。而且，袖阀钢管可留在土体中作为加固体的一部分，有效提高土体的承载能力。

3.6.4 施工情况

为保证盾构在通过北环高速公路路基段时快速正常掘进，需根据实际地层情况进行设置调整。经研究，以盾构正式进入北环高速公路路基段前约50m，作为掘进前选择类似地层区段的试验段，根据试验段掘进总结出各项参数及地表沉降数据，用以指导后续正式通过北环

高速时的盾构掘进施工（图3.6-6）。

2019年1月11日，盾构机推入北环南端边界位置，即1836环，正式开始进入下穿北环高速公路影响范围。2019年1月14日，盾构机完成拼装1873环管片，完成穿越北环高速北端边界。

此次下穿北环施工，全过程安全可控，地表沉降处于合理控制区间，盾构掘进无突发异常事件，掘进过程操作合理，均符合设计及规范要求。

图 3.6-6　隧道试验段平面图

3.6.5 监测情况

因不能在北环高速上直接布设沉降监测点，故在北环高速南、北两侧路缘路基进行监测点布设，主要监测数据如图3.6-7、表3.6-2、表3.6-3、图3.6-8、图3.6-9所示。

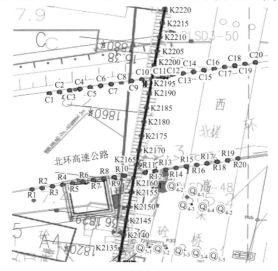

图 3.6-7　监测点布设平面图

表 3.6-2

北环高速南侧路基防撞墙监测点

点号	初始值/mm	累计变化量/mm														备注
		2020/1/8	2020/1/9	2020/1/10	2020/1/11	2020/1/12	2020/1/13	2020/1/14	2020/1/15	2020/1/16	2020/1/17	2020/1/18	2020/1/19	2020/1/20	2020/1/21	
R1	0	0.0	−0.3	−0.4	−0.8	−0.8	−1.0	−0.1	0.3	0.5	0.6	0.8	0.8	0.8	0.7	①北环高速南侧路基里程 2163m；②盾构机 2020 年 1 月 8 日刀盘里程是 2123m，距离下穿约 40m 开始进行监测；③刀盘于 2020 年 1 月 11 日下午进行下穿，并且于 2020 年 1 月 14 日晚上掘进到里程 2206m 停机保压；④下穿过去约 43m 后监测一周数据基本稳定，整个下穿过程累计最大偏差值为 −8.9mm，未超过三级预警值±12mm
R2	0	0.0	−0.4	−0.4	0.1	0.9	1.7	2.2	2.5	2.9	3.0	2.8	2.7	2.7	2.6	
R3	0	0.0	−0.5	−0.4	0.2	1.1	1.4	2.4	3.0	3.0	2.8	2.7	2.7	2.8	2.7	
R4	0	0.0	0.6	0.5	1.1	1.0	1.0	2.0	2.5	2.6	3.0	2.8	2.6	2.5	2.5	
R5	0	0.0	0.5	1.0	1.5	2.0	1.3	2.2	2.3	2.2	2.0	1.7	1.7	1.7	1.8	
R6	0	0.0	0.3	1.0	1.4	1.7	2.2	2.5	3.0	2.8	3.1	3.1	3.1	3.1	3.0	
R7	0	0.0	−0.7	−1.0	−0.8	−0.6	−0.2	0.4	−1.6	0.3	0.0	0.1	0.0	−0.2	−0.1	
R8	0	0.0	−0.4	−1.1	−1.9	−2.7	−1.9	−1.1	−1.6	−1.6	−1.2	−1.7	−2.0	−2.1	−2.0	
R9	0	0.0	−0.3	−1.2	−2.0	−4.0	−3.6	−2.9	−3.5	−3.7	−3.4	−3.8	−4.0	−4.1	−3.8	
R10	0	0.0	−0.3	−0.7	−2.5	−6.1	−6.8	−6.3	−6.8	−6.9	−7.2	−7.5	−7.7	−7.7	−7.6	
R11	0	0.0	−0.3	−0.6	−2.3	−6.4	−7.6	−7.6	−8.0	−8.2	−8.4	−8.7	−8.9	−8.9	−8.8	
R12	0	0.0	−0.6	−0.5	−2.0	−5.5	−7.3	−6.7	−6.9	−7.3	−7.2	−7.6	−7.9	−8.0	−8.0	
R13	0	0.0	−0.6	−0.5	−2.2	−4.0	−4.5	−4.2	−4.7	−5.1	−4.7	−5.1	−5.4	−5.5	−5.3	
R14	0	0.0	0.6	0.7	0.1	−1.9	−2.5	−2.6	−2.4	−2.2	−2.5	−2.8	−3.0	−3.0	−2.8	
R16	0	0.0	0.6	1.1	0.9	0.1	−0.6	−0.5	−1.1	−0.9	−1.3	−1.6	−1.8	−1.7	−1.6	
R17	0	0.0	0.0	0.6	0.0	0.1	0.9	1.0	0.4	0.7	0.7	0.4	0.3	0.3	0.3	
R18	0	0.0	0.4	0.1	−0.1	−1.2	0.0	0.5	−0.2	0.2	0.4	0.1	0.0	−0.1	−0.2	
R19	0	0.0	−0.1	−0.3	−0.7	−0.9	0.0	0.6	−0.1	0.1	0.1	−0.2	−0.4	−0.5	−0.4	
R20	0	0.0	0.4	−0.3	−0.1	−0.4	−0.2	1.1	0.5	0.6	0.7	0.3	0.0	−0.3	−0.1	

北环高速北侧路基防撞墙监测点 表 3.6-3

点号	初始值/mm	累计变化量/mm													备注
		1/11	1/12	1/13	1/14	1/15	1/16	1/17	1/18	1/19	1/20	1/21	1/24	1/31	
C1	0	0.0	0.4	−0.1	−0.3	−0.4	−0.4	−0.5	−0.6	−0.9	−0.7	−0.4	−0.2	0.0	
C2	0	0.0	−0.4	−1.7	−1.4	−1.8	−1.7	−1.8	−1.8	−2.0	−2.1	−1.9	−1.9	−1.5	
C3	0	0.0	−0.5	−1.0	−1.2	−1.5	−1.5	−1.5	−1.7	−1.9	−1.7	−1.4	−1.5	−1.5	
C4	0	0.0	−0.3	−0.9	−1.1	−1.6	−1.5	−1.5	−1.7	−1.8	−1.7	−1.4	−1.0	−1.1	
C5	0	0.0	−0.5	−1.6	−2.1	−2.8	−2.6	−3.0	−3.4	−3.4	−3.4	−3.4	−3.1	−3.2	
C6	0	0.0	−0.2	−0.6	−2.4	−3.1	−3.5	−3.9	−4.4	−4.5	−4.6	−4.4	−4.5	−4.2	①北环高速北侧路基里程2196m;
C7	0	0.0	−0.2	−1.8	−3.8	−4.6	−5.4	−5.8	−6.1	−6.3	−6.3	−6.6	−6.8	−6.9	②盾构机2020年1月11日早上刀盘里程是2158m,距离下穿约38m开始进行监测;
C8	0	0.0	−0.4	−1.8	−5.1	−6.4	−7.3	−7.3	−7.7	−7.9	−7.7	−8.0	−8.0	−8.3	
C9	0	0.0	0.3	−2.0	−5.6	−7.4	−8.3	−9.3	−9.8	−9.8	−9.7	−10.0	−9.8	−10.1	
C10	0	0.0	−0.2	−3.8	−7.6	−7.9	−8.8	−9.7	−10.1	−10.3	−10.7	−10.2	−10.2	−10.4	③刀盘于2020年1月13日晚上进行下穿,并于2020年1月14日晚上掘进到里程2206m停机保压,春节过后于2月29日恢复掘进并于3月5日早上掘进到里程2246m,已过距离50m
C11	0	0.0	0.0	−2.4	−5.8	−7.6	−8.2	−7.9	−8.2	−8.9	−8.6	−8.7	−8.6	−8.9	
C12	0	0.0	−0.1	−1.1	−4.5	−5.6	−6.8	−7.3	−7.8	−7.8	−7.4	−7.6	−7.3	−7.6	
C13	0	0.0	−0.2	−1.9	−3.6	−4.9	−5.1	−5.6	−6.0	−5.8	−5.9	−5.6	−5.3	−5.6	
C14	0	0.0	0.0	−1.3	−2.1	−2.6	−2.4	−2.3	−2.7	−2.9	−3.0	−2.7	−2.9	−3.1	
C15	0	0.0	0.1	−1.1	−2.1	−2.8	−2.5	−2.1	−2.4	−2.2	−2.4	−2.1	−1.7	−1.7	
C16	0	0.0	−0.1	−1.0	−0.5	−1.1	−1.0	−1.6	−1.9	−2.0	−2.0	−1.7	−1.9	−1.6	
C17	0	0.0	−0.4	−1.1	−1.2	−2.0	−1.4	−2.0	−2.3	−2.4	−2.3	−1.9	−2.1	−2.3	
C18	0	0.0	−0.6	−1.2	−0.9	−1.6	−1.3	−1.7	−2.0	−2.0	−1.8	−1.5	−1.6	−1.9	
C19	0	0.0	−0.8	−1.5	−1.0	−1.8	−1.5	−1.8	−1.9	−1.9	−1.6	−1.4	−1.5	−1.3	
C20	0	0.0	−0.4	−0.8	−0.7	−1.4	−1.1	−1.4	−1.5	−1.4	−1.4	−1.1	−1.0	−1.0	

续表

点号	初始值/mm	累计变化量/mm													备注
		2/7	2/14	2/21	2/28	2/29	3/1	3/2	3/3	3/4	3/5	3/6	3/7	3/8	
C1	0	0.4	0.2	0.2	0.3	0.0	0.4	0.2	0.1	0.3	0.5	0.8	0.6	0.7	
C2	0	−1.1	−0.8	−0.9	−0.9	−0.9	−1.2	−0.9	−0.8	−1.0	−0.7	−0.4	−0.4	−0.5	
C3	0	−1.5	−1.4	−1.2	−1.3	−1.1	−1.0	−0.7	−0.8	−0.5	−0.3	−0.1	−0.2	−0.2	
C4	0	−0.7	−0.7	−0.5	−0.3	−0.6	−0.4	−0.2	−0.4	0.0	0.1	−0.1	0.0	−0.1	
C5	0	−2.8	−2.6	−2.8	−3.1	−3.3	−3.0	−2.8	−2.6	−2.4	−2.2	−1.8	−2.0	−2.0	
C6	0	−4.2	−4.3	−4.1	−4.3	−4.4	−4.5	−4.6	−4.3	−4.0	−3.8	−3.6	−3.8	−3.6	①北环高速北侧路基里程2196m;
C7	0	−6.7	−6.5	−6.6	−6.7	−7.0	−7.0	−7.2	−7.1	−6.9	−7.0	−6.9	−7.0	−6.8	②盾构机2020年1月11日早上刀盘里程是2158m，距离下穿约38m开始进行监测;
C8	0	−8.0	−7.8	−8.1	−8.4	−8.5	−8.6	−8.9	−8.1	−7.0	−7.3	−7.6	−7.6	−7.5	
C9	0	−9.9	−10.2	−10.5	−10.5	−10.6	−7.3	−7.6	−7.8	−7.8	−7.9	−7.5	−7.6	−7.4	
C10	0	−10.2	−10.3	−10.4	−10.5	−10.3	−8.2	−8.5	−8.6	−8.8	−8.3	−8.5	−8.4	−8.4	③刀盘于2020年1月13日晚上进行下穿，并于2020年1月14日晚上掘进到里程2206m停机保压，春节过后于2月29日恢复掘进并于3月5日早上掘进到里程2246m，已过距离50m
C11	0	−9.1	−8.9	−8.8	−9.1	−9.1	−9.2	−9.0	−8.0	−7.8	−7.4	−7.1	−7.2	−7.1	
C12	0	−7.8	−7.7	−7.8	−7.5	−8.3	−9.1	−9.3	−9.4	−6.9	−6.6	−6.1	−6.3	−6.2	
C13	0	−5.8	−5.9	−6.1	−6.3	−6.6	−6.4	−6.2	−6.2	−5.8	−5.5	−4.9	−5.0	−4.9	
C14	0	−2.7	−2.4	−2.3	−2.4	−2.5	−2.6	−2.5	−2.1	−2.3	−2.0	−1.6	−1.6	−1.7	
C15	0	−1.9	−1.5	−1.5	−1.2	−1.3	−1.4	−1.5	−1.6	−1.3	−1.1	−1.1	−1.0	−1.1	
C16	0	−1.7	−1.5	−1.7	−1.3	−1.1	−1.3	−1.1	−0.8	−0.5	0.0	0.2	0.2	0.1	
C17	0	−2.3	−1.9	−1.8	−1.6	−1.7	−1.7	−1.5	−1.3	−1.0	−0.6	−0.2	−0.1	−0.2	
C18	0	−2.1	−2.1	−2.0	−1.9	−2.0	−1.7	−1.4	−1.2	−0.9	−0.4	−0.1	0.0	−0.1	
C19	0	−1.0	−0.9	−0.9	−1.0	−1.1	−1.3	−1.0	−0.7	−0.4	0.1	0.4	0.3	0.5	
C20	0	−0.6	−0.2	−0.4	−0.6	−0.8	−0.8	−0.5	−0.2	0.0	0.4	0.7	0.5	0.7	

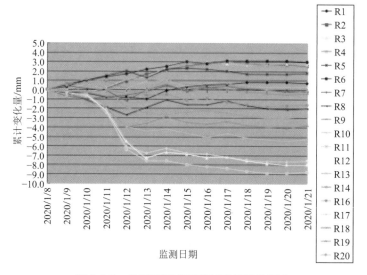

图 3.6-8 北环高速南侧路基防撞墙监测点

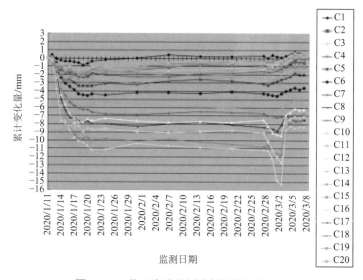

图 3.6-9 北环高速北侧路基防撞墙监测点

（1）北环高速南侧路基里程 2163m。

（2）盾构机 2020 年 1 月 8 日刀盘里程是 2123m，距离下穿约 40m 开始进行监测。

（3）刀盘于 2020 年 1 月 11 日下午进行下穿，并于 2020 年 1 月 14 日晚上掘进到里程 2206m 停机保压。

（4）下穿过去约 43m 后监测一周数据基本稳定，整个下穿过程累计最大偏差值为 −8.9mm，未超过三级预警值 ±12mm。

监测结果显示，盾构下穿北环高速全程无异常，高速路面正常，试验段、路基及周边建（构）筑物沉降数据正常。

第 **4** 章

CHAPTER 4

同步施工交叉影响监测技术研究

城市电力隧道
与地铁隧道同步建设技术
广州石井—环西电力隧道工程

　　由于环西电力隧道面临的工况复杂，有大量的交叉施工的影响，项目实施时在现场进行了系列监测试验，研究土体的变形规律，研究不同工况下后施工隧道对先施工隧道的影响，及先后隧道施工后对周边地层的二次扰动作用，并对交叉施工下的地层响应和隧道相互间的影响进行分析。

4.1　同步施工隧道相互影响研究

　　环西电力隧道分为两段，一段为环西出站段西线电力隧道，沿道向北又向西大约 700m，此段与地铁 8 号线北延段垂直；另一段沿道路北行，约 6100m，此段为与地铁 8 号线北延线并行段。全线路沿途地下管线密集，有大直径的给水排水管道多条，基本沿市政路展布，埋深多在地面下 3m 以内，以及电信光缆、光纤、煤气、高压电缆等管线。

　　电力隧道所处地层既包含全断面砂层，又包含上断面砂层、下断面岩层的典型上软下硬地层，还存在溶洞发育地层，地质条件十分复杂，给土体变形规律的分析带来很大困难。

项目中电力隧道与广州地铁 8 号线北延段存在小间距平行施工，上跨、下穿、长距离平行等多种复杂工况，两条隧道先后施工会对土体产生二次扰动，使得原本已很复杂的土体的变形规律更加难以研究，增加了数据分析和理论研究的难度。因此，项目选择 3 个断面进行现场监测，通过监测结果，研究土体的变形规律。同时，研究不同工况下后施工隧道对先施工隧道的影响，及先后隧道施工后对周边地层的二次扰动作用，并对交叉施工下的地层响应和隧道相互间的影响进行分析。

　　为深入研究平行小间距相互作用，现场监测项目分为 A、B、C 三个监测断面，如图 4.1-1 所示。A 断面主要研究全断面砂层隧道掘进的扰动规律；B 断面地铁隧道完全位于灰岩中；C 断面地铁隧

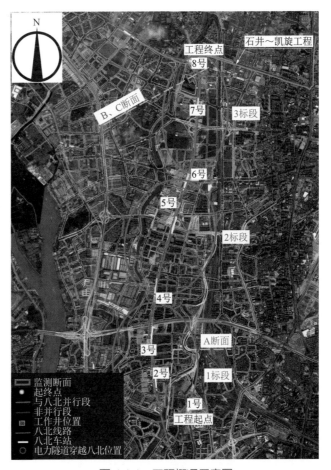

图 4.1-1　工程概况示意图

道局部露头（部分在砂层中），可以研究隧道露头与否对平行小间距隧道相互作用异同。

4.2 监测断面的水文地质

A 断面：里程为 DK765.6123，断面位于砂层和粉质黏土层中，隧道轴线埋深约 12m，上覆淤泥质土及杂填土。A 断面选取的平面位置如图 4.2-1 所示，同时可知距离 A 断面最近的钻孔分别为 DLSB01-B8 和 DLSB01-B7，根据插值，可得到 A 断面的地层分布条件，如图 4.2-2 所示。

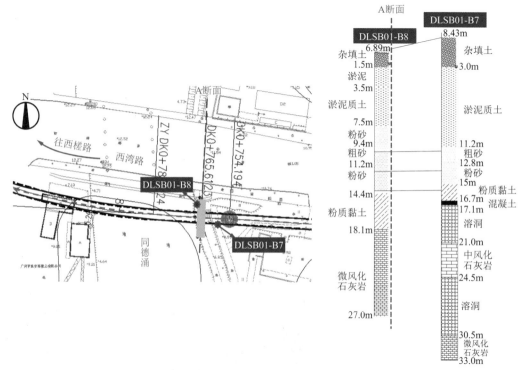

图 4.2-1　A 断面平面示意图　　　　图 4.2-2　A 断面地层分布

B 断面：根据隧道纵断面（图 4.2-3），该监测区段自上而下的土层分布如下：①素填土，层底埋深在 20.14～20.41m；③$_2$ 中粗砂，层底埋深在 24～26.66m；④$_{2B}$ 河海相淤泥质土，层底埋深在 35.45～35.82m；③$_2$ 中粗砂，层底埋深在 46.21～48.58m；③$_3$ 砾砂，层底埋深在 75.16～77.45m；再往下是⑨$_{C-2}$ 微风化石灰岩（溶洞发育）。

C 断面：根据隧道纵断面（图 4.2-3），该监测区段自上而下的土层分布如下：①素填土，层底埋深在 21.44～24.12m；③$_2$ 中粗砂，层底埋深在 30.49～33.98m；④$_{N-1}$ 流/软塑状粉质黏土，层底埋深在 35.11～38.52m；③$_2$ 中粗砂，层底埋深在 54.35～60.32m；④$_{N-2}$ 可塑状粉质黏土，层底埋深在 62.27～68.17m；③$_2$ 中粗砂，层底埋深在 69.68～74.46m；③$_3$ 砾砂，层底埋深在 76.61～84.83m；⑤$_{C-1B}$ 可塑状灰岩残积土，层底埋深在 77.36～90.18m；

再往下是⑨$_{C-2}$微风化石灰岩（土洞和溶洞发育）。

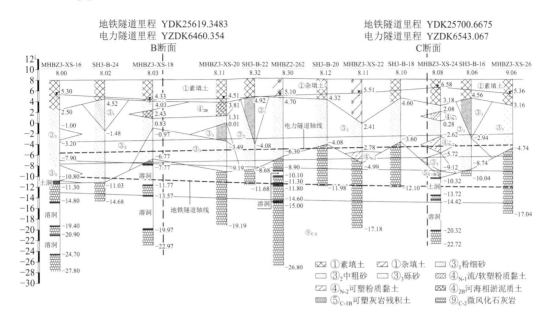

图 4.2-3　B 监测断面和 C 监测断面邻近地质剖面图

为方便后续分析地层属性对盾构施工的影响，将种类接近的土层简化为同一类，如图 4.2-4 所示，所选范围内土层主要分为：填土层、砂层（主要）、粉质黏土层（少）、淤泥质土层（少）、残积土层（很少）、灰岩层（主要）。若再进一步简化，可认为 B、C 断面监测范围内，盾构施工的地层条件为：上部填土层，中部饱和砂层，下部灰岩层，盾构机在上砂下岩复合地层中掘进，电力盾构掌子面内砂层所占比例大，地铁盾构掌子面内岩层所占比例大。

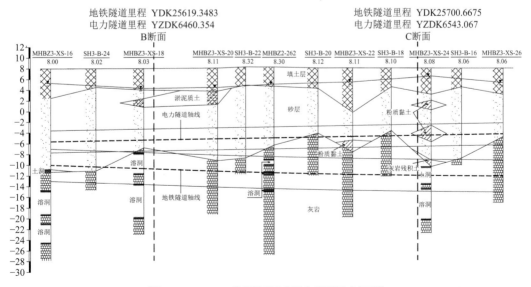

图 4.2-4　B、C 监测断面地质合并简化剖面图

4.3 监测内容、布点及频率

1.监测内容

（1）地表竖向位移和土体分层竖向位移。

（2）深层土体水平位移。

（3）孔隙水压力。

2.布点

A 断面现场监测点布置：该断面只有电力隧道施工，断面里程为 DK765.6123。

断面地表沉降测点平面分布如图 4.3-1 所示，垂直于隧道轴线方向布置，且处于同一隧道断面上。分层沉降测点的平面布置以及断面布置见图 4.3-1 和图 4.3-2。测斜管的平面布置以及断面布置见图 4.3-1 和图 4.3-3。

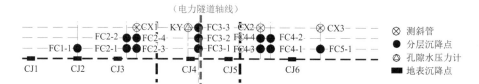

图 4.3-1 A断面地表、分层、测斜管和孔压测点实际平面分布示意图

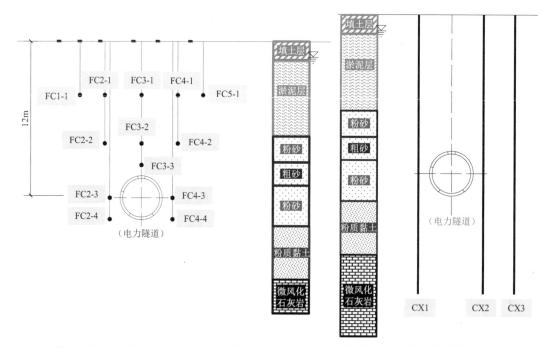

图 4.3-2 A断面分层沉降测点实际布置示意图　　图 4.3-3 A断面测斜管分布示意图

B 断面现场监测点布置：由于地铁隧道先行施工，电力隧道后行施工，因此同一设计

断面对于地铁里程是 YDK25619.3483，对于电力里程是 YZDK6460.354。

　　断面地表沉降测点平面分布如图 4.3-4 所示，垂直于隧道轴线方向布置，且处于同一隧道断面上。分层沉降测点的平面布置以及断面布置见图 4.3-4 和图 4.3-5。测斜管的平面布置以及断面布置见图 4.3-4 和图 4.3-6。孔隙水压力计的平面布置以及断面布置见图 4.3-4 和图 4.3-7。

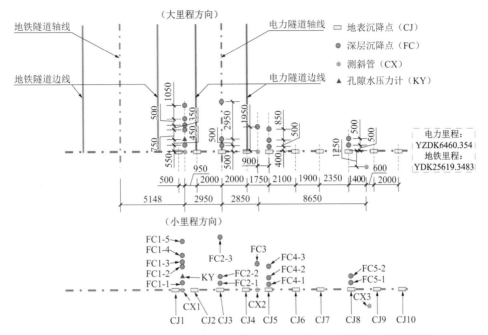

图 4.3-4　B 断面地表、分层、测斜管和孔压测点实际平面分布及编号图

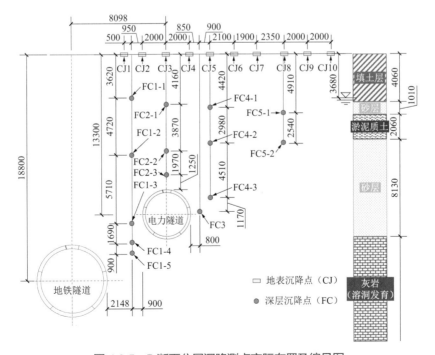

图 4.3-5　B 断面分层沉降测点实际布置及编号图

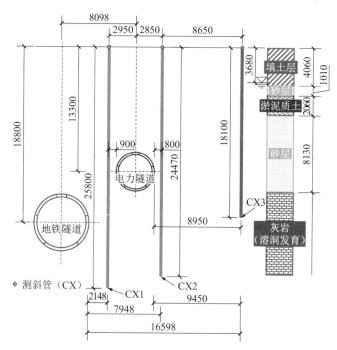

图 4.3-6　B 断面测斜管布置及编号图

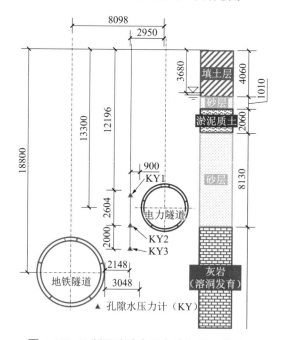

图 4.3-7　B 断面孔隙水压力计布置及编号图

　　C 断面现场监测点布置：由于地铁隧道先行施工，电力隧道后行施工，因此同一设计断面对于地铁里程是 YDK25700.6675，对于电力里程是 YZDK6543.067。

　　断面地表沉降测点平面分布如图 4.3-8 所示，垂直于隧道轴线方向布置，且处于同一隧道断面上。分层沉降测点的平面布置以及断面布置见图 4.3-8 和图 4.3-9。测斜管的平面布置以及断面布置见图 4.3-8 和图 4.3-10。孔隙水压力计的平面布置以及断面布置见图 4.3-8 和图 4.3-11。

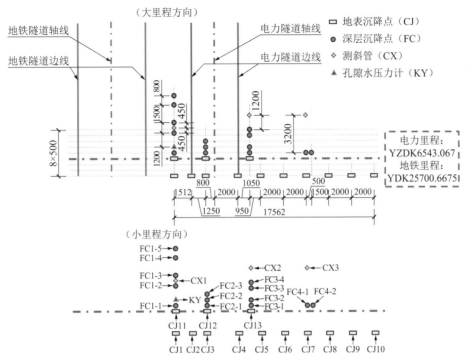

图 4.3-8　C 断面地表、分层、测斜管和孔压测点实际平面分布及编号图

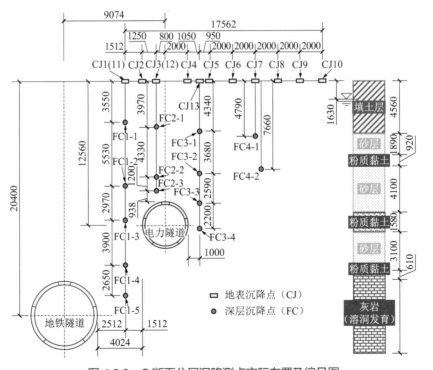

图 4.3-9　C 断面分层沉降测点实际布置及编号图

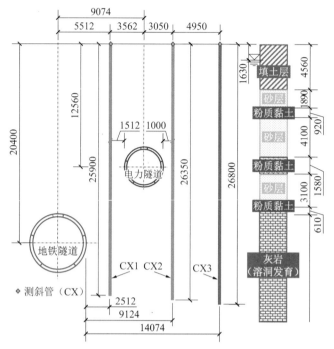

图 4.3-10 C 断面测斜管布置及编号图

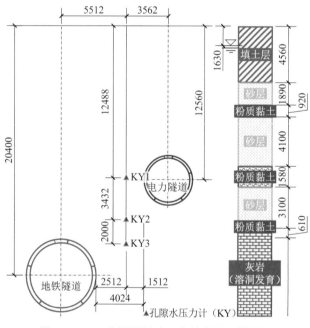

图 4.3-11 C 断面孔隙水压力计布置及编号图

3. 监测频次

1）A 断面

如图 4.3-12 所示，针对盾构刀盘实时所处的位置，盾构非加密监测区的监测环号是 652

环、654 环、656 环、686 环、688 环、690 环，盾构加密监测区的监测环号是 657～685 环。

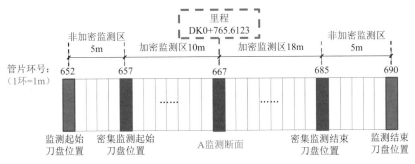

图 4.3-12 A 断面电力盾构施工设计监测频率

2）B 断面

（1）地铁隧道监测（阶段 1）

如图 4.3-13 所示，针对盾构刀盘实时所处的位置，盾构非加密监测区的监测环号是 166 环、168 环、170 环、197 环、199 环、201 环，盾构加密监测区的监测环号是 171～195 环。

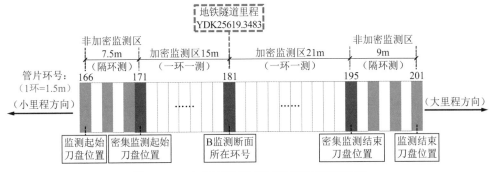

图 4.3-13 B 断面地铁盾构施工设计监测频率

（2）电力隧道监测（阶段 2）

如图 4.3-14 所示，针对盾构刀盘实时所处的位置，盾构非加密监测区的监测环号是 276 环、278 环、280 环、311 环、313 环、315 环，盾构加密监测区的监测环号是 281～309 环。

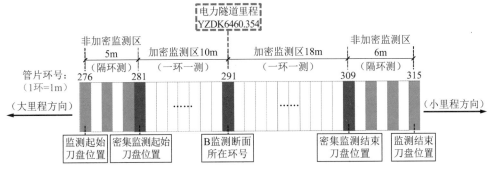

图 4.3-14 B 断面电力盾构施工设计监测频率

3）C 断面

（1）地铁隧道监测（阶段 1）

如图 4.3-15 所示，针对盾构刀盘实时所处的位置，盾构非加密监测区的监测环号是 220 环、222 环、224 环、251 环、253 环、255 环，盾构加密监测区的监测环号是 225～249 环。

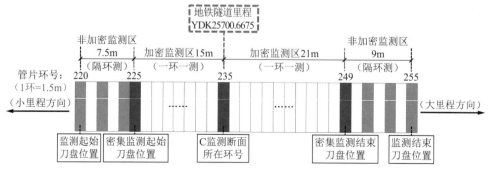

图 4.3-15　C 断面地铁盾构施工设计监测频率

（2）电力隧道监测（阶段 2）

如图 4.3-16 所示，针对盾构刀盘实时所处的位置，盾构非加密监测区的监测环号是 193 环、195 环、197 环、228 环、230 环、232 环，盾构加密监测区的监测环号是 198～226 环。

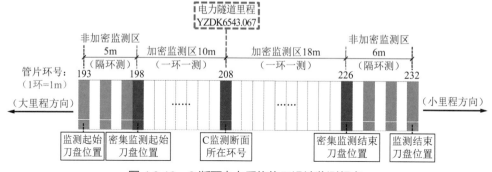

图 4.3-16　C 断面电力盾构施工设计监测频率

4.4　土体竖向位移随土体变化

4.4.1　地表位移

1. A 断面

A 监测断面各地表测点分布见图 4.3-1，各地表测点随电力盾构施工的竖向位移变化曲线如图 4.4-1 所示。各地表测点在盾构到达监测断面前发生轻微沉降，最大沉降量约为 3mm，在盾体通过断面时发生较大变形，最大沉降量约为 15mm，在盾尾脱出后持续发生沉降变形，随后维持稳定，监测期间最大沉降量约为 29mm。

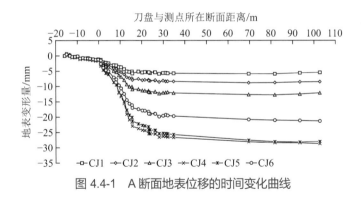

图 4.4-1 A 断面地表位移的时间变化曲线

2. B 断面

1）地铁盾构通过阶段

B 监测断面各地表测点分布见图 4.3-4，各地表测点随地铁盾构施工的竖向位移变化曲线如图 4.4-2 所示。各地表测点在盾构刀盘距离监测断面约 10m 时开始发生沉降，到达断面时最大沉降量约为 5.5mm，在盾体通过断面时发生较大变形，最大沉降量约为 10mm，在盾尾脱出后持续发生沉降变形，随后维持稳定，监测期间最大沉降量约为 15mm。

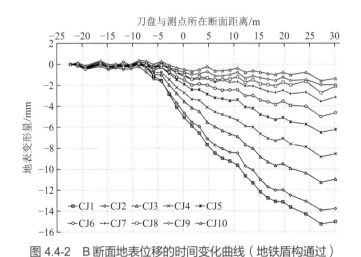

图 4.4-2 B 断面地表位移的时间变化曲线（地铁盾构通过）

2）电力盾构通过阶段

B 监测断面各地表测点分布见图 4.3-4，各地表测点随电力盾构施工的竖向位移变化曲线如图 4.4-3 所示。各地表测点在盾构刀盘距离监测断面约 5m 时开始发生沉降，到达断面时最大沉降量约为 2mm，在盾体通过断面时发生较大变形，最大沉降量约为 16mm，在盾尾脱出后持续发生沉降变形，随后维持稳定，监测期间最大沉降量约为 24mm。

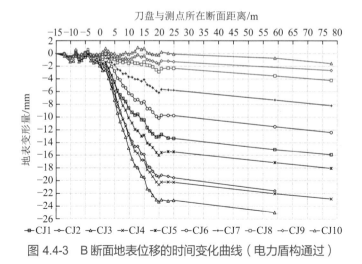

图 4.4-3　B 断面地表位移的时间变化曲线（电力盾构通过）

3. C 断面

1）地铁盾构通过阶段

C 监测断面各地表测点分布见图 4.3-8，各地表测点随地铁盾构施工的竖向位移变化曲线如图 4.4-4 所示。各地表测点在盾构通过区间，变形幅度不大且保持同步，变形数值均小于 1mm，由此可知地表土体受地铁盾构施工的影响不明显。

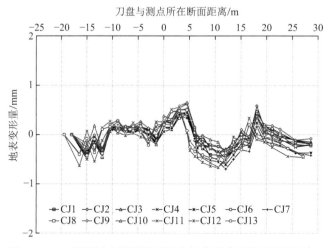

图 4.4-4　C 断面地表位移的时间变化曲线（地铁盾构通过）

2）电力盾构通过阶段

C 监测断面各地表测点分布见图 4.3-8，各地表测点随电力盾构施工的竖向位移变化曲线如图 4.4-5 所示。各地表测点在盾构刀盘距离监测断面约 5m 时开始发生隆沉变形，到达断面时最大变形量约为 3mm，在盾体通过断面时均发生较大沉降变形，最大沉降量约为 47mm，在盾尾脱出后持续发生沉降变形，随后维持稳定，监测期间最大沉降量约为 50mm。大多数测点变形小于 30mm。

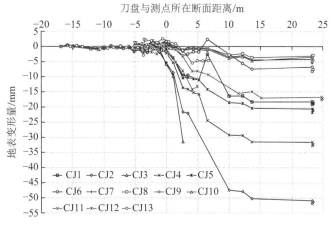

图 4.4-5　C 断面地表位移的时间变化曲线（电力盾构通过）

4.4.2　分层位移

1. A 断面

A 监测断面各分层测点分布见图 4.3-1 和图 4.3-2，各分层测点随电力盾构施工的竖向位移变化曲线如图 4.4-6 所示。各分层测点在盾构刀盘到达监测断面前发生轻微沉降变形，到达断面时最大变形量约为 2mm，在盾体通过断面时均发生较大沉降变形，最大沉降量约为 20mm，在盾尾脱出后持续发生沉降变形，随后维持稳定，监测期间最大沉降量约为 28mm。

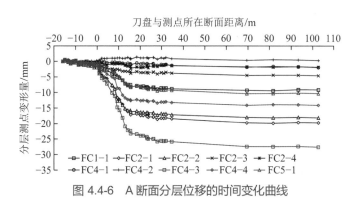

图 4.4-6　A 断面分层位移的时间变化曲线

2. B 断面

1）地铁盾构通过阶段

B 监测断面各分层测点分布见图 4.3-4 和图 4.3-5，各分层测点随地铁盾构施工的竖向位移变化曲线如图 4.4-7 所示。各分层测点在盾构刀盘距离监测断面约 15m 时开始发生沉降，到达断面时最大沉降量约为 5mm，在盾体通过断面时均发生较大沉降变形，最大沉降量约为 10mm，在盾尾脱出后持续发生沉降变形，监测期间最大沉降量约为 16mm。

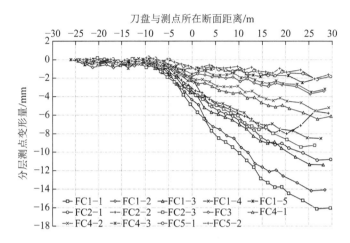

图 4.4-7 B 断面分层位移的时间变化曲线（地铁盾构通过）

2）电力盾构通过阶段

B 监测断面各分层测点分布见图 4.3-4 和图 4.3-5，各分层测点随电力盾构施工的竖向位移变化曲线如图 4.4-8 所示。大部分分层测点在盾构刀盘到达监测断面前发生轻微变形，在盾体通过断面时发生较大沉降变形，在盾尾脱出后持续发生沉降变形，随后维持稳定。个别测点变形曲线差异较大，但在某些阶段中的变形形态符合常规盾构施工扰动的特征。

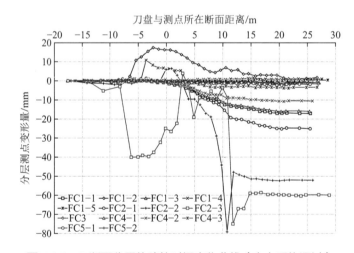

图 4.4-8 B 断面分层位移的时间变化曲线（电力盾构通过）

3. C 断面

1）地铁盾构通过阶段

C 断面各分层测点随地铁盾构施工的竖向位移变化曲线如图 4.4-9 所示。大部分测点曲线变形幅度均在 1mm 以内。

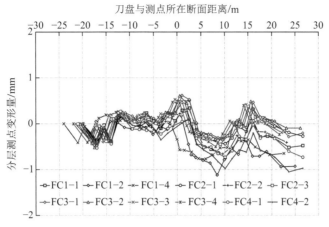

图 4.4-9 C 断面分层位移的时间变化曲线（地铁盾构通过）

2）电力盾构通过阶段

C 断面各分层测点随地铁盾构施工的竖向位移变化曲线如图 4.4-10 所示。分层测点在刀盘到达前约 3m 时，部分发生隆起，部分发生沉降，部分几乎不受影响，且在刀盘超过断面约 10m 时，各分层测点被人为注浆破坏，因此各变形曲线呈现"奇异"的现象。

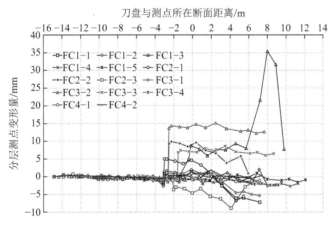

图 4.4-10 C 断面分层位移的时间变化曲线（电力盾构通过）

4.5 土体水平位移

4.5.1 A 断面土体水平位移

A 监测断面三根测斜管的位置如图 4.3-3 所示，在电力盾构监测过程中，各测斜管变形情况如图 4.5-1 所示，横坐标为水平位移，往靠近隧道方向为正，纵坐标为土体深度，下述各水平位移曲线同理。由此可知，深层土体整体上往靠近电力隧道方向发生水平位移，最大水平位移约为 18mm。

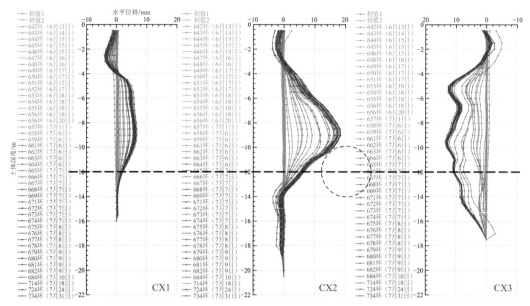

图 4.5-1 A断面电力盾构通过时的水平位移累计增量变化图

4.5.2 B断面土体水平位移

1）地铁盾构通过阶段

B监测断面三根测斜管的位置如图4.3-6所示，在地铁盾构监测过程中，各测斜管变形情况如图4.5-2所示。由此可知，从变形数值上，CX2＞CX1＞CX3，从形态上，CX1在地铁隧道埋深范围有突起变形。

2）电力盾构通过阶段

B监测断面三根测斜管的位置如图4.3-6所示，在电力盾构监测过程中，各测斜管变形情况如图4.5-3所示。由此可知，CX3曲线变形几乎可忽略，CX2曲线变形大于CX1曲线变形，且曲线上发生明显的突起变形。

4.5.3 C断面土体水平位移

1）地铁盾构通过阶段

C监测断面三根测斜管的位置如图4.3-10所示，在地铁盾构监测过程中，各测斜管变形情况如图4.5-4所示。由此可知，CX2和CX3基本上变形不大，CX1在地铁隧道埋深范围内有轻微的突起变形，且各测斜曲线随盾构掘进往远离地铁隧道方向整体轻微位移。

2）电力盾构通过阶段

C监测断面三根测斜管的位置如图4.3-10所示，在电力盾构监测过程中，各测斜管变形情况如图4.5-5所示。由此可知，电力隧道通过时各测斜曲线形态较为奇特，受人为地表注浆影响大，曲线变形难以真实反映盾构施工对深层土体的水平扰动。

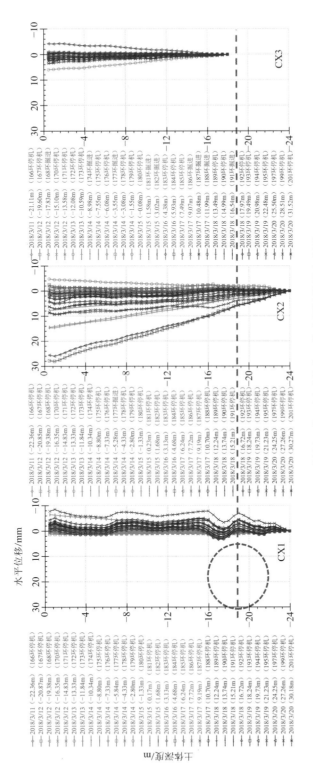

图 4.5-2 B 断面地铁盾构通过时的水平位移累计增量变化图

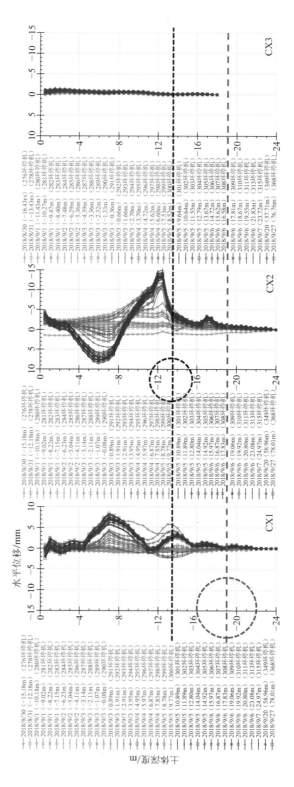

图 4.5-3　B 断面电力盾构通过时的水平位移累计增量变化图

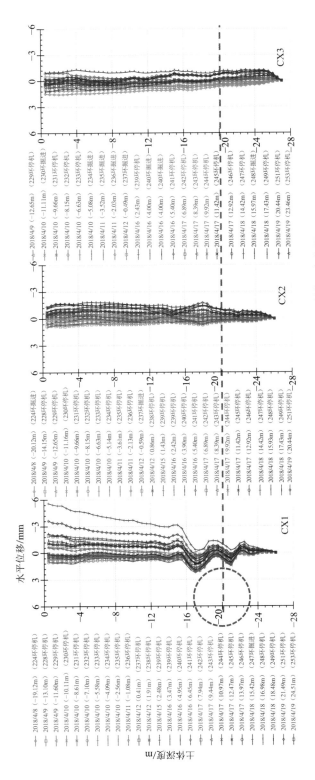

图 4.5-4 C 断面地铁盾构通过时的水平位移计累计增量变化图

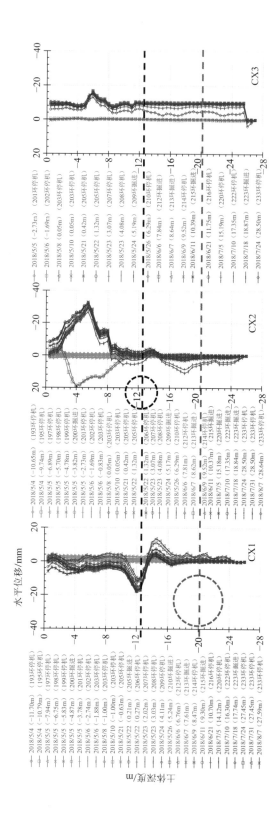

图 4.5-5　C 断面电力盾构通过时的水平位移累计增量变化图

4.6 孔隙水压力

4.6.1 B 断面

1）地铁盾构通过阶段

B 监测断面孔压测点的分布见图 4.3-4 和图 4.3-7，各测点超孔隙水压力随地铁盾构施工变化曲线如图 4.6-1 所示。KY3 在埋设过程中失效，不能读数。KY1 和 KY2 的超孔压变化值小，基本上可认为受盾构施工扰动可忽略。

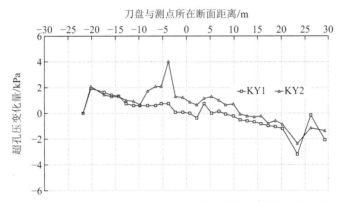

图 4.6-1　B 断面超孔隙水压力的时间变化曲线（地铁盾构通过）

2）电力盾构通过阶段

B 监测断面孔压测点的分布见图 4.3-4 和图 4.3-7，各测点超孔隙水压力随电力盾构施工变化曲线如图 4.6-2 所示。仅剩下 KY1 工作，超孔压在刀盘到达前明显提高，但总体上变化不大。

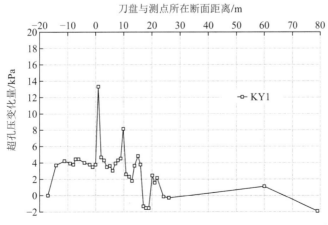

图 4.6-2　B 断面超孔隙水压力的时间变化曲线（电力盾构通过）

4.6.2　C断面

1）地铁盾构通过阶段

C监测断面孔压测点的分布见图4.3-8和图4.3-11，各测点超孔隙水压力随地铁盾构施工变化曲线如图4.6-3所示。由此可知，各测点超孔压在刀盘到达监测断面时达到最大值，随后超孔压逐渐消散，孔压最终恢复至初始状态。

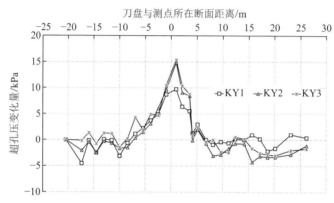

图4.6-3　C断面超孔隙水压力的时间变化曲线（地铁盾构通过）

2）电力盾构通过阶段

C监测断面孔压测点的分布见图4.3-8和图4.3-11，各测点超孔隙水压力随电力盾构施工变化曲线如图4.6-4所示。由此可知，由于受人为注浆干扰，超孔压变化曲线呈现较为"奇异"的形态，且KY2和KY3呈现持续负超孔压的奇怪现象。

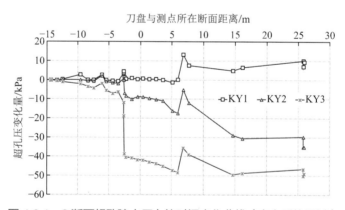

图4.6-4　C断面超孔隙水压力的时间变化曲线（电力盾构通过）

4.7　监测全过程与现场大型非盾构施工注浆处理情况

开展本次现场监测试验时，部分断面附近有相关溶土洞注浆处理，使监测结果受到影响，相关事件发生时间如图4.7-1所示。

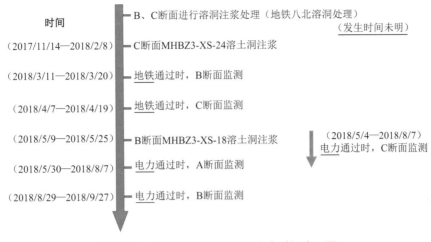

图 4.7-1 本项目相关重大事件发生时间流程图

C 断面电力隧道监测期间发生了三次换刀，均需要对刀盘前方一定范围的土体进行注浆加固，加固深度约为地表以下 7～15m（电力隧道轴线埋深约为 12.6m）。注浆孔平面位置如图 4.7-2 所示，由注浆孔位置可知，2018 年 5 月 12 日—2018 年 5 月 17 日的注浆加固对监测点的直接损害程度是最严重的，总水泥用量为 42.5m³。

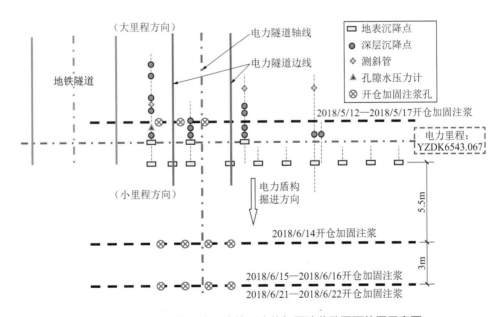

图 4.7-2 电力盾构刀盘开仓换刀土体加固注浆孔平面位置示意图

C 断面由监测方记录的注浆孔主要有三类，如图 4.7-3 所示。第①类注浆孔可能发生在 MHBZ3-XS-24 溶土洞注浆处理期间，第②和③类注浆孔发生在电力隧道监测期间，但各类注浆孔具体时间未能记录。由于第①类钻孔发生在监测之前，C 断面测点仍未布置完成，因此该类钻孔注浆情况不会影响监测可靠度。但第②和③类注浆孔直接影响监测结果，甚至会破坏测点。如第③类注浆孔位于 CJ3 地表测点的钻孔，现场实际情况是盾构超过 CJ3 测点 2～3m 时，CJ3 位置处距离地表 1m 深度处有空洞，CJ3 测点钢筋掉落而发生破坏，随后往该测点位置注入大量混凝土。

现场堆砂、围蔽作业、注浆等非盾构施工工况严重影响了监测工作的开展以及监测数据的完整性，如监测期间地表测点 CJ1、CJ2、CJ6 等被场地堆砂覆盖住而缺失部分数据，所有分层测点在 2018 年 6 月 21 日监测时被水泥浆填堵而破坏等。同时，监测点周围土体受注浆加固影响，测点甚至被浆液包裹，不能准确、实时地反映盾构施工产生的扰动，严重时甚至会使测点之间变形不协调、同步。

此外，与其他监测过程相比（加密监测时平均 3～5 环/d），在 C 断面电力盾构通过监测期间盾构掘进持续时间较长，甚至发生较长时间的停机情况，把监测期间相邻监测时间超过 2d 的盾构掘进距离及相应时间整理如表 4.7-1 所示。由表 4.7-1 可知，密集监测期间盾构掘进速率较慢，且经常发生停机，监测数据容易受到其他非施工因素的影响。

因此，该断面的监测数据受非电力盾构自身施工的因素干扰不能忽视，利用监测数据分析盾构施工对周边土体扰动影响难以深入。

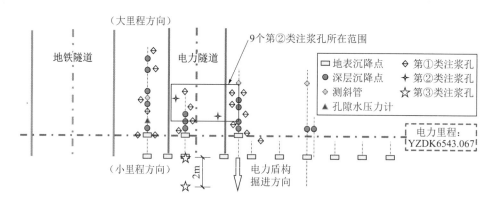

图 4.7-3 电力盾构监测期间 C 断面注浆孔平面位置示意图（监测方记录）

C 断面电力盾构监测期间掘进时间超过 2d 的掘进距离及相应时间汇总表　　表 4.7-1

相邻监测时间	2018/5/8 —— 2018/5/20	2018/5/26 —— 2018/6/6	2018/6/11 —— 2018/6/21	2018/6/21 —— 2018/7/5	2018/7/5 —— 2018/7/10	2018/7/10 —— 2018/7/18	2018/7/18 —— 2018/7/24	2018/7/24 —— 2018/7/31	2018/7/31 —— 2018/8/7
刀盘距离设计断面[‡]/m	−3.59	3.35	7.36	9.77	12.57	14.39	19.97	24.80	24.87
持续天数/d	12	11	10	14	5	8	6	7	7
掘进距离[*]/m	0.12	1.52	1.38	3.44	2.16	1.49	9.66	0	0.14
平均掘进速度/（m/d）	0.01	0.14	0.14	0.25	0.43	0.19	1.61	0.00	0.02

注：‡取两次监测距离平均值，负值表示刀盘尚未到达设计监测断面，密集监测结束时间在 2018/7/18—2018/7/24。
　　*掘进距离接近于 0m，表示该期间基本处于停机状态。

4.8 盾构施工引起地表变形分析

4.8.1 B 断面地铁隧道引起地表变形

1. B 断面各阶段变形情况描述

1）刀盘到达监测断面前阶段（结合图 4.3-4 和图 4.8-1）

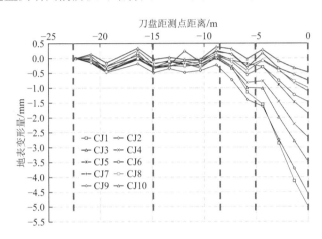

图 4.8-1　地铁隧道盾构刀盘到达 B 监测断面前的地表变形情况

　　地铁盾构刀盘距离地表变形测点所在断面（即监测断面）15～23m 时，各测点曲线变形较为平缓，大部分测点（CJ1～CJ7）处于轻微沉降状态，CJ8～CJ10 处于轻微隆起状态。各测点累计变形量在 0～0.5mm 范围内变化，相邻监测间的变形幅度较大（即增量值较大），但是各测点变形基本上处于同步变化状态（变形增量较为一致），由此可知，此时地铁盾构对地表土体的扰动很低，基本上可忽略。

　　刀盘距离监测断面约 8～15m 时，各测点整体上先是处于轻微沉降状态，后处于轻微隆起状态。曲线变形也较为同步，但从变形增量值来看，地表测点在同一次监测的增量值差异开始增大，增量值虽然数值较小，但是可以反映出测点变形开始逐渐脱离同步变化状态，即地铁盾构开始对地表土体产生扰动。

　　刀盘距离监测断面约 5～8m 时，各测点变形曲线由先前的隆起状态往沉降状态发展。观察其变形增量值，可以发现测点距离地铁隧道越近，其增量值越大，CJ1～CJ4 的沉降增量值较大，因此 CJ1～CJ4 的变形曲线也逐渐与其他测点的变形曲线区分开来。由此可知，在该阶段盾构施工对土体的扰动较为明显。

　　刀盘距离监测断面约 0～5m 时，所有测点基本上处于不断沉降的状态，且各测点变形曲线从上往下按照编号大小顺序逐渐拉开，测点距离地铁隧道越近，其增量值越大。当刀盘距离监测断面 −1.33m 时，地表测点累计变形量最大值为 4.12mm（CJ1），发生沉降。

　　总的来说，通过相邻监测数据相减得到的增量值随盾构掘进过程变化，分析可知，地表测点经历"同步变形—差异变形"发展阶段，越靠近盾构隧道的地表土体变形越明显，具有一定的渐进阶段性。

2）刀盘通过监测断面阶段（结合图 4.3-4 和图 4.8-2）

所有测点均发生沉降，最大沉降增量值为 0.96mm（CJ1 和 CJ2），最小沉降增量值为 0.16mm（CJ10）。此时，地表累计变形量绝对值最大值为 5.08mm（沉降），对应的测点为 CJ1。从增量值和总量值来看，刀盘通过断面时对测点范围内地表扰动不大，变形控制效果较好，与其他盾构施工工程相比，阶段性特征不明显。

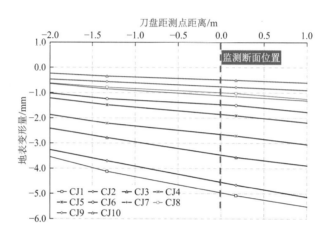

图 4.8-2 地铁隧道盾构刀盘通过 B 监测断面前后的地表变形情况

3）盾体通过监测断面阶段（结合图 4.3-4 和图 4.8-3）

期间 CJ1～CJ5 都是连续发生沉降，在同一次相邻监测中，测点越靠近地铁隧道其相应增量绝对值越大，CJ6～CJ10 时而沉降时而隆起，变形趋势基本上保持同步（CJ6～CJ8 中少数增量值不同步）。从曲线变形过程总体上来看，期间 CJ1～CJ6 发生较大的沉降变形，位于地铁盾构施工的主要影响范围，CJ7～CJ10 的变形较为平缓，位于施工的次要影响范围。

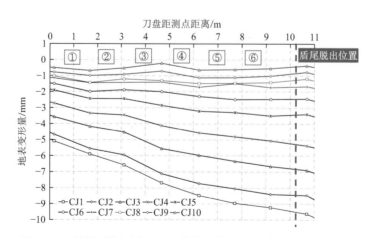

图 4.8-3 地铁盾体通过及盾尾脱出 B 监测断面时的地表变形情况

4）盾尾脱出监测断面时（结合图 4.3-4 和图 4.8-3）

CJ1～CJ4 均发生沉降变形，CJ5～CJ10 均发生隆起变形，呈现靠近地铁隧道发生沉降，远离地铁隧道发生隆起的现象。最大沉降增量值为 0.39mm（CJ1），最大隆起增量值为 0.24mm（CJ9），沉降和隆起的增量值都很小，均不超过 0.4mm，可以认为本次地铁盾构施工盾尾脱出时地表沉降控制得较好，同样其阶段性特征不明显。

5）盾尾脱出监测断面后续变形（结合图 4.3-4 和图 4.8-4）

期间总共有 10 次相邻监测增量值，前 8 次的各测点增量值基本上呈现出越靠近地铁隧道扰动越大的现象，后 2 次各测点增量值总体上在同次相邻监测中较为接近，受施工扰动的影响不明显。由此可知，盾尾脱出约 17m 后（刀盘超过监测断面约 27m），地表受盾构施工扰动的影响基本上可以忽略，监测期间后续地表变形较为稳定。地表测点累计变形量最大值为 15.24mm（CJ1），发生沉降。

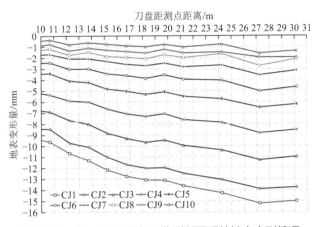

图 4.8-4　地铁盾尾脱出 B 监测断面后续地表变形情况

2. 横向地表变形分析

盾构推进，挖去土体留下隧道，势必会引起地层损失，在隧道横向上表现为沉降槽的形状。同时，由上述各阶段变形分析可知，盾构施工引起地表变形过程可细分为五个阶段：刀盘到达前，刀盘通过时，盾体通过时，盾尾脱出时以及盾尾脱出后。同时，由于本次地铁盾构掘进在刀盘通过和盾尾脱出时的阶段性特征不明显，地表变形过程可分为三个阶段。

盾构推进过程就是横向沉降槽不断变化的过程，整体施工的质量及其扰动区域可通过横向沉降槽的形态来进行判断。单线盾构施工引起地表横向沉降槽形态可通过 Peck 公式进行拟合：

$$S(x) = S_{\max} \cdot e^{-\frac{x^2}{2i^2}}, \quad S_{\max} = \frac{V_S}{\sqrt{2\pi}i}$$

根据 Peck 曲线特点，在曲线反弯点处（即沉降槽宽度系数为 $\pm i$ 时）对应的地表沉降值约为 $0.607S_{\max}$，$\pm i$ 范围内的沉降槽体积占总体积的 68.27%；在最大曲率半径点处（即 $\pm\sqrt{3}i = \pm1.732i$）对应的地表沉降值约为 $0.223S_{\max}$，$\pm\sqrt{3}i$ 范围内的沉降槽体积占总体积的

91.67%；在 $\pm\sqrt{2\pi}i \approx \pm2.5i$ 处对应的沉降值为 $0.043S_{\max}$，$\pm\sqrt{2\pi}i$ 范围内的沉降槽体积占总体积的 98.78%。$\pm\sqrt{2\pi}i$ 显示的区域范围一般认为是横向沉降槽宽度，因为在 $\pm2.5i$ 范围以外的区域，施工产生的地表沉降值与 $S_{\max}$ 相比过小，忽略不计仍然足以满足实际工程的精度。通过 $i = Kz_0$ 计算沉降槽宽度参数 K。

因此，针对各测点在上述三个阶段中的每次监测数据，采用 Peck 公式进行拟合，绘制出盾构推进过程中不同时刻的横向沉降槽曲线，并对不同阶段的扰动影响范围进行分析。由于地铁隧道位于行车道路下方，地表测点仅布置在隧道的一侧，假定地表变形沿隧道轴线对称分布。将地铁隧道轴线上方地面作为坐标原点，各阶段地表测点监测变形值及相应的 Peck 公式拟合曲线如图 4.8-5～图 4.8-7 所示，相应拟合曲线关键参数如表 4.8-1～表 4.8-3 所示。

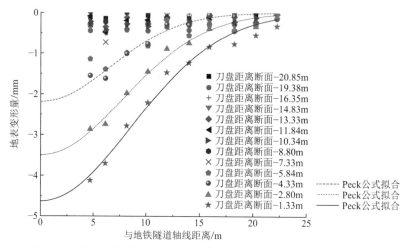

图 4.8-5　横向沉降槽在地铁盾构刀盘到达 B 监测断面前的变化曲线图

地铁盾构刀盘到达 B 断面前横向沉降槽拟合特征参数表　　　　　　表 4.8-1

序号	刀盘与断面距离[†]/m	调整决定系数 $adj\text{-}R^2$	拟合最大变形量[‡] $S_{\max}$/mm	沉降槽宽度系数 i/m	沉降槽宽度参数 K	地层损失 V_S/（m³/m）	地层损失率 V_L/%
1	−20.85	0.215	−0.20	5.16	0.27	0.00	0.01
2	−19.38	0.572	−0.49	18.77	1.00	0.02	0.07
3	−16.35	—	—				
4	−14.83	0.367	−0.39	16.52	0.88	0.02	0.05
5	−13.33	0.386	−0.30	12.71	0.68	0.01	0.03
6	−11.84	0.241	−0.31	11.35	0.60	0.01	0.03
7	−10.34	0.487	−0.34	12.99	0.69	0.01	0.04
8	−8.8	—	—				
9	−7.33	0.608	−0.68	6.69	0.36	0.01	0.04
10	−5.84	0.782	−1.42	9.34	0.50	0.03	0.11
11	−4.33	0.943	−2.19	6.59	0.35	0.04	0.12

续表

序号	刀盘与断面距离[†]/m	调整决定系数 adj-R^2	拟合最大变形量[‡] S_{max}/mm	沉降槽宽度系数i/m	沉降槽宽度参数K	地层损失 V_S/（m³/m）	地层损失率 V_L/%
12	−2.8	0.981	−3.50	7.75	0.41	0.07	0.22
13	−1.33	0.978	−4.63	8.52	0.45	0.10	0.32

注：†数值为正表示刀盘超过监测断面，为负表示刀盘仍未到达（通过）监测断面。

‡数值为正表示隆起变形，为负表示沉降变形。

如表 4.8-1 所示，刀盘到达监测断面前较远位置处的 Peck 公式拟合程度较低，部分变形值不符合该公式形态特征（序号 3 和 8）。当刀盘距离断面 −4.33m 时，其拟合程度才达到 90% 以上，此时 Peck 公式拟合曲线较大程度地贴合实测数据，因此图 4.8-5 横向沉降槽在地铁盾构刀盘到达 B 监测断面前的变化曲线图中仅显示拟合程度较好的 3 条曲线（序号 11～13）。此外，由于拟合程度低，序号 1～10 的S_{max}、i等曲线拟合特征参数规律变化不明确，不能充分反映盾构施工对土体扰动的影响。刀盘即将通过监测断面时的隧道顶部拟合最大沉降值为 4.63mm，对应的地层损失率为 0.32%，此时土体变形较小。

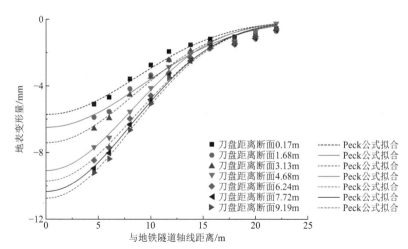

图 4.8-6　横向沉降槽在地铁盾构盾体通过 B 监测断面期间的变化曲线图

地铁盾构盾体通过 B 断面期间横向沉降槽拟合特征参数表　　　表 4.8-2

序号	刀盘与断面距离[†]/m	调整决定系数 adj-R^2	拟合最大变形量[‡] S_{max}/mm	沉降槽宽度系数i/m	沉降槽宽度参数K	地层损失 V_S/（m³/m）	地层损失率 V_L/%
1	0.17	0.974	−5.71	8.69	0.46	0.12	0.40
2	1.68	0.969	−6.50	9.22	0.49	0.15	0.48
3	3.13	0.980	−7.42	8.50	0.45	0.16	0.51
4	4.68	0.991	−9.10	8.14	0.43	0.19	0.60
5	6.24	0.985	−9.73	8.42	0.45	0.21	0.66
6	7.72	0.987	−10.37	8.26	0.44	0.21	0.69
7	9.19	0.992	−10.78	8.28	0.44	0.22	0.72

注：†数值为正表示刀盘超过监测断面，为负表示刀盘仍未到达（通过）监测断面。

‡数值为正表示隆起变形，为负表示沉降变形。

如表 4.8-2 所示，盾体通过期间各测点变形对 Peck 公式拟合程度较高，均超过 96%。刀盘超过断面 0.17m 时，地铁隧道顶部拟合 S_{max} 为 5.71mm，比刀盘通过前的 S_{max} 仅多了 1.08mm，由此可见盾构通过断面引起的阶段性特征不明显。在盾体通过断面过程中，S_{max} 和 V_L 逐渐增大，最大沉降由 5.71mm 增大至 10.78mm，地层损失率由 0.40% 增大至 0.72%，由此可见期间地表沉降变形呈现平稳发展，沉降槽宽度系数和参数数值维持在一定数值附近。

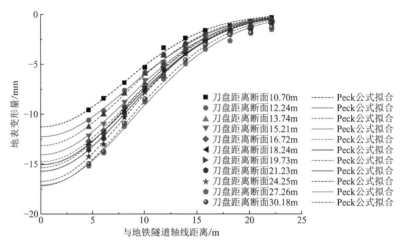

图 4.8-7　横向沉降槽在地铁盾构盾尾脱出 B 监测断面后的变化曲线图

地铁盾构盾尾脱出 B 断面后横向沉降槽拟合特征参数表　　　　　表 4.8-3

序号	刀盘与断面距离[†]/m	调整决定系数 adj-R^2	拟合最大变形量[‡] S_{max}/mm	沉降槽宽度系数 i/m	沉降槽宽度参数 K	地层损失 V_S/（m³/m）	地层损失率 V_L/%
1	10.70	0.996	−11.31	8.06	0.43	0.23	0.74
2	12.24	0.989	−12.30	8.44	0.45	0.26	0.84
3	13.74	0.995	−13.20	8.16	0.43	0.27	0.87
4	15.21	0.994	−14.11	8.39	0.45	0.30	0.96
5	16.72	0.993	−14.82	8.44	0.45	0.31	1.01
6	18.24	0.993	−15.12	8.57	0.46	0.32	1.05
7	19.73	0.996	−15.42	8.23	0.44	0.32	1.03
8	21.23	0.994	−15.78	8.50	0.45	0.34	1.09
9	24.25	0.997	−16.79	8.29	0.44	0.35	1.13
10	27.26	0.991	−17.16	8.98	0.48	0.39	1.25
11	30.18	0.992	−17.23	8.66	0.46	0.37	1.21

注：†数值为正表示刀盘超过监测断面，为负表示刀盘仍未到达（通过）监测断面。
　　‡数值为正表示隆起变形，为负表示沉降变形。

由表 4.8-3 可知，各测点变形对 Peck 公式拟合程度较高，几乎都超过 99%。刀盘超过断面 10.7m 时，地铁隧道顶部拟合 S_{max} 为 11.31mm，比盾尾脱出前的 S_{max} 仅多了 0.53mm，其阶段性特征与刀盘通过断面相比更不明显。与前一阶段相似，S_{max} 和 V_L 逐渐增大，i 和 K 在一定数值附近保持稳定。地铁盾构施工监测结束时，刀盘超过断面 30.18m，即盾尾超过断面约 20m，地表拟合最大沉降值为 17.23mm，地层损失率为 1.21%。

按照常规工程盾构施工设计要求，地表施工变形值控制要求为 −30～ +10mm（报警值为 −24mm，控制值为 −30mm）。从本次监测数据拟合结果来看，地表横向最大沉降值为 17.23mm，约为控制值的一半，表明施工质量较好。

将表 4.8-1～表 4.8-3 中$adj\text{-}R^2$超过 90%的V_L按照盾构施工顺序排列绘图。V_L随盾构施工的变化如图 4.8-8 所示，线性拟合结果为$V_L = 0.032x + 0.4$，对应$adj\text{-}R^2$为 95.71%，指数拟合结果为$V_L = 1.627 - 1.254\text{e}^{-0.039x}$，对应$adj\text{-}R^2$为 99.16%，式中$x$为刀盘与监测断面的距离，意义相同。依据$V_L$的实际意义可知，线性拟合与实际相差较远，因为盾构掘进超过断面一定距离后，施工对断面处土体的扰动降低，V_L应呈斜率减少地不断增大，在不考虑后续土体固结沉降的条件下最终会保持稳定，线性方程虽不及指数方程具备较高的拟合程度，但由于参数少，可以预测盾构掘进过程中某一阶段土体的地层损失率。

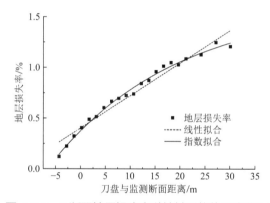

图 4.8-8　B 断面地层损失率随地铁盾构施工变化图

将表 4.8-1、表 4.8-2 中$adj\text{-}R^2$超过 90%的i和K按照盾构施工顺序排列绘图，并对其进行线性拟合，如图 4.8-9 所示。i的数值主要分布在 8～9m 之间，K的数值主要分布在 0.4～0.5 之间，相应线性拟合方程分别为$i = 1.95 \times 10^{-2}x + 8.12$，$K = 1.04 \times 10^{-3}x + 0.43$，说明在盾构施工过程中，$i$和$K$值会在一定的范围内起伏变化。

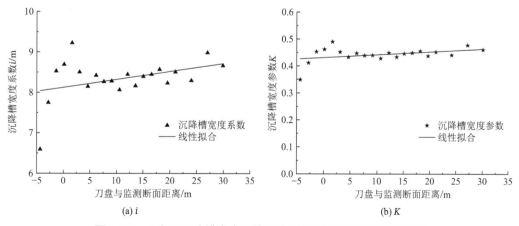

(a) i　　　　　　　　　　　　　　(b) K

图 4.8-9　B 断面沉降槽宽度系数i和参数K随地铁盾构施工变化图

B 断面地铁基本上在溶洞加固后的灰岩地层中施工，刀盘到达断面前的地表拟合最大沉降为 4.63mm（见表 4.8-1 中的序号 13），由此可知，刀盘到达监测断面前方较远处，土体扰动程度不高，考虑人为监测误差等非施工因素在监测数据中占有较小但不可忽视的比例，对 i 和 K 进行线性拟合时不考虑表 4.8-1 中序号 11 的数据（$adj\text{-}R^2$ 不超过 95%）。同时，由于 Peck 公式是基于不排水的假定条件，而土体损失与排水固结引起的土体压缩难以严格地区分开来，可以参考 Fang 的方法，即取盾尾通过后约 2～3d 时的实测地面沉降量作为施工阶段沉降值，因此对 i 和 K 进行线性拟合时不考虑表 4.8-1 中序号 9～11 的数据。

因此，不考虑刀盘到达断面前与盾尾脱出断面后的小部分数据（即盾构掘进直接影响较低），i 和 K 的拟合直线如图 4.8-10 所示，对应的线性方程为 $i = -2.01 \times 10^{-3}x + 8.41$，$K = -1.07 \times 10^{-4}x + 0.45$。由此可知，$i$ 和 K 的拟合直线斜率都很小，方程近似一条水平直线，可认为 i 和 K 在地铁施工过程中基本上保持不变，取平均值，$i = 8.40$，$K = 0.45$。

由此可知，i 和 K 基本上不受盾构施工参数的影响，受地层条件和隧道参数的影响，因此已知地层和隧道条件，在盾构刀盘距离监测断面一定范围内时（扰动范围），通过监测得到横向沉降槽，利用 Peck 公式拟合得到的 i 和 K 可以用于该项目中具有相近地层和隧道条件的盾构隧道施工所引起的地表横向影响范围近似计算，用于评估影响范围内的重要建（构）筑物在盾构施工过程中的安全程度。

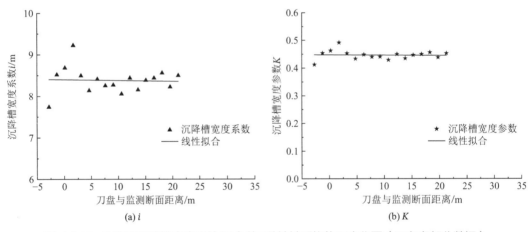

图 4.8-10　B 断面沉降槽宽度系数 i 和参数 K 随地铁盾构施工变化图（不考虑部分数据）

对于地表沉降控制在 0～30mm 范围内的盾构施工工程，一般采用沉降槽宽度系数 i 作为判断基础，其施工横断面主要影响范围是 $\pm i$，次要影响范围是 $\pm i \sim \pm \sqrt{3}i$。因此认为：地铁盾构通过 B 断面的横向地表主要影响范围约为距离地铁隧道轴线 0～± 8.5m（0～$\pm 1.5D$），次要影响范围约为距离地铁隧道轴线 $\pm 8.5 \sim \pm 15$m（$\pm 1.5D \sim \pm 2.5D$）。

3. 纵向地表沉降分析

把盾构施工引起地表变形过程细分为 5 个阶段，如图 4.8-11 所示。分别统计各地表测点在各阶段中的地表变形值，如表 4.8-4 所示，并将其取绝对值，相加得到总变化量，计算各阶段的变化量与总变化量的比值，如表 4.8-5 所示。

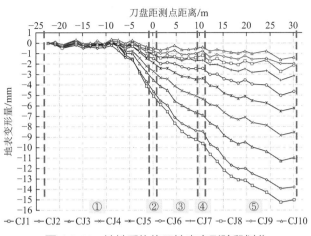

图 4.8-11 地铁盾构施工地表变形阶段划分

各测点在不同阶段的变化值（增量值）分布情况汇总（单位：mm）　　　表 4.8-4

阶段	CJ1	CJ2	CJ3	CJ4	CJ5	CJ6	CJ7	CJ8	CJ9	CJ10
①	−4.12	−3.70	−2.78	−2.21	−1.47	−1.23	−0.84	−0.77	−0.55	−0.33
②	−0.96	−0.96	−0.78	−0.50	−0.43	−0.26	−0.30	−0.24	−0.22	−0.16
③	−4.15	−3.73	−3.09	−2.34	−1.59	−0.96	−0.58	−0.39	−0.23	−0.04
④	−0.39	−0.07	−0.24	−0.31	0.10	0.02	0.06	0.22	0.24	0.17
⑤	−5.62	−5.46	−4.39	−3.47	−3.12	−2.58	−1.90	−1.54	−1.19	−1.22

注：表中数值为负代表发生沉降变形，数值为正代表发生隆起变形。

各测点在不同阶段中的增量绝对值在总变形值绝对值中所占的比重（单位：%）

表 4.8-5

阶段	CJ1	CJ2	CJ3	CJ4	CJ5	CJ6	CJ7	CJ8	CJ9	CJ10	平均
①	27.03	26.58	24.65	25.03	21.91	24.36	22.83	24.37	22.63	17.19	23.66
②	6.30	6.90	6.91	5.66	6.41	5.15	8.15	7.59	9.05	8.33	7.05
③	27.23	26.80	27.39	26.50	23.70	19.01	15.76	12.34	9.47	2.08	19.03
④	2.56	0.50	2.13	3.51	1.49	0.40	1.63	6.96	9.88	8.85	3.79
⑤	36.88	39.22	38.92	39.30	46.50	51.09	51.63	48.73	48.97	63.54	46.48

如表 4.8-4 所示，整体上各阶段中靠近地铁隧道的测点具有较大的变化值（如 CJ1、CJ2），符合盾体施工扰动的横向分布规律。在图 4.8-11 的 5 个阶段中，依据变化值的大小（即施工扰动程度）可以归为两类：一类是①、③和⑤，另一类是②和④。结合表 4.8-4 和表 4.8-5 可知，第一类各阶段测点变形基本上靠近地铁隧道所占的比重较大，⑤阶段中 CJ10、CJ9 等较远测点变形所占比重大是因为总体变形量小且盾尾脱出后续阶段包含土体固结压缩部分。第二类各阶段测点变形在全过程中所占的比重较低，说明在这两个阶段中

盾构机施工参数控制较好，使得全过程中最可能引起地表大变形的阶段平稳度过，极大地控制了地表最终变形量。

4.8.2　B断面电力隧道引起地表变形

1. 各阶段变形情况描述

1）刀盘到达监测断面前阶段（结合图4.3-4、图4.8-12和图4.8-13）

各地表测点的变形情况如图4.8-12所示，相邻监测点之间的竖向变形增量值如图4.8-13所示。由图4.8-12可知，各测点变形曲线的走势较为一致（即变化较为同步），在刀盘到达监测断面前约3m时，曲线走势逐步不一致，这在图4.8-13中同样得以体现。

在图4.8-12中，变形曲线从下往上排布的顺序为：CJ3，CJ1与CJ2，CJ4与CJ5，CJ6～CJ10。这表明越靠近电力隧道，地表测点的竖向变形量越大。同时，最大曲线变形量接近2mm（CJ3测点，测点位于电力隧道轴线上方），这说明电力盾构在到达监测断面前，对地表土体的扰动小。当刀盘距离监测断面 −0.08m 时，地表测点累计变形量最大值为1.95mm（CJ3），发生沉降。

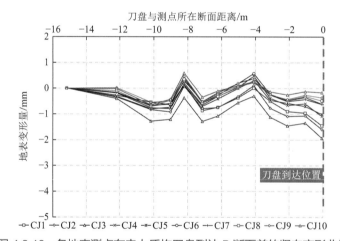

图4.8-12　各地表测点在电力盾构刀盘到达B断面前的竖向变形曲线

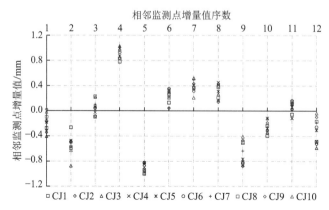

图4.8-13　各地表测点在电力盾构刀盘到达B断面前的相邻监测点竖向变形增量分布

2）刀盘通过监测断面阶段（结合图 4.3-4、图 4.8-14 和图 4.8-15）

如图 4.8-14 所示，刀盘通过监测断面时阶段性特征不明显。对应图 4.8-15 中序数 1 增量值，在所有地表测点变形中，CJ1～CJ6 发生了沉降变形，CJ7 和 CJ8 发生了轻微的隆起和沉降（数值大小接近 0），CJ9 和 CJ10 发生了隆起变形，期间地表变化形态表现为电力隧道上方发生沉降，两侧较远处发生隆起，但变化数值不大，最大沉降增量为 0.72mm（对应 CJ3，位于电力隧道轴线上方），最大隆起增量为 0.40mm（对应 CJ10，距电力隧道最远）。

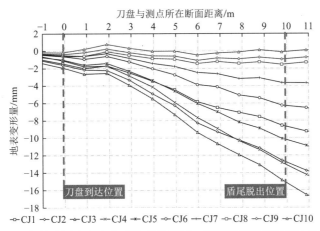

图 4.8-14 各地表测点在电力盾构盾体通过 B 断面前后阶段的竖向变形曲线

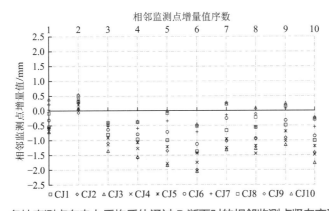

图 4.8-15 各地表测点在电力盾构盾体通过 B 断面时的相邻监测点竖向变形增量分布

3）盾体通过监测断面阶段（结合图 4.3-4、图 4.8-14 和图 4.8-15）

如图 4.8-14 所示，总体上看，盾体通过期间 CJ1～CJ7 发生较大的沉降变形，且各曲线之间的差距逐渐在增大，CJ8～CJ10 变形幅度不大，且时而沉降时而隆起，曲线基本上保持水平发展。由图 4.8-15 中序数为 2～10 的增量分布可知，当序数为 2 时（对应于刀盘超过断面 0.9～1.9m 时），各地表测点基本上发生隆起变形，但数值不大，越靠近电力隧道的测点隆起值越小，越远离隧道的测点隆起值越大，整体上呈现沉降槽形态变化；在序数为 3～10 时，大部分测点发生沉降变形，个别测点（CJ8～CJ10）发生轻微沉降或隆起变形，且隧道上方测点的变形幅度比两侧测点的变形幅度大。当刀盘距离监测断面 9.77m 时，地表测点累计变形量最大值为 14.91mm（CJ3），发生沉降。

此外，由图 4.8-15 可知，盾体通过监测断面期间，CJ3 的变形增量最大；CJ2 和 CJ4 位于电力隧道的两侧且与隧道轴线距离相等，但 CJ4 的变形增量要稍大于 CJ2；CJ1 和 CJ5 位于电力隧道的两侧且 CJ5 距隧道轴线较远，但 CJ5 的变形增量要稍大于 CJ1。在图 4.8-14 中体现为：CJ3 变形曲线位于最下方，CJ2 和 CJ4 曲线较为接近，但后期 CJ4 位于 CJ2 的下方，CJ1 和 CJ5 曲线较为接近但后期 CJ5 位于 CJ1 的下方，其余曲线按距离电力隧道轴线远近依次排列。基于曲线分布的现象与增量值的大小，可初步推测，不考虑施工质量的前提下，经地铁盾构施工扰动后的土体受新盾构施工扰动（即二次扰动）的影响会降低，在 B 断面中体现为电力隧道左侧土体地表变形小于电力隧道右侧土体地表变形（对于距离电力隧道轴线相同的条件下）。

4）盾尾脱出监测断面后续变形（结合图 4.3-4、图 4.8-16 和图 4.8-17）

图 4.8-16 中刀盘超过监测断面 10～25m，在图 4.8-17 中相当于是序号 2～13，其后有两次时间相隔较长的监测，属于长期监测（即图 4.8-17 中序号 14 和 15）。由图 4.8-16 可知，在刀盘超过监测断面约 10～20m（相当于图 4.8-17 中序号 2～10）范围内，各测点曲线变化幅度较明显，增量值变化呈现横向沉降槽形态，刀盘超过断面 20m 后，曲线随盾构掘进的变化幅度较小且基本上保持同步，但在其后较长时间内地表变形仍呈现横向沉降槽形态（在图 4.8-16 中约为 25～60m 的监测，在图 4.8-17 中则为序号 14）。当刀盘距离监测断面 24.97m 时，地表测点累计变形量最大值为 23.08mm（CJ3），发生沉降。

图 4.8-17 中序号 11～13 与序号 14 的各测点增量分布形态相差较大的原因是序号 11～13（刀盘超过断面 20～25m，监测间隔约为 1d）与序号 14（刀盘超过断面 25～60m，监测间隔约为 13d）相比，前者监测距离短、持续时间短，后者监测距离长、持续时间长，土体经过长时间累积变形，经受扰动的区域后期固结变形较大，换言之序号 11～13 与序号 14 是属于同一类变形形态。其后的序号 15（即刀盘超过监测断面约 60m 之后），各地表测点变形增量基本相同，此时的地表变形属于场地整体固结变形。

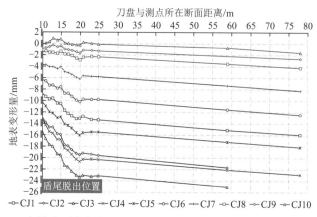

图 4.8-16 各地表测点在电力盾构盾尾脱出 B 断面后续阶段的竖向变形曲线

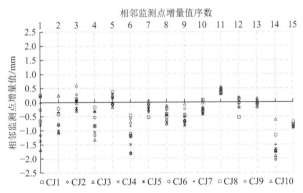

图 4.8-17　各地表测点在电力盾构盾尾脱出 B 断面后续阶段的相邻监测点竖向变形增量分布

2. 横向地表变形分析

考虑本次电力盾构掘进在刀盘通过和盾尾脱出时的阶段性特征不明显，地表变形过程可分为三个阶段。针对各测点在上述三个阶段中的每次监测数据，采用 Peck 公式进行拟合，绘制出盾构推进过程中不同时刻的横向沉降槽曲线，并对不同阶段的扰动影响范围进行分析。

将电力隧道轴线上方地面作为坐标原点，各阶段地表测点监测变形值及相应 Peck 公式拟合曲线如图 4.8-18～图 4.8-20 所示，相应拟合曲线关键参数如表 4.8-6～表 4.8-8 所示。

如表 4.8-6 所示，刀盘到达监测断面前部分监测值（序号 1、11 和 12）的 Peck 公式拟合程度相对较高（$adj\text{-}R^2$ 大于 70%），其余监测值拟合程度较差，其中有 5 组变形值不符合该公式形态特征。序号 1 由于距离盾构刀盘较远，所有地表测点发生较小变形，此时拟合程度反而较好。图 4.8-18 仅显示拟合程度较好的 3 条曲线，拟合程度较高的曲线其 S_{max}、i 等曲线拟合特征参数规律变化不明确，不能充分反映盾构施工对土体扰动的影响，从同步变化中可以看出。从 V_L 数值变化来看，序号 7～12 的大小逐渐增大，拟合地表最大沉降值逐渐增大，尽管序号 7～10 的拟合程度低，但结合图 4.8-2 可知，当刀盘距离断面 −5.04m 时，电力盾构施工引起的地表变形扰动比较明显。刀盘即将通过监测断面时的隧道顶部拟合最大沉降值为 1.57mm，对应的地层损失率为 0.15%，此时土体变形较小。

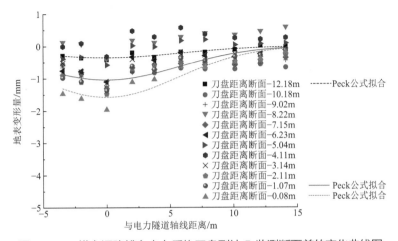

图 4.8-18　横向沉降槽在电力盾构刀盘到达 B 监测断面前的变化曲线图

电力盾构刀盘到达 B 断面前横向沉降槽拟合特征参数表（1）　　表 4.8-6

序号	刀盘距离断面[†]/m	调整决定系数 $adj\text{-}R^2$	拟合最大变形量[‡] S_{max}/mm	沉降槽宽度系数 i/m	沉降槽宽度参数 K	地层损失 V_S/（m³/m）	地层损失率 V_L/%
1	−12.18	0.798	−0.34	5.80	0.44	0.00	0.03
2	−10.18	0.147	−0.85	14.94	1.12	0.03	0.21
3	−9.02	0.581	−0.88	10.00	0.75	0.02	0.15
4	−8.22	—	—	—	—	—	—
5	−7.15	—	—	—	—	—	—
6	−6.23	—	—	—	—	—	—
7	−5.04	0.294	−0.20	2.52	0.19	0.00	0.01
8	−4.11	—	—	—	—	—	—
9	−3.14	0.529	−0.82	3.98	0.30	0.01	0.05
10	−2.11	—	—	—	—	—	—
11	−1.07	0.701	−1.03	5.70	0.43	0.01	0.10
12	−0.08	0.796	−1.57	5.66	0.43	0.02	0.15

注：[†]数值为正表示刀盘超过监测断面，为负表示刀盘仍未到达（通过）监测断面。
　　[‡]数值为正表示隆起变形，为负表示沉降变形。

　　如表 4.8-7 所示，盾体通过期间各测点变形对 Peck 公式拟合程度较高，均超过 90%。刀盘超过断面 0.89m 时，地铁隧道顶部拟合 S_{max} 为 2.38mm，比刀盘通过前的 S_{max} 仅多了 0.81mm，由此可见盾构通过断面引起的阶段性特征不明显。在盾体通过断面过程中，S_{max} 和 V_L 逐渐增大，最大沉降由 2.38mm 增大至 13.99mm，地层损失率由 0.18% 增大至 1.05%，由此可见期间地表沉降变形呈现平稳发展，沉降槽宽度系数和参数维持在一定数值附近。

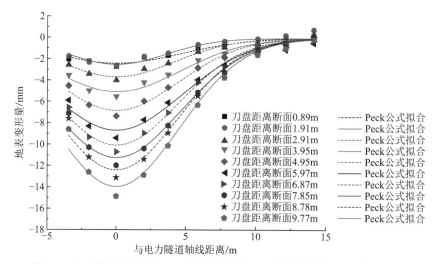

图 4.8-19　横向沉降槽在电力盾构盾体通过 B 监测断面期间的变化曲线图

电力盾构盾体通过 B 断面期间横向沉降槽拟合特征参数表（1） 表 4.8-7

序号	刀盘距离断面[†]/m	调整决定系数 adj-R^2	拟合最大变形量[‡] S_{max}/mm	沉降槽宽度系数 i/m	沉降槽宽度参数 K	地层损失 V_S/（m^3/m）	地层损失率 V_L/%
1	0.89	0.934	−2.38	4.70	0.35	0.03	0.18
2	1.91	0.912	−2.47	3.59	0.27	0.02	0.15
3	2.91	0.971	−3.64	4.15	0.31	0.04	0.25
4	3.95	0.965	−5.05	4.60	0.35	0.06	0.38
5	4.95	0.980	−6.82	4.45	0.33	0.08	0.50
6	5.97	0.971	−8.68	4.77	0.36	0.10	0.68
7	6.87	0.983	−10.08	4.48	0.34	0.11	0.74
8	7.85	0.979	−11.25	4.66	0.35	0.13	0.86
9	8.78	0.981	−12.44	4.45	0.33	0.14	0.91
10	9.77	0.978	−13.99	4.54	0.34	0.16	1.05

注：†数值为正表示刀盘超过监测断面，为负表示刀盘仍未到达（通过）监测断面。
　　‡数值为正表示隆起变形，为负表示沉降变形。

由表 4.8-8 可知，各测点变形对 Peck 公式拟合程度较高，几乎都超过 96%。刀盘超过断面 10.89m 时，地铁隧道顶部拟合 S_{max} 为 15.62mm，比盾尾脱出前的 S_{max} 仅多了 1.63mm，其阶段性特征与刀盘通过断面相比更不明显。与前一阶段相似，S_{max} 和 V_L 逐渐增大，i 和 K 保持稳定在一定数值附近。刀盘超过断面 24.97m，即盾尾超过断面约 15m，地表拟合最大沉降值为 21.73mm，地层损失率为 1.62%。地铁盾构施工监测结束时，刀盘超过断面 78.01m，即盾尾超过断面约 70m，地表拟合最大沉降值为 23.44mm，地层损失率为 2.02%。

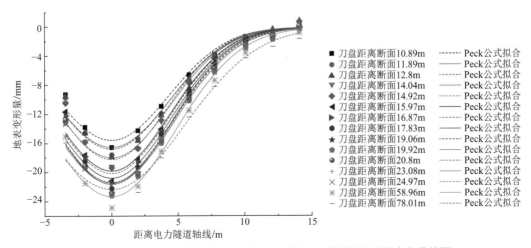

图 4.8-20　横向沉降槽在电力盾构盾尾脱出 B 监测断面后的变化曲线图

电力盾构盾尾脱出 B 断面后横向沉降槽拟合特征参数表（1） 表 4.8-8

序号	刀盘距离断面[†]/m	调整决定系数 $adj\text{-}R^2$	拟合最大变形量[‡] S_{max}/mm	沉降槽宽度系数 i/m	沉降槽宽度参数 K	地层损失 V_S/（m³/m）	地层损失率 V_L/%
1	10.89	0.979	−15.62	4.31	0.32	0.17	1.11
2	11.89	0.975	−16.59	4.39	0.33	0.18	1.20
3	12.80	0.969	−16.83	4.33	0.33	0.18	1.20
4	14.04	0.973	−18.05	4.35	0.33	0.20	1.30
5	14.92	0.976	−18.30	4.22	0.32	0.19	1.27
6	15.97	0.975	−19.89	4.38	0.33	0.22	1.44
7	16.87	0.979	−20.21	4.40	0.33	0.22	1.47
8	17.83	0.977	−20.87	4.46	0.34	0.23	1.53
9	19.06	0.975	−21.49	4.60	0.35	0.25	1.63
10	19.92	0.969	−21.70	4.67	0.35	0.25	1.67
11	20.80	0.973	−21.55	4.50	0.34	0.24	1.60
12	23.08	0.978	−21.72	4.50	0.34	0.24	1.61
13	24.97	0.973	−21.73	4.52	0.34	0.24	1.62
14	58.96	0.973	−22.44	4.84	0.36	0.28	1.87
15	78.01	0.970	−23.44	5.46	0.41	0.31	2.02

注：†数值为正表示刀盘超过监测断面，为负表示刀盘仍未到达（通过）监测断面。

‡数值为正表示隆起变形，为负表示沉降变形。

按照常规工程盾构施工设计要求，地表施工变形值控制要求为 −30～ +10mm（报警值为 −24mm，控制值为 −30mm）。从本次监测数据拟合结果来看，地表横向最大沉降值为 23.44mm，小于报警值，表明施工质量较好。

由上述电力盾体通过监测断面的纵向沉降过程分析可知，电力隧道所在位置的土体处于地铁盾构施工扰动范围内，因此电力隧道掘进时左右土体受扰动情况不一致，因此对地表变形沿电力隧道轴线进行对称 Peck 公式拟合是欠妥的。因此，需要考虑曲线对称轴受土体扰动不同所引起的水平方向上的平移，对 Peck 公式进行修正，见下式：

$$S(x) = S_{max} \cdot e^{-\frac{(x-x_c)^2}{2i^2}}, \quad S_{max} = \frac{V_S}{\sqrt{2\pi}i}$$

使用考虑土体扰动的修正 Peck 公式对电力隧道通过监测断面三个阶段的地表变形值进行拟合，由于拟合曲线形态与图 4.8-18～图 4.8-20 相近，下面仅将拟合曲线关键参数列出，如表 4.8-9～表 4.8-11 所示。

电力盾构刀盘到达 B 断面前横向沉降槽拟合特征参数表（2） 表 4.8-9

序号	刀盘距离断面[†]/m	调整决定系数 $adj\text{-}R^2$	移轴距离* x_c/mm	拟合最大变形量[‡] S_{max}/mm	沉降槽宽度系数 i/m	沉降槽宽度参数 K	地层损失 V_S/（m³/m）	地层损失率 V_L/%
1	−12.18	0.775	−0.53	−0.34	6.13	0.46	0.01	0.03

续表

序号	刀盘距离断面†/m	调整决定系数 $adj\text{-}R^2$	移轴距离* x_c/mm	拟合最大变形量‡S_{max}/mm	沉降槽宽度系数 i/m	沉降槽宽度参数 K	地层损失 V_S/（m³/m）	地层损失率 V_L/%
2	−10.18	0.242	−3.23	−0.96	15	1.13	0.04	0.24
3	−9.02	0.523	−0.59	−0.88	10.54	0.79	0.02	0.15
4	−8.22	—	—	—	—	—	—	—
5	−7.15	—	—	—	—	—	—	—
6	−6.23	—	—	—	—	—	—	—
7	−5.04	0.641	−1.21	−0.53	1.88	0.14	0.00	0.02
8	−4.11	—	—	—	—	—	—	—
9	−3.14	0.481	−1.05	−0.75	5.72	0.43	0.01	0.07
10	−2.11	—	—	—	—	—	—	—
11	−1.07	0.762	−3.87	−1.10	8.19	0.62	0.02	0.15
12	−0.08	0.852	−2.97	−1.62	7.63	0.57	0.03	0.20

注：†数值为正表示刀盘超过监测断面，为负表示刀盘仍未到达（通过）监测断面。
*数值为正表示拟合曲线对称轴往远离地铁隧道方向平移，为负表示往靠近地铁隧道方向平移。
‡数值为正表示隆起变形，为负表示沉降变形。

电力盾构盾体通过 B 断面期间横向沉降槽拟合特征参数表（2） 表 4.8-10

序号	刀盘距离断面†/m	调整决定系数 $adj\text{-}R^2$	移轴距离* x_c/mm	拟合最大变形量‡S_{max}/mm	沉降槽宽度系数 i/m	沉降槽宽度参数 K	地层损失 V_S/（m³/m）	地层损失率 V_L/%
1	0.89	0.942	−0.77	−2.35	5.16	0.39	0.03	0.20
2	1.91	0.911	−0.43	−2.45	3.73	0.28	0.02	0.15
3	2.91	0.968	−0.17	−3.62	4.25	0.32	0.04	0.25
4	3.95	0.961	−0.14	−5.03	4.69	0.35	0.06	0.39
5	4.95	0.978	0.13	−6.85	4.37	0.33	0.08	0.49
6	5.97	0.968	0.10	−8.71	4.70	0.35	0.10	0.68
7	6.87	0.983	0.20	−10.17	4.35	0.33	0.11	0.73
8	7.85	0.985	0.41	−11.46	4.38	0.33	0.13	0.83
9	8.78	0.989	0.42	−12.68	4.19	0.31	0.13	0.88
10	9.77	0.988	0.44	−14.29	4.25	0.32	0.15	1.00

注：†数值为正表示刀盘超过监测断面，为负表示刀盘仍未到达（通过）监测断面。
*数值为正表示拟合曲线对称轴往远离地铁隧道方向平移，为负表示往靠近地铁隧道方向平移。
‡数值为正表示隆起变形，为负表示沉降变形。

电力盾构盾尾脱出 B 断面后横向沉降槽拟合特征参数表（2） 表 4.8-11

序号	刀盘距离断面†/m	调整决定系数 $adj\text{-}R^2$	移轴距离* x_c/mm	拟合最大变形量‡S_{max}/mm	沉降槽宽度系数 i/m	沉降槽宽度参数 K	地层损失 V_S/（m³/m）	地层损失率 V_L/%
1	10.89	0.990	0.43	−15.95	4.05	0.30	0.16	1.06
2	11.89	0.990	0.53	−17.04	4.07	0.31	0.17	1.14
3	12.80	0.988	0.57	−17.35	3.98	0.30	0.17	1.14

续表

序号	刀盘距离断面†/m	调整决定系数 $adj\text{-}R^2$	移轴距离*x_c/mm	拟合最大变形量‡S_{max}/mm	沉降槽宽度系数i/m	沉降槽宽度参数K	地层损失V_S/（m³/m）	地层损失率V_L/%
4	14.04	0.989	0.54	−18.57	4.02	0.30	0.19	1.23
5	14.92	0.990	0.49	−18.78	3.93	0.30	0.19	1.22
6	15.97	0.988	0.48	−20.37	4.09	0.31	0.21	1.37
7	16.87	0.990	0.45	−20.66	4.12	0.31	0.21	1.40
8	17.83	0.988	0.46	−21.34	4.17	0.31	0.22	1.47
9	19.06	0.987	0.50	−22.01	4.27	0.32	0.24	1.55
10	19.92	0.985	0.57	−22.32	4.29	0.32	0.24	1.58
11	20.80	0.988	0.54	−22.14	4.15	0.31	0.23	1.52
12	23.08	0.989	0.46	−22.20	4.20	0.32	0.23	1.54
13	24.97	0.989	0.44	−22.19	4.23	0.32	0.24	1.55
14	58.96	0.982	0.44	−23.88	4.53	0.34	0.27	1.78
15	78.01	0.986	0.64	−22.61	5.01	0.38	0.28	1.87

注：†数值为正表示刀盘超过监测断面，为负表示刀盘仍未到达（通过）监测断面。
　　*数值为正表示拟合曲线对称轴往远离地铁隧道方向平移，为负表示往靠近地铁隧道方向平移。
　　‡数值为正表示隆起变形，为负表示沉降变形。

如图 4.8-21 所示，修正$adj\text{-}R^2$与原$adj\text{-}R^2$的比值大于 1，表示采用修正 Peck 公式对横向沉降变形值的拟合程度比采用原 Peck 公式的拟合程度更好，在刀盘到达 B 监测断面前，由于此时横向沉降数值小，沉降槽的形态未能稳定，因此拟合程度较低，但采用修正 Peck 公式仍能提高部分沉降槽的拟合程度。同时，在刀盘超过 B 监测断面后，尽管原 Peck 公式的拟合程度都大于 90%，但是修正$adj\text{-}R^2$与原$adj\text{-}R^2$的比值基本都大于 1。由此可知，受先行地铁隧道施工引起一定范围内土体扰动的影响，后行电力隧道掘进引起的横向地表变形采用修正 Peck 公式更加合适。

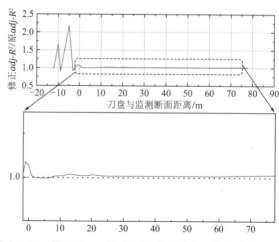

图 4.8-21　修正 Peck 公式与原公式拟合程度的比值曲线图

将拟合程度大于 90% 的地层损失率绘图，如图 4.8-22 所示。原 Peck 公式拟合得到的地层损失率变化曲线为 $V_L = 2.081 - 2.181e^{-0.073x}$，修正 Peck 公式拟合得到的地层损失率变化曲线为 $V_L = 1.978 - 2.046e^{-0.073x}$。与地铁通过 B 断面的变化规律相同，电力隧道通过 B 断面的地层损失率 V_L 随盾构掘进呈现幅度持续减小的不断增大，采用原 Peck 公式会高估后行电力盾构通过受先行地铁盾构扰动土体所引起的地层损失率。

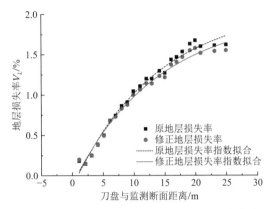

图 4.8-22　B 断面电力盾构掘进过程中地层损失率变化图

与上述分析地铁通过 B 断面时做法相同，取 $adj\text{-}R^2$ 超过 95% 的 i 和 K 分别绘图，如图 4.8-23 所示。如图 4.8-23（a）所示，原 Peck 公式拟合得到的直线为 $i = 1.77 \times 10^{-3}x + 4.44$，修正 Peck 公式拟合得到的直线为 $i = -1.4 \times 10^{-2}x + 4.41$，两条直线基本上是水平线，平均值分别为 4.46 和 4.23。如图 4.8-23（b）所示，原 Peck 公式拟合得到的直线为 $K = 1.33 \times 10^{-4}x + 0.33$，修正 Peck 公式拟合得到的直线为 $K = 1.05 \times 10^{-3}x + 0.33$，两条直线基本上是水平线，平均值分别为 0.34 和 0.32。与地层损失率相同，采用原 Peck 公式会高估 i 和 K 的取值。

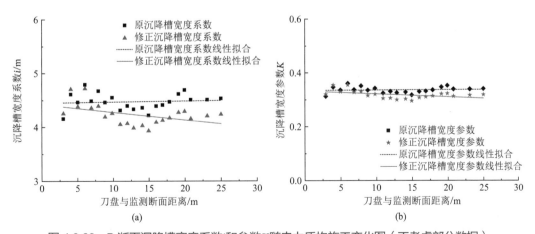

(a)　　　　　　　　　　　　　　(b)

图 4.8-23　B 断面沉降槽宽度系数 i 和参数 K 随电力盾构施工变化图（不考虑部分数据）

修正 Peck 公式引入了沉降槽移轴参数 x_c，用于评估后行电力隧道掘进过程中横向地表沉降槽中心偏移电力隧道轴线的具体情况。将电力盾构通过 B 断面全过程横向沉降槽移轴值x_c绘制在图 4.8-24 中。结合图 4.8-24 和图 4.8-25 可知，电力施工过程中，B 断面横向沉降槽逐渐从 a 侧往 b 侧移动，最终保持稳定，且移轴过程主要发生在盾体通过监测断面期间。刀盘到达断面前沉降槽的拟合程度较低（见表 4.8-9 序号 1～10），即使不考虑拟合程度较低时的移轴值，沉降槽移轴过程仍具备该变化规律。

结合图 4.8-25，B 断面沉降槽移轴现象可解释为：①地铁盾构施工后，土体受扰动情况是 a 侧＞b 侧，土体结构性是 a 侧＜b 侧；②电力隧道沿掘进方向上扰动范围开始覆盖至监测断面处土体时，由于 a 侧土体位于地铁和电力隧道双重影响范围的叠加区域，此时监测断面处沉降槽中心位于 a 侧；③由于监测断面附近土层条件主要是砂层，a 侧土体受电力盾构施工扰动后的土颗粒咬合度得以提高，且地铁隧道施工时周围土体得到注浆加固，a 侧土体中相当于埋置了刚度极高的结构体（与土体相比），随着电力盾构通过监测断面，土体受扰动情况逐渐过渡为 a 侧＜b 侧，土体结构性过渡为 a 侧＞b 侧，沉降槽中心逐渐由 a 侧移动至 b 侧。

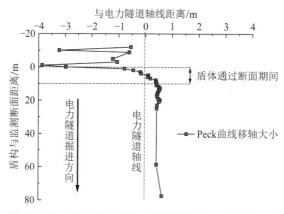

图 4.8-24　电力盾构通过 B 断面过程中x_c变化情况图

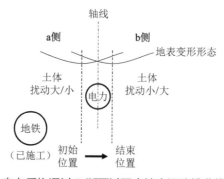

图 4.8-25　电力盾构通过 B 断面过程中地表沉降槽曲线移轴示意图

计算电力盾构盾体通过监测断面期间相邻两次之间的地表变形增量值，如图 4.8-26 所示，期间地表测点主要发生沉降变形，个别测点发生隆起变形，沉降最大增量值约为 2mm（CJ3），隆起最大增量值约为 0.5mm（CJ10）。从各增量曲线形态来看，靠近电力隧道的测点发生较大沉降变形，远离电力隧道的测点发生较小沉降变形或隆起变形，整体上呈现沉降槽形态，因此采用 Peck 公式对各增量曲线进行拟合。同时，考虑地铁对电力隧道两侧土体扰动程度的差异，引入沉降槽移轴参数 x_c，考虑实测增量曲线形态，引入拟合曲线上下平移参数 S_0，新修正 Peck 公式如下所示，相应拟合参数如表 4.8-12 所示。

$$S(x) = S_0 + S_{\max} \cdot e^{\frac{-(x-x_c)^2}{2i^2}}, \quad S_{\max} = \frac{V_S}{\sqrt{2\pi i}}$$

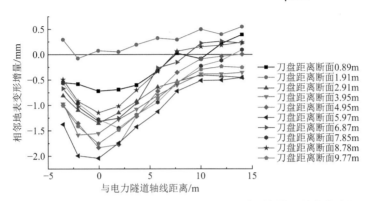

图 4.8-26　电力盾构盾体通过 B 断面期间相邻监测点增量值曲线变化图

电力盾构盾尾脱出 B 断面后横向地表变形增量沉降槽拟合特征参数汇总表　表 4.8-12

序号	刀盘距离断面[†]/m	原 Peck 公式		新修正 Peck 公式			
		调整决定系数 $adj\text{-}R^2$	沉降槽宽度系数 i/m	调整决定系数 $adj\text{-}R^2$	曲线上下平移[*]S_0	移轴距离[‡]x_c	沉降槽宽度系数 i/m
1	0.89	0.799	4.03	0.776	0	0.36	3.85
2	1.91	—	—	0.724	0.49	0.26	4.15
3	2.91	—	—	0.984	−0.44	0.37	3.06
4	3.95	—	—	0.929	−0.38	0.02	3.79
5	4.95	0.959	4.13	0.995	0	0.70	3.70
6	5.97	—	—	0.966	−0.47	0.05	4.00
7	6.87	0.910	3.44	0.923	0	0.56	3.21
8	7.85	0.795	5.78	0.983	0	1.92	4.21
9	8.78	0.914	3.21	0.922	0	0.46	3.07
10	9.77	0.936	5.40	0.943	0	0.59	4.90

注：†数值为正表示刀盘超过监测断面，为负表示刀盘仍未到达（通过）监测断面。
　　*数值为正表示曲线向上平移，为负表示向下平移。
　　‡数值为正表示拟合曲线对称轴往远离地铁隧道方向平移，为负表示往靠近地铁隧道方向平移。

由表 4.8-12 可知，由于部分曲线测点发生整体下沉或者隆起的增量变形，使得原 Peck 公式不能拟合该变形形态横向地表变形增量曲线，采用新修正 Peck 公式能够大幅度地提高其拟合程度，由此可知，该增量变形呈现的是高斯沉降槽形态，与累计地表变形总量所呈现的曲线形态相同。同时，沉降槽移轴距离均大于 0，由此可知电力盾构在通过断面期间，其增量值曲线沉降槽中心一直位于电力隧道的 b 侧（图 4.8-25），因此 B 断面地表沉降槽随电力盾构掘进过程逐渐由 a 侧移动至 b 侧。把原 Peck 公式和新修正 Peck 公式计算得到的 $adj\text{-}R^2$ 超过 90% 的 i 值取平均值，分别为 4.05 和 3.74，均小于由累计总变形计算得到的 i 值。

对于地表沉降控制在 0～30mm 范围内的盾构施工工程，一般采用沉降槽宽度系数 i 作为判断基础，其施工横断面主要影响范围认为是 $\pm i$，次要影响范围是 $\pm i\sim\pm\sqrt{3}i$。因此认为：电力盾构通过 B 断面的横向地表主要影响范围约为距离地铁隧道轴线 0～± 4.5m（0～$\pm 1.1D$），次要影响范围约为距离地铁隧道轴线 $\pm 4.5\sim\pm 8$m（$\pm 1.1D\sim\pm 2D$）。

3. 纵向地表沉降分析

盾构施工引起地表变形过程可细分为 5 个阶段，如图 4.8-27 所示。

分别统计各地表测点在各阶段中的地表变形值，如表 4.8-13 所示，并将其取绝对值，相加得到总变化量，计算各阶段的变化量与总变化量的比值，如表 4.8-14 所示。

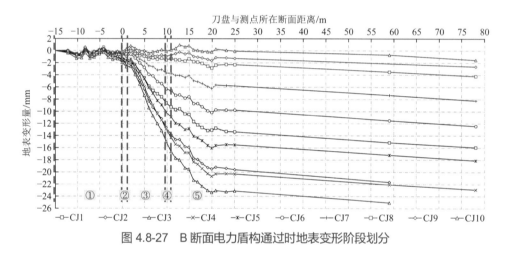

图 4.8-27 B 断面电力盾构通过时地表变形阶段划分

各测点在不同阶段的变化值（增量值）分布情况汇总（单位：mm）　　　表 4.8-13

阶段	CJ1	CJ2	CJ3	CJ4	CJ5	CJ6	CJ7	CJ8	CJ9	CJ10
①	−1.46	−1.61	−1.95	−1.10	−1.02	−0.62	−0.63	−0.49	−0.37	−0.17
②	−0.55	−0.58	−0.72	−0.69	−0.60	−0.32	0.03	−0.08	0.22	0.40
③	−6.59	−10.45	−12.24	−11.12	−8.50	−5.35	−3.09	−0.98	−0.80	−0.35
④	−0.67	−1.17	−1.69	−1.38	−0.81	−0.27	−0.03	0.25	0.22	0.22
⑤	−4.08	−5.73	−6.48	−5.97	−4.55	−3.20	−2.07	−1.02	−0.56	−0.20

注：表中数值为负代表发生沉降变形，为正代表发生隆起变形。
⑤阶段暂不考虑后续长期监测的变形（最后两次监测）。

各测点在不同阶段中的增量绝对值在总变形值绝对值中所占的比重（单位：%）

表 4.8-14

阶段	CJ1	CJ2	CJ3	CJ4	CJ5	CJ6	CJ7	CJ8	CJ9	CJ10	平均
①	10.94	8.24	8.45	5.43	6.59	6.35	10.77	17.38	17.05	12.69	10.39
②	4.12	2.97	3.12	3.41	3.88	3.28	0.51	2.84	10.14	29.85	6.41

阶段	CJ1	CJ2	CJ3	CJ4	CJ5	CJ6	CJ7	CJ8	CJ9	CJ10	平均
③	49.36	53.48	53.03	54.89	54.91	54.82	52.82	34.75	36.87	26.12	47.11
④	5.02	5.99	7.32	6.81	5.23	2.77	0.51	8.87	10.14	16.42	6.91
⑤	30.56	29.32	28.08	29.47	29.39	32.79	35.38	36.17	25.81	14.93	29.19

注：⑤阶段暂不考虑后续长期监测的变形（最后两次监测）。

与地铁盾构通过 B 监测断面时变化趋势相同，在表 4.8-13 的 5 个阶段中，依据变化值的大小（即施工扰动程度）可以归为两类：一类是①、③和⑤，另一类是②和④。CJ1～CJ6 在各阶段中均发生沉降变形，CJ7～CJ10 在阶段②和④中才会发生隆起变形，在其余阶段中均发生沉降变形，因此表 4.8-14 中 CJ1～CJ6 各阶段的比重大小较为接近，CJ7～CJ10 由于总变形量小且有隆起变形量，因此比重所呈现规律不明显。

由图 4.3-4 可知，CJ3 位于电力隧道顶部，CJ2 和 CJ4 沿轴线对称分布，CJ1 和 CJ5 近似沿轴线对称分布。由表 4.8-13 和表 4.8-14 可知，阶段①中的 CJ1 和 CJ2 的增量值及所占比重分别大于 CJ5 和 CJ4，阶段②～⑤则相反，这在一定程度上反映了图 4.8-24 中 B 断面地表横向沉降槽中心会随电力盾构掘进发生移动的现象。

4.8.3 B 断面先后盾构施工地表变形分析

B 监测断面上所有地表测点在盾构通过期间地表竖向变形随时间的变化曲线如图 4.8-28 所示。由于测点与地铁、电力隧道空间相对位置存在差别，在先行地铁盾构监测期间，各测点中发生最大变形的是最靠近地铁隧道的 CJ1，在后行地铁盾构监测期间，各测点中发生最大变形的是与电力隧道轴线水平相距 2m 的 CJ2。

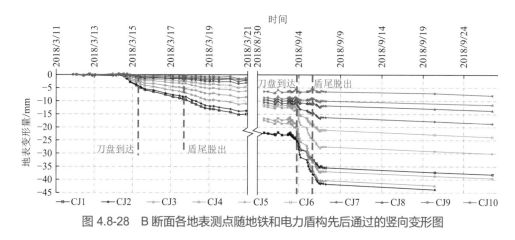

图 4.8-28 B 断面各地表测点随地铁和电力盾构先后通过的竖向变形图

B 监测断面各地表测点在地铁盾构监测结束与电力盾构监测开始期间的竖向总变形如图 4.8-29 所示，横坐标的原点是地铁和电力隧道两轴线之间的中心点，地铁和电力隧道轴线横坐标分别为 −4.05m 和 4.05m，参考图 4.8-30（a），线性拟合方程为 $y = 0.079x - 7.62$。

横断面测点变形值近似在一条水平直线上，由此可知，期间 B 断面土体主要发生整体性的固结沉降，靠近地铁隧道的地表沉降稍大。

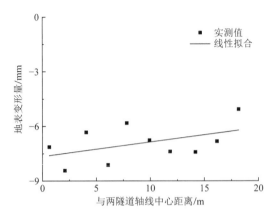

图 4.8-29　B 断面地表测点在先后行盾构监测期间总变形情况

　　针对双平行隧道施工引起的横向地表沉降槽变形形态，马可栓提出了超几何方法，基于 Peck 公式，假定先后行盾构施工所引起的横向沉降槽满足叠加原理，具体方法为：①确定先行隧道的轴线位置，利用 Peck 公式对先行隧道产生的横向地表沉降槽进行拟合；②确定后行隧道的轴线位置，依据累计监测总沉降计算后行隧道通过所引起的附加沉降，并利用 Peck 公式对横向附加地表沉降进行拟合；③把先行隧道地表沉降 Peck 拟合曲线和后行隧道附加地表沉降 Peck 拟合曲线进行叠加，得到先后行隧道引起的总横向沉降槽曲线。先后行盾构施工完成后的地表变形曲线满足下式：

$$S(x) = S_{\max 1} \cdot e^{-\frac{\left(x+\frac{L}{2}\right)^2}{2i_1{}^2}} + S_{\max 2} \cdot e^{-\frac{\left(x-\frac{L}{2}\right)^2}{2i_2{}^2}}, \quad S_{\max 1} = \frac{V_{S1}}{\sqrt{2\pi} \cdot i_1}, \quad S_{\max 2} = \frac{V_{S2}}{\sqrt{2\pi} \cdot i_2}$$

　　其中，$V_{S1} = \pi R_1{}^2 \cdot V_{L1}$，$V_{S2} = \pi R_2{}^2 \cdot V_{L2}$。结合图 4.8-30（b），上式满足左线隧道先开挖，对应下标为 1。L 为两隧道轴线水平距离（m），其余与 Peck 公式参数意义相同。该式简称为双 Peck 公式，这是目前双盾构隧道引起地表变形拟合中使用最频繁的公式。

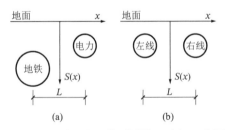

图 4.8-30　先后行盾构隧道施工坐标示意图

　　参考上述分析地铁和电力盾构通过时的沉降槽宽度系数 i 取值，选用地铁盾构刀盘超过 B 断面 21.23m 和电力盾构刀盘超过 B 断面 24.97m（表 4.8-8 的序号 13）所对应的地表变形数据，认为地铁刀盘超过 21.23m 到电力盾构开始监测期间地表测点变形为固结沉降变形，扣除该固结变形值后相应地表变形数值如表 4.8-15 所示。

地铁和电力盾构施工引起地表变形（单位：mm）　　　　表 4.8-15

阶段	CJ1	CJ2	CJ3	CJ4	CJ5	CJ6	CJ7	CJ8	CJ9	CJ10
地铁	−13.63	−12.5	−9.95	−7.61	−5.5	−3.93	−2.81	−1.98	−1.55	−1.01
电力	−13.35	−19.54	−23.08	−20.26	−15.48	−9.76	−5.79	−2.32	−1.29	−0.1
总计	−26.98	−32.04	−33.03	−27.87	−20.98	−13.69	−8.6	−4.3	−2.84	−1.11

通过马可栓提出的超几何方法，采用原 Peck 公式分别计算先后行盾构引起的沉降槽曲线，再进行叠加，如图 4.8-31 所示。同时，采用双 Peck 公式直接对累计总沉降实测值进行拟合，由于待确定参数较多，拟合曲线时控制部分参数值与原 Peck 公式计算所得的数值相等（相应值查看表 4.8-3 的序号 8 和表 4.8-8 的序号 13），拟合结果参数如表 4.8-16 所示，将拟合得到的参数与相应控制值的偏离程度用括号距离记录在拟合参数的后面。同时控制 i 和 S_{max} 绘图，如图 4.8-31 所示。

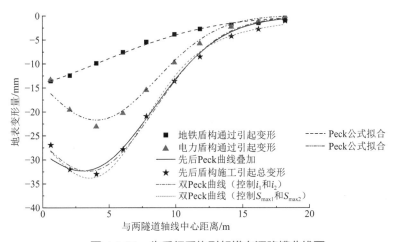

图 4.8-31　先后行盾构引起横向沉降槽曲线图

双 Peck 公式拟合横向地表沉降槽参数汇总表　　　　表 4.8-16

参数控制	调整决定系数 $adj-R^2$	地铁拟合最大变形量[†] S_{max}/mm	电力拟合最大变形量[†] S_{max}/mm	地铁沉降槽宽度系数 i/m	电力沉降槽宽度系数 i/m
i_1	0.992	−10.38（34.2%）	−25.38（16.8%）	8.50	4.61（2.0%）
i_2	0.994	−11.49（27.2%）	−23.79（9.5%）	9.63（13.3%）	4.52
i_1、i_2	0.993	−10.55（33.1%）	−25.44（17.1%）	8.50	4.52
S_{max1}	0.997	−15.78	−20.67（4.9%）	10.89（28.1%）	3.76（16.7%）
S_{max2}	0.997	−14.32（9.2%）	−21.73	10.97（29.0%）	3.86（14.5%）
S_{max1}、S_{max2}	0.996	−15.78	−21.73	10.70（25.9%）	3.64（19.4%）
无	0.997	−14.19（10.1%）	−21.84（0.5%）	10.97（29.0%）	3.87（14.4%）
i、S_{max}	0.986	−15.78	−21.73	8.50	4.52

注：†数值为正表示隆起变形，为负表示沉降变形。

由表 4.8-16 可知，当不对参数 i 和 S_{max} 进行人为控制时，曲线拟合程度达到 99.7%，双 Peck 公式拟合曲线所得参数与单线拟合所得参数存在一定差别，但相差不大；当分别控制 i 或 S_{max} 时，拟合所得另一参数与单线拟合所得参数存在一定差别，但同样相差不大；当同时控制 i 和 S_{max} 时，曲线拟合程度达到 98.6%。如图 4.8-31 所示，采用双 Peck 公式进行拟合所得曲线与通过叠加原理得到的曲线较为接近，与实测数据点贴合程度高。

考虑地铁施工对电力隧道位置处土体产生扰动，引入移轴参数对双 Peck 公式进行修正：

$$S(x) = S_{max1} \cdot e^{-\frac{\left(x+\frac{L}{2}\right)^2}{2i_1^2}} + S_{max2} \cdot e^{-\frac{\left(x-\frac{L}{2}-x_c\right)^2}{2i_2^2}}, \quad S_{max1} = \frac{V_{S1}}{\sqrt{2\pi} \cdot i_1}, \quad S_{max2} = \frac{V_{S2}}{\sqrt{2\pi} \cdot i_2}$$

单线修正 Peck 公式所得沉降槽参数可查看表 4.8-3 的序号 8 和表 4.8-11 的序号 13，同理控制曲线参数值，采用修正双 Peck 公式对地表横向沉降值进行拟合，相应参数如表 4.8-17 所示。由表 4.8-17 可知，当不对参数进行人为控制时，曲线拟合程度达到 99.7%，但部分拟合所得参数与控制相差较大；当同时控制 i、S_{max} 和 x_c 时，曲线拟合程度达到 99%；采用修正双 Peck 公式进行拟合所得曲线参数与单线拟合所得参数虽然存在一定差异，但偏差不算太大。

修正双 Peck 公式拟合横向地表沉降槽参数汇总表　　　　　表 4.8-17

参数控制	调整决定系数 $adj\text{-}R^2$	地铁拟合最大变形量[†]S_{max}/mm	电力拟合最大变形量[†]S_{max}/mm	地铁沉降槽宽度系数 i/m	电力沉降槽宽度系数 i/m	移轴距离[‡]x_c
i_1, i_2	0.991	−15.68（0.7%）	−22.20（0%）	8.50	4.23	0.38（14.1%）
S_{max1}, S_{max2}	0.994	−15.78	−22.19	10.23（20.3%）	3.67（13.3%）	0.17（61.1%）
x_c	0.995	−20.32（28.7%）	−17.97（19.0%）	10.10（18.8%）	3.48（17.9%）	0.44
无	0.997	−7.11（54.9%）	−26.80（20.8%）	13.37（57.2%）	4.31（1.7%）	−0.42（193.7%）
i, S_{max}, x_c	0.990	−15.78	−22.19	8.50	4.23	0.44

注：†数值为正表示隆起变形，为负表示沉降变形。
　　‡数值为正表示拟合曲线对称轴往远离地铁隧道方向平移，为负表示往靠近地铁隧道方向平移。

通过上述分析可知，直接采用（修正）双 Peck 公式对横向地表变形值进行拟合与通过单线直接叠加得到的曲线存在一定差异，虽然所得拟合参数也会有所不同，但是曲线所展现出来的沉降槽规律性相差不大，拟合参数偏差程度在工程中的可允许范围内。换言之，（修正）双 Peck 公式虽然不能满足完全意义上的线性叠加原理，但拟合曲线与实测结果贴合程度高，能够满足工程计算要求。在对先后行盾构施工引起横向沉降槽进行预测时，可以分别对先行和后行盾构所引起的沉降槽曲线进行计算，再依据线性叠加原理得到最终地表沉降值。（修正）双 Peck 公式既能从公式形式上对累计总横向沉降槽形态的发展进行说明，又能直接用于实测数据的拟合。

4.8.4　C 断面地铁隧道引起地表变形

地铁隧道通过 C 监测断面所引起的地表变形曲线如图 4.4-4 所示，可知变形数值很小。不作时空转换，假定各测点在同一里程位置，绘制曲线如图 4.8-32 所示。由此可知，地表变形曲线的变形形态相同，且随盾构掘进具有同步性，同时不受刀盘到达断面、盾尾脱出断面等关键阶段的影响。

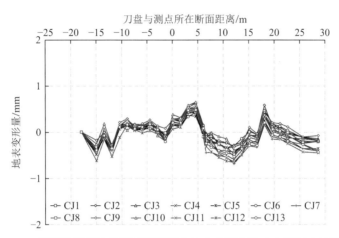

图 4.8-32　C 断面地铁盾构施工过程各测点地表变形曲线（未经时空转换处理）

4.8.5　C 断面电力隧道引起地表变形

1.测点变形情况分析

电力隧道通过 C 监测断面所引起的地表变形曲线如图 4.4-5 所示，曲线变形幅度较大，监测全过程中有明显的隆起和沉降变形，受非施工因素干扰明显。CJ1～CJ10 与 CJ11～CJ13 分别位于不同的断面，考虑非施工因素干扰大，将所有地表测点按照设计断面里程进行处理（即不考虑盾构机与测点实际距离），如图 4.8-33 所示。

由图 4.8-33 可知，在盾构刀盘距离设计断面仍有约 4m 时，地表测点呈现基体隆起变形，后续部分测点监测数据缺失，部分测点变形曲线走势较一致。总体上，测点在该监测期间发生沉降变形，监测结束时已知监测最大沉降值为 51.34mm（CJ2，与电力隧道边线处于同一竖向位置）。

各测点出现整体隆起变形的时间发生在 5 月 8 日—5 月 20 日期间，由图 4.7-2 可知，此时测点附近钻孔注浆加固土层，盾构基本上处于停机状态，期间地表测点竖向变形增量如图 4.8-34 所示。结合图 4.8-4 和图 4.8-34 可知，注浆位于隧道位置，约靠近注浆位置的测点受影响最严重，除了远离隧道的 CJ10 发生轻微沉降（0.1mm），其余地表测点均发生隆起变形，最大隆起增量达 5.24mm（CJ13）。

各地表测点在盾构刀盘到达断面前变形曲线较为稳定，不会发生较大变形。由图 4.4-5

可知，刀盘到达测点所在断面时，CJ2 和 CJ3 发生较大的沉降变形。刀盘通过断面后测点变形曲线逐步分离，靠近电力隧道的测点变形较大。

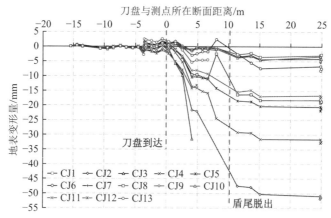

图 4.8-33　C 断面电力盾构施工各地表测点变形曲线图（未经时空转换处理）

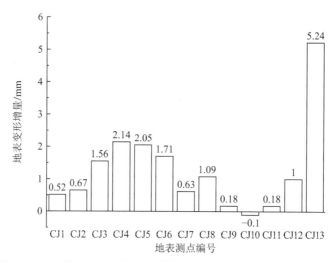

图 4.8-34　5 月 8 日—5 月 20 日期间受注浆影响各地表测点变形情况

CJ1～CJ10 中 CJ3 最为接近电力隧道轴线，最后一次监测为 6 月 6 日，此时沉降累计值为 31.47mm，当 6 月 7 日对其监测时发现测点被破坏，地表以下 1m 深度出现空洞，测点钢筋掉落。CJ12 在 6 月 9 日监测当天被现场堆砂覆盖，随后被流经地表的浆液填堵密实，测点被破坏，CJ13 也经历相同的遭遇。其余测点同样遭受现场堆砂的影响，缺失重要的监测数据，如 CJ1 缺失 6 月 9 日监测数据（此时刀盘刚超过测点所在断面 3～5m）、CJ2 缺失刀盘超过测点断面 3～10m 的数据等。

刀盘开仓换刀注浆加固中除了 5 月 8 日—5 月 20 日期间对地表测点影响较大，在 6 月 11 日—6 月 21 日期间 CJ1、CJ6 和 CJ7 出现不同程度的隆起变形，其中 CJ1 隆起变形值最大（达到 8.47mm），CJ4 和 CJ5 出现沉降变形，其中 CJ4 沉降变形值最大（达到 8.61mm），CJ2 被现场堆砂覆盖，CJ3 测点破坏。由此可知，尽管此时 CJ1～CJ7 距离刀盘开仓注浆钻孔位置 5.5～8.5m，且位于电力盾构机体上方（距离盾尾为 2～3m），但测点却发生不同程度的沉降和隆起，同时，全部分层测点在该期间被水泥浆浇筑破坏，结合图 4.7-3 可以推测，期间进行注浆加固位置可能不止如图 4.8-4 所示，在测点附近可能采取同样的注浆措施，使得地表测点发生较为"奇异"的隆起变形。

由图 4.8-33 可知，刀盘超过设计断面 10m 之后（此时对应监测时间为 7 月 5 日之后），仅存地表测点的变形曲线形态较为一致，把 7 月 5 日至监测结束期间的相邻监测变形增量值进行绘图，如图 4.8-35 所示。结合表 4.7-1 可知，盾构掘进速度的快慢与测点发生隆沉情况没有明显关系，测点隆沉与测点距离隧道远近的相关关系不明显，即使是在盾构停机阶段，各地表测点在 7 月 24 日—7 月 31 日期间均发生沉降，在 7 月 31 日—8 月 7 日期间均发生隆起（盾尾脱出断面约 15m）。由此可知，尽管监测后期各地表测点曲线形态较为一致，但变形增量相互之间的相关性不明显。由于变形增量数值不大，图 4.8-35 中增量隆起最大值为 1.29mm，沉降最大值为 2.34mm，因此在图 4.8-33 中显示为同步变形。

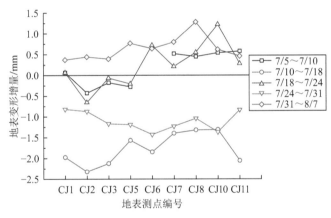

图 4.8-35　7 月 5 日至监测结束相邻监测变形增量值汇总图

2. 横向地表变形分析

尽管地表测点在电力盾构施工期间受多次注浆影响，部分测点受到破坏，但越靠近电力隧道的测点其变形越大，横向地表变形呈现槽形状。由于 CJ11～CJ13 断面上只有三个测点，CJ12 和 CJ13 在刀盘超过测点所在断面一定距离后发生破坏，相应监测数据不完整，因此横向沉降槽形态主要依据 CJ1～CJ10 的监测数据。

由图 4.4-5 可知，盾构刀盘距离断面较远时，地表测点变形小，当刀盘接近测点所在断面时，由于刀盘开仓换刀钻孔注浆，地表测点基本上呈现隆起状态，Peck 公式拟合程度低，因此把刀盘通过断面之前及随后的测点数据进行沉降槽拟合，拟合曲线如图 4.8-36 所示，相应拟合参数见表 4.8-18，最终两次监测由于盾构处于停机状态，因此仅交代相应拟合参数。

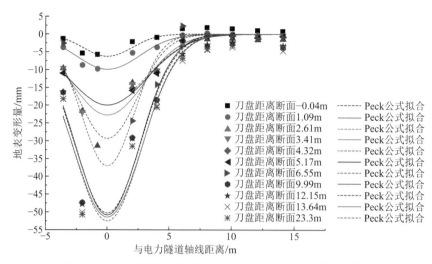

图 4.8-36　C 断面电力盾构施工中部分横向沉降槽拟合曲线图

C 断面电力盾构施工部分横向沉降槽拟合特征参数汇总表　　　表 4.8-18

序号	监测时间	刀盘与断面距离[†]/m	调整决定系数 $adj\text{-}R^2$	拟合最大变形量[‡]S_{max}/mm	沉降槽宽度系数i/m	沉降槽宽度参数K	地层损失 V_S/（m³/m）	地层损失率 V_L/%
1	2018/5/24	−0.04	0.755	−6.29	1.99	0.16	0.03	0.21
2	2018/5/26	1.09	0.929	−9.91	2.60	0.21	0.06	0.42
3	2018/6/6	2.61	0.899	−29.43	2.40	0.19	0.18	1.17
4	2018/6/7	3.41	0.911	−22.84	2.92	0.23	0.17	1.10
5	2018/6/9	4.32	0.958	−19.20	3.24	0.26	0.16	1.03
6	2018/6/11	5.17	0.965	−20.04	3.23	0.26	0.16	1.07
7	2018/6/21	6.55	0.769	−37.14	2.13	0.17	0.20	1.30
8	2018/7/5	9.99	0.830	−51.00	2.62	0.21	0.33	2.20
9	2018/7/10	12.15	0.851	−50.48	2.68	0.21	0.34	2.23
10	2018/7/18	13.64	0.838	−51.62	2.82	0.22	0.37	2.40
11	2018/7/24	23.30	0.849	−52.68	2.78	0.22	0.37	2.41
12	2018/7/31	23.30	0.831	−52.45	2.90	0.23	0.38	2.51
13	2018/8/7	23.44	0.849	−52.86	2.82	0.22	0.37	2.46

注：[†]数值为正表示刀盘超过监测断面，为负表示刀盘仍未到达（通过）监测断面。
　　[‡]数值为正表示隆起变形，为负表示沉降变形。

　　由表 4.8-18 可知，除个别 Peck 沉降槽拟合程度较低，约为 75%，其余横向沉降槽拟合程度较高，平均值达 88%。值得注意的是，部分测点数据不完整，如 CJ3 底下出现空洞而破坏，CJ1、CJ2 等被砂覆盖，同时受土体注浆加固的影响。由此可知，受多种非施工因素影响，盾构施工引起的横向沉降槽仍能符合 Peck 曲线形态。

仅对 $adj\text{-}R^2$ 大于 80% 的 V_L 进行指数拟合，同时忽略停机时间持续较长的沉降数据，即不考虑表 4.8-18 中序号 1、7、12 和 13，表 4.8-18 中其余 V_L 及其拟合曲线绘制如图 4.8-37 所示。

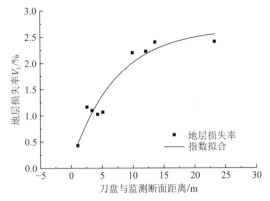

图 4.8-37　C 断面地层损失率随电力盾构施工变化图

Peck 公式拟合得到的地层损失率变化曲线为 $V_L = 2.658 - 2.562e^{-0.137x}$，对应 $adj\text{-}R^2$ 为 90.23%。与地铁隧道通过 B 断面的变化规律相同，电力隧道通过 C 断面的地层损失率 V_L 随盾构掘进不断增大，但增大幅度持续减小。

与上述分析 V_L 的方法相同，不考虑序号 1、7、12 和 13，表 4.8-18 中其余 i 和 K 分别绘图，如图 4.8-38 所示。如图 4.8-38（a）所示，线性拟合的直线方程为 $i = -2.43 \times 10^{-3}x + 2.83$；如图 4.8-38（b）所示，线性拟合的直线方程为 $K = -1.93 \times 10^{-4}x + 0.23$，两条直线基本上是水平线，平均值分别为 2.81 和 0.22。由此可知，尽管非盾构施工的因素干扰大，但 i 和 K 基本上不受盾构施工参数的影响，主要受地层条件和隧道参数的影响。与 B 断面盾构施工监测得到的规律相一致。

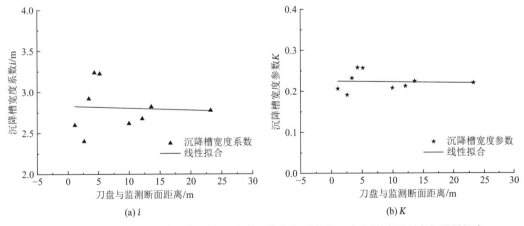

(a) i　　　　　　　　　　　(b) K

图 4.8-38　C 断面沉降槽宽度系数 i 和参数 K 随电力盾构施工变化图（不考虑部分数据）

对于地表沉降控制在 0～30mm 范围内的盾构施工工程，一般采用沉降槽宽度系数 i 作为判断基础，其施工横断面距离隧道轴线主要影响范围是 $\pm i$，次要影响范围是 $\pm i \sim \pm\sqrt{3}i$，分别对应为 ± 18.21mm 和 $\pm 18.21 \sim \pm 6.69$mm。

对于本次监测而言，7 月 24 日监测时，对应电力盾尾脱出断面 13.42m，CJ1～CJ10 测点地表变形值如表 4.8-19 所示，CJ3 破坏前的沉降值为 31.47mm。由此可知，CJ2～CJ4 范围内出现超出控制值的地表沉降变形。此时对应的 Peck 高斯拟合公式为 $S(x) = -52.68e^{-0.065x^2}$，当利用 18.21mm 和 6.69mm 作为影响范围控制值时，可知电力隧道通过 C 断面时主要影响范围约为距离电力隧道轴线 $0 \sim \pm 4.04$m（$0 \sim \pm 1D$），次要影响范围约为距离电力隧道轴线 $\pm 4.04 \sim \pm 5.63$m（$\pm 1D \sim \pm 1.4D$）。

7 月 24 日监测时 CJ1～CJ10 地表累计变形值（单位：mm）　　表 4.8-19

CJ1	CJ2	CJ3	CJ4	CJ5	CJ6	CJ7	CJ8	CJ9	CJ10
−18.26	−50.9	—	−31.61	−20.6	−6.75	−4.22	−3.11	—	−3.46

注：①数值为负表示沉降变形，为正表示隆起变形；
②缺失数值表示测点被破坏。

4.9　盾构施工引起土体深层竖向变形分析

根据本项目监测土体深层竖向变形而布设测点的实际情况，地表测点与分层测点的区别有以下几方面。

1. 所处土层条件不同

（1）地表测点通常位于填土层顶部，其变形是下部土体综合叠加、平均化的结果。

（2）分层测点埋设在土层深处，不同深度测点所处的土层条件依托于邻近地质钻孔揭露情况，基于分层测点所处地层在空间上不存在重大变异的前提，并考虑分层测点在空间上分布较密，通过线性插值近似获得不同分层测点在特定深度处的土层条件。

2. 所处位置不同

（1）地表测点一般是按照垂直于盾构掘进方向来布置，在空间上位于同一监测断面上。

（2）分层沉降，由于是单孔单测点，因此若要得到距离隧道轴线一定范围、距离地表一定深度位置处的土体竖向变形情况，则需要沿盾构掘进方向布置多排不同深度的分层测点，每一排分层测点距离隧道轴线的水平长度是相同的。此时在同一时刻刀盘到所有分层测点的距离不一定相同。

3. 分析思路不同

（1）对于处于同一监测断面的地表沉降，由于同一时刻刀盘到地表测点所在断面的距离是相同的，测点处于同一高程位置，测点所处土层条件相同，且测点位移变化是下方土层变形平均化的结果，使得同一次监测得到的结果具有控制变量特点，从而使不同地表测点的相邻次监测所得到的增量值具有较高可比性，因此可以研究不同阶段的地表横向沉降槽形态，也可以研究各测点在盾构掘进过程中的竖向位移变化的差异情况等。

（2）对于分层测点来说，同一时刻刀盘到测点所在断面的距离不一定相同；由于各测点场地管线限制、地下土层情况复杂等因素干扰，各分层测点的高程分布不相同；测点沉降板埋设位置处的土层条件不明确，采用附近钻孔揭露的土层条件。上述因素综合描述为：各分层测点深度不同，所处土层条件不一定相同，同一时刻与刀盘距离不一定相同，同一时刻与地铁隧道轴线距离不一定相同。因此，同一次相邻监测得到的测点增量值受多种因素影响，使得各测点位移变化曲线所具备的横向对比性降低。换言之，与地表变形曲线相比，由监测数据得到的各分层测点随盾构施工变形曲线如同地下空间中一个个孤立点的变形曲线，在横向对比分层测点变形曲线时难以细化分析。

基于上述区别，从整体上分析各分层变形曲线需要一定的简化条件：①分层测点布设区域内的土层水平分布，即同一深度处的土层条件一样；②各排分层测点，同一深度位置处的土体受盾构施工影响的程度相同（即认为分层测点布设区域内施工参数差异不大）；③不考虑每次监测之间的差异误差。

上述简化条件使得空间上互相独立的分层测点相互关联起来，相当于把空间上的分层测点沿纵向（即盾构掘进方向，后述同理）压缩成为同一横向断面上的分层测点，使得可以分析均化施工参数条件下不同深度、距离地铁隧道轴线不同水平位置处的土体受盾构施工扰动的影响。同时须注意到，简化条件使得分层测点变形曲线在数值上出现一定的不合理现象，但研究曲线整体的变形形态有一定的合理性。

4.9.1　B断面地铁隧道引起分层变形

1.各系列（即各排）分层测点整体变形情况

1）FC1系列（结合图4.3-4、图4.3-5和图4.9-1）

各变化曲线从刀盘距离测点所在断面10~25m位置处时变化形式及数值大小较为一致；随后刀盘距离监测断面小于10m时，随着盾构机的推进，各测点曲线逐渐分离，差距不断增大。直至监测结束时，埋深越小的测点，其最终沉降量越大，最大沉降值约为16mm。FC1-1~FC1-4测点变形随盾构掘进而不断增大，而FC1-5测点在盾构掘进过程中的总变形量较小，原因可能是FC1-5在FC1系列中的埋深最大，且位置接近于灰岩与砂层交界，因此受施工扰动较小。虽然FC1-4与FC1-5沿深度方向相距0.9m，但FC1-4曲线变形趋势与FC1-1~FC1-3相近，原因可能是FC1-4和FC1-5沿纵向相距约1m，FC1-4位于砂层之中，且FC1-4在FC1-5的上方，受扰动所产生的变形较明显。

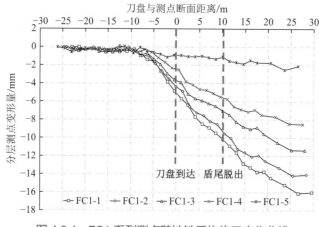

图 4.9-1　FC1 系列测点随地铁盾构施工变化曲线

2）FC2 系列（结合图 4.3-4、图 4.3-5 和图 4.9-2）

FC2-1 和 FC2-2 变形曲线形态较为贴合，在刀盘距离监测断面约 3m 时才逐步分离，而 FC2-3 变形曲线形态差别较大。FC2-3 曲线形态差别较大的原因可能是：①FC2-3 选用了不一样的初值进行处理；②简化条件的影响（纵向上 FC2-3 距离 FC2-2 约 3m）。FC2-2 在盾尾脱出测点断面一段距离后，变形曲线由原先的沉降状态转变成隆起状态，隆起变形量约 2mm。由于 FC2-2 与其他邻近分层测点距离较远，因此难以横向对比分析其隆起的原因。

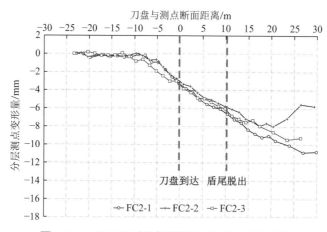

图 4.9-2　FC2 系列测点随地铁盾构施工变化曲线

3）FC3、FC4 系列（结合图 4.3-4、图 4.3-5 和图 4.9-3）

各测点曲线走势较为一致，且各曲线数值相差不大。FC4 系列中，埋深越小的测点，其最终沉降量越大。FC3 和 FC4-3 在空间中较为接近，因此变形曲线也较为接近，但 FC3 的总变形量较大，原因是 FC3 与地铁隧道轴线距离较小。FC3 在刀盘到达监测断面前约 3m 时与 FC4 系列其他曲线发生分离，FC4-1 和 FC4-2 曲线在刀盘到达监测断面前约 1m 时才发生分离。各测点分离距离存在差异的原因可能是 FC4-1 和 FC4-2 较 FC4-3 距离地铁隧道较远，变形曲线需要达到一定的扰动程度才能发生分离，此外 FC4-3 变形形态与 FC3 相近，而与 FC4-1 和 FC4-2 存在差异，这是因为 FC4-3 和 FC3 空间位置较接近。

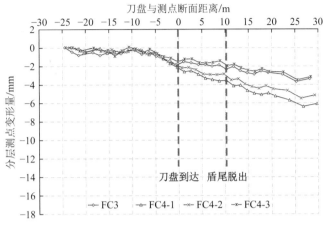

图 4.9-3　FC3 和 FC4 系列测点随地铁盾构施工变化曲线

4）FC5 系列（结合图 4.3-4、图 4.3-5 和图 4.9-4）

各测点的全过程变形较为贴合，差异较小。FC5-1 的变形值稍大于 FC5-2 的变形值，即埋深越小的测点，其最终沉降量越大。FC5 系列各测点在刀盘超过监测断面约 5m 的时候才发生明显的分离，比 FC4 系列变形曲线发生分离的位置距离盾构刀盘较远，原因是 FC5 系列距离地铁隧道较远，与 FC4 系列相比需要更大的扰动程度才能使变形曲线发生分离。

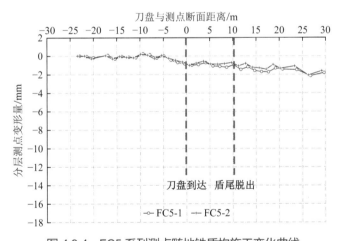

图 4.9-4　FC5 系列测点随地铁盾构施工变化曲线

2. 各测点重要阶段的变形值分析

各分层测点变形曲线如图 4.9-5 所示，将盾构施工过程细分为 5 个阶段（与地表变形相同），计算各分层测点在各阶段中的变形增量值，列于表 4.9-1 中，须注意的是，各测点计算各阶段变形增量所选取监测数据不一定具备相同控制条件（如监测时间、至刀盘距离等）。

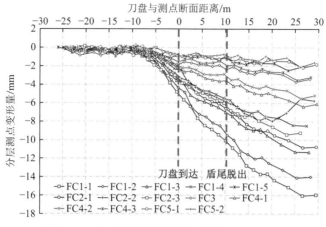

图 4.9-5 各分层测点随地铁盾构施工变化曲线

由表 4.9-1 的数值正负可知（正值为隆起，负值为沉降），FC3 和 FC4-3 在阶段②中发生了轻微隆起，FC5-1 和 FC5-2 在阶段③中发生了轻微隆起，其余阶段各分层测点都发生了沉降变形。

从总体上来看，FC1、FC4、FC5 系列中各测点变形呈现出明显的现象：在各施工阶段中，处于同一排中的测点埋深越小，其变形量越大。土体竖向变形呈现沿深度由下往上逐渐累加的过程。FC2 系列中尽管 FC2-3 曲线形态存在差异，但 FC2-1 和 FC2-2 也符合该现象。此外，越靠近地铁隧道，土体受扰动程度越大，该现象越明显。

同时，比较表 4.9-1 中各测点不同阶段的变形数值大小，可以发现在阶段②和阶段④的变形值与其他阶段相比较小，这也能够体现在图 4.9-5 中，与地表测点变形形态相协调，即盾构施工阶段性特征不是十分明显。

各分层测点在各阶段中变形增量值汇总表（单位：mm） 表 4.9-1

阶段	FC1-1	FC1-2	FC1-3	FC1-4	FC1-5	FC2-1	FC2-2	FC2-3	FC3	FC4-1	FC4-2	FC4-3	FC5-1	FC5-2
①	−4.82	−4.34	−3.56	−2.29	−0.87	−3.26	−2.75	−2.99	−1.92	−2.16	−1.83	−1.57	−0.86	−0.66
②	−0.87	−0.54	−0.32	−0.19	−0.03	−0.59	−0.62	−0.87	0.38	−0.47	−0.38	0.30	−0.15	−0.37
③	−4.42	−3.62	−3.15	−3.01	−0.17	−2.78	−2.42	−2.19	−0.36	−0.94	−0.67	−0.19	0.05	0.30
④	−0.80	−1.02	−0.45	−0.25	−0.47	−0.62	−0.33	−0.80	−0.47	−0.59	−0.64	−0.53	−0.52	−0.35
⑤	−5.21	−4.66	−3.89	−2.77	−0.95	−3.62	−1.87	−2.61	−1.34	−2.26	−2.01	−1.54	−0.68	−1.01

分别统计各分层测点在各阶段中的变形绝对值，得到总变形量，计算各阶段的变形量与总变形量的比值，如表 4.9-2 所示。由表 4.9-2 可知，阶段②和阶段⑤中各分层测点的比重偏离平均值较小，其余阶段比重偏离平均值较大，其中阶段③偏离最大。换言之，各分层测点在刀盘到达监测断面之前和盾尾脱出监测断面之后的变形值占各自总变形量的比重较为一致，在盾体通过断面阶段的比重相差较大，这可能是因为不能确保划分阶段时控制条件相同，尤其难以确保在刀盘通过断面前后以及盾尾脱出断面前后相应监测数据选取一

致性所导致的，这也是分层测点布设结果及其分析简化条件所带来的局限性，因此难以对各阶段比重值进行横向细化分析。

各测点在不同阶段中的增量绝对值在总变形值绝对值中所占的比重（单位：%）

表 4.9-2

阶段	FC1-1	FC1-2	FC1-3	FC1-4	FC1-5	FC2-1	FC2-2	FC2-3	FC3	FC4-1	FC4-2	FC4-3	FC5-1	FC5-2	平均	标准差
①	29.90	30.61	31.31	26.91	34.94	29.99	34.42	31.61	42.95	33.64	33.09	38.01	38.05	24.54	32.86	4.42
②	5.40	3.81	2.81	2.23	1.20	5.43	7.76	9.20	8.50	7.32	6.87	7.26	6.64	13.75	6.30	3.01
③	27.42	25.53	27.70	35.37	6.83	25.57	30.29	23.15	8.05	14.64	12.12	4.60	2.21	11.15	18.19	10.07
④	4.96	7.19	3.96	2.94	18.88	5.70	4.13	8.46	10.51	9.19	11.57	12.83	23.01	13.01	9.74	5.43
⑤	32.32	32.86	34.21	32.55	38.15	33.30	23.40	27.59	29.98	35.20	36.35	37.29	30.09	37.55	32.92	3.85

3. 土体拉压变形情况

按照简化条件把地表测点和分层测点放置于同一横向断面上进行分析：按照相近地表测点的最终变形量进行插值，得到分层测点上方的地表变形量，计算处于同一竖向的各测点间变形量，得到变形和距离归一化参数，如表 4.9-3 所示。由于 FC2-2 最终发生隆起，暂时不能确定发生隆起的原因，因此先不考虑该测点。

分层测点之间的土层变形情况

表 4.9-3

测点编号	FC1-1	FC1-2	FC1-3	FC1-4	FC1-5	FC2-1	FC2-3	FC3	FC4-1	FC4-2	FC4-3	FC5-1	FC5-2
测点间变形/mm	1.34	−1.94	−2.81	−2.86	−6.02	−0.10	−1.41	−3.99	0.20	−0.89	−2.00	−0.56	−0.07
测点间厚度/m	3.62	4.72	5.71	1.69	0.90	4.16	5.84	13.08	4.42	2.98	4.51	4.91	2.54
变形归一化参数/%	0.037	−0.041	−0.049	−0.169	−0.669	−0.002	−0.024	−0.031	0.005	−0.030	−0.044	−0.011	−0.003
距离归一化参数	2.67	1.94	1.17	1.00	0.93	2.79	1.99	2.06	3.11	2.74	2.28	3.82	3.57

注：①测点间变形是指同一排分层测点最终变形值之差，正值表示测点间土体拉伸，负值表示测点间土体压缩，地表下首个分层测点的测点间变形是指与地表变形之间差值；②测点间厚度是指同一排分层测点之间土层厚度；③变形归一化参数是指测点间变形与测点间厚度的比值，为无量纲数值；④距离归一化参数是指分层测点到地铁隧道轴线与隧道管片外直径的比值，为无量纲数值。

由表 4.9-3 可知，FC1-1 和 FC4-1 与地表之间的土层发生了轻微的拉伸，其余测点间土层都发生了不同程度的压缩，地表土层发生轻微拉伸一方面可能是将地表和分层测点简化成同一断面后所呈现出的结果，另一方面可能是监测范围内地表填土层伴有建筑垃圾，变形程度与下部砂层相比较小。把表 4.9-3 各测点的变形和距离归一化数值对应关系绘制成散点图，如图 4.9-6 所示，可以发现：越接近地铁隧道轴线的土体，越容易受施工扰动，单位厚度土层变形量越大，土层基本上呈现压缩状态。换言之，不考虑监测点范围内土层性质突变的前提下，在地铁盾构通过 B 监测断面后，越靠近盾构的深层土层受施工扰动越大，其压缩程度越大。

同理，将统计盾构施工过程中 5 个阶段的变形和距离归一化数值并绘图，如图 4.9-7 所示,由此可知在盾构各阶段中土体变形具有和图 4.9-6 相同的规律,由于地铁盾构通过时的阶段性特征不明显,因此阶段①、③和⑤的规律更为明显。

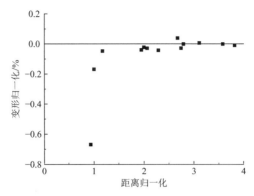

图 4.9-6　同一断面上测点变形与距离归一化关系散点图(地铁盾构)

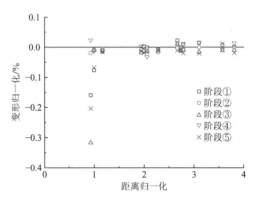

图 4.9-7　同一断面上盾构施工各阶段测点变形与距离归一化关系散点图(地铁盾构)

4.9.2　B 断面电力隧道引起分层变形

1.各系列(即各排)分层测点整体变形情况

1)FC1 系列(结合图 4.3-4、图 4.3-5 和图 4.9-8)

FC1 系列位于电力隧道左侧(距离隧道外边线 0.9m),FC1-1 曲线符合常规变形形态,刀盘到达前基本上没有变形,在刀盘通过断面后持续发生沉降变形,最终沉降变形量为 17.03mm,期间盾构施工阶段性特征不明显;FC1-2 曲线在刀盘距离断面仍有 7.27m 的时候发生隆起,随后持续隆起变形,在刀盘到达监测断面后发生下降(表现为隆起),在监测结束后回到初值附近(即从曲线终点来看,FC1-2 最终发生了轻微隆起变形);FC1-3 和 FC1-5 全过程曲线几乎为一条水平线,即没有发生明显的变形,原因是测点范围内进行了溶洞注浆处理,现场监测时观察发现地表位置处沉降板的竖杆与孔壁被水泥浆胶结在一起,虽然利用工具进行了凿除,但分层测点未能反映沉降板所处位置的土体真实变形,存在沉降板被泥浆液浇筑密实的可能性;FC1-4 先发生隆起变形,后恢复到初始状态,并保持近似一条水平直线至监测结束。

总的来说,FC1 系列中只有 FC1-1 能够反映出土体常规变形特征,同样没有表现出盾构施工的阶段性特征。

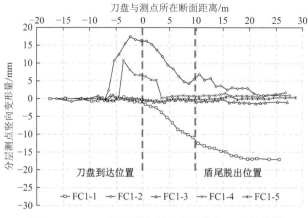

图 4.9-8　FC1 系列测点随电力盾构施工变化曲线

2）FC2 系列（结合图 4.3-4、图 4.3-5 和图 4.9-9）

FC2 系列位于电力隧道轴线的上方，FC2-1 在刀盘到达断面前发生轻微的隆起变形，在刀盘通过断面后开始并持续发生沉降变形，最终沉降量为 25.11mm，期间没有明显的施工阶段性特征，其变形形态与 FC1-1 相近；FC2-2 在刀盘到达断面前有轻微变形（沉降和隆起），在刀盘超过断面 0.92m 时发生隆起，刀盘通过时最大隆起量为 6.42mm，随后在盾体通过断面期间持续发生沉降变形，在盾尾脱出断面前的累计沉降量为 44.10mm，在盾尾脱出断面后的累计沉降量为 79.15mm，发生了较大的沉降变形，但随后盾尾注浆使土体沉降变形恢复为 47.88mm，后续维持着较大的沉降变形直至监测结束；FC2-3 在刀盘距离断面约 8m 时突然发生较大沉降变形，累计沉降变形量为 40.03mm，随后沉降变形逐步得到恢复，在盾体通过阶段又发生较大的沉降变形，相应累计沉降变形量为 19.00mm，在盾尾脱出断面约 2m 后的时候发生较大的沉降，相应累计沉降变形量为 74.96mm，随后沉降变形得到些许恢复，测点最终沉降量约为 60mm。

总的来说，FC2-1 能够反映出土体常规变形特征，FC2-2 尽管有较大变形，但与盾构施工的阶段性特征能够相互对应，FC2-3 曲线前段较为"奇特"，后段可以近似反映阶段性特征。

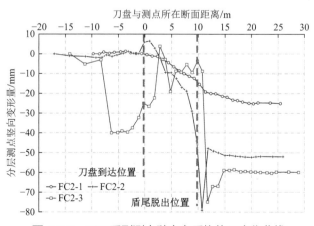

图 4.9-9　FC2 系列测点随电力盾构施工变化曲线

3）FC3、FC4 系列（结合图 4.3-4、图 4.3-5 和图 4.9-10）

FC3 尽管位于电力隧道腰部右侧（距离隧道外边线 0.8m），但是变形很小，前期变形基本不大，在盾体通过断面期间开始发生沉降变形，最终沉降量约为 1.5mm，FC4-3 在刀盘到达断面时开始发生沉降变形，最终沉降量约为 3.5mm，曲线形态与 FC3 曲线较为相近，原因是 FC4-3 和 FC3 在空间上位置接近。FC4-1 和 FC4-2 曲线形态较为一致，在刀盘到达断面后开始发生沉降变形，在盾尾脱出断面时发生较大沉降变形，沉降增量分别为 1.81mm 和 1.89mm，随后两测点均发生沉降变形，FC4-2 的最终沉降量约为 10.5mm，FC4-1 的最终沉降量约为 16mm。

总的来说，FC3 和 FC4 系列测点曲线变形能够反映盾构施工引起的土体变形，即变形曲线形态较为合理。同时，由分层测点变形量以及与隧道轴线距离大小相应关系可知，埋深越大的测点，其变形量越小。

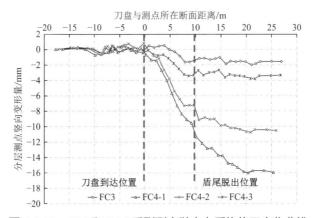

图 4.9-10 FC3 和 FC4 系列测点随电力盾构施工变化曲线

4）FC5 系列（结合图 4.3-4、图 4.3-5 和图 4.9-11）

FC5-1 和 FC5-2 曲线变形形态较为一致，整体变形量不大，盾构施工的阶段性特征不明显，同时可以发现埋深越大的测点，其变形量越小的特点。总的来说，FC5 系列测点曲线形态较为合理。与 FC4 系列相比，FC5 系列测点变形曲线发生分离的时机较为滞后。

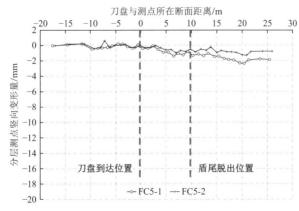

图 4.9-11 FC5 系列测点随电力盾构施工变化曲线

2. 各测点变形曲线阶段分析

FC1-2~FC1-5、FC2-2 和 FC2-3 变形曲线形态与其余变形曲线差异较大，暂不对其进行考虑，将其余曲线绘图，如图 4.9-12 所示。位于电力隧道顶部的分层测点（FC2-1）有较大的沉降变形，横向方向上测点越远离电力隧道其变形越小，竖向方向上测点越远离电力隧道其变形越大。

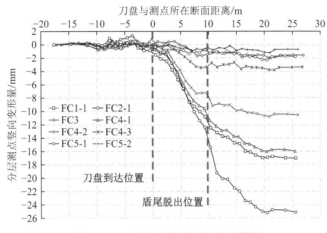

图 4.9-12　各合理分层测点变形曲线

计算各分层测点在各阶段中的变形增量值，列在表 4.9-4 中，须注意的是，各测点计算各阶段变形增量所选取监测数据不一定具备相同控制条件（如监测时间、至刀盘距离等）。并分别统计各分层测点在各阶段中的变形绝对值，得到总变形量，计算各阶段的变形量与总变形量的比值，如表 4.9-5 所示。

如表 4.9-4 和表 4.9-5 所示，依据平均值可知各分层测点在③阶段所占的比重最大，在①阶段所占的比重最小。FC1-1、FC2-1 和 FC4-1 处于隧道上方且具有相近的埋深，在②~⑤阶段中的增量值及比重较为接近。总变形量较小的测点（如 FC5-1 和 FC5-2）则具有相近比重值且在阶段②和④中具有较大的比重。由此可知，总变形量较大的测点在阶段③和⑤中占有较大的比重，总变形量较小的测点在阶段②和④中占有较大的比重。

各分层测点在各阶段中的变形增量值汇总表（单位：mm）　　表 4.9-4

阶段	FC1-1	FC2-1	FC3	FC4-1	FC4-2	FC4-3	FC5-1	FC5-2
①	−0.89	0.06	−0.13	0.07	0.78	−0.48	0.11	0.04
②	−0.63	−0.55	0.60	−0.79	−0.89	0.35	−0.45	−0.31
③	−9.30	−11.91	−1.92	−8.83	−7.16	−3.21	−0.42	−0.17
④	−1.66	−2.99	0.28	−1.81	−1.89	0.60	−0.50	−0.37

阶段	FC1-1	FC2-1	FC3	FC4-1	FC4-2	FC4-3	FC5-1	FC5-2
⑤	−4.55	−9.72	−0.42	−4.60	−1.38	−0.61	−0.54	0.09

注：正值为隆起，负值为沉降。

各分层测点在不同阶段中的增量绝对值在总变形值绝对值中所占的比重（单位：%）

表 4.9-5

阶段	FC1-1	FC2-1	FC3	FC4-1	FC4-2	FC4-3	FC5-1	FC5-2	平均	标准差
①	5.23	0.24	3.88	0.43	6.45	9.14	5.45	4.08	4.36	2.62
②	3.70	2.18	17.91	4.91	7.36	6.67	22.28	31.63	12.08	9.38
③	54.61	47.21	57.31	54.84	59.17	61.14	20.79	17.35	46.55	15.42
④	9.75	11.85	8.36	11.24	15.62	11.43	24.75	37.76	16.34	8.87
⑤	26.72	38.53	12.54	28.57	11.40	11.62	26.73	9.18	20.66	9.55

3. 土体拉压变形情况

基于图 4.9-12 中分层测点，依据地铁通过监测断面时深层土体竖向变形拉伸压缩分析方法（图 4.9-6 和表 4.9-3），计算电力盾构通过监测断面时土体压缩拉伸情况，如图 4.9-13 所示。由图 4.9-13 可知，与地铁盾构通过断面时具有相似的规律，即不考虑监测点范围内土层性质突变的前提下，在电力盾构通过 B 监测断面后，越靠近盾构的深层土层受施工扰动越大，其压缩程度越大。

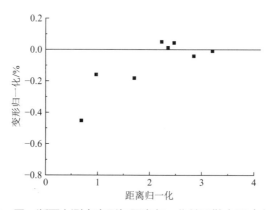

图 4.9-13　同一断面上测点变形与距离归一化关系散点图（电力盾构）

4.9.3　B 断面先后盾构施工分层变形分析

由图 4.9-14 可知，期间 FC1-2、FC1-5 和 FC2-3 发生隆起，且隆起数值不小，分别为 8.51mm、6.54mm 和 35.68mm，其余分层测点均发生沉降。FC1-2、FC1-5 和 FC2-3 发生隆起的原因是测点处于 MHBZ3-XS-18 溶土洞范围内，期间对溶洞进行了注浆加固，注浆过程中浆液抬升了分层测点。由此可知，期间溶洞注浆对深层土体竖向位移的监测测点产生了不利的影响，深层土体局部注浆加固可能会导致后续电力盾构施工所产生的土体扰动反应不灵敏，出现较为奇异的变形曲线（如 FC1-2、FC1-5 和 FC2-3），甚至使测点发生破坏（FC1-3 和 FC1-5）。

此外，由图 4.9-14 可知，FC1 系列的 1/3/4 测点、FC2 系列的 1/2 测点、FC4 系列的 1/2/3 测点和 FC5 系列的 1/2 测点编号越大，表示测点埋深越大，期间呈现出对应的沉降变形越小。由于 FC1 和 FC2 系列分层测点位于溶洞处理范围内，不能精准确认测点受注浆影响的程度，暂不考虑，从 FC4 和 FC5 系列所处位置处地表和深层土体竖向变形来看（图 4.9-15），土体埋深越大，期间发生的固结沉降越小，土体变形由深部往地表发生累加变形。

计算各分层测点到地铁隧道轴线的距离，将该距离除以地铁隧道外径归一化，把图 4.9-14 中各分层变形值与反映测点和地铁隧道轴线距离远近程度之间的关系绘图，如图 4.9-16～图 4.9-19 所示。由图 4.9-19 可知，分层测点沉降变形的数值大小与距离地铁隧道轴线远近相关程度不明显，这是由于分层测点埋深不同且期间主要发生固结沉降变形的原因。但结合图 4.3-5 和图 4.9-19 可知，各分层测点 1 序号和 2 序号近似位于同一水平面上，距离地铁隧道轴线越近的深层土体，发生竖向固结沉降变形时受到地铁隧道施工扰动的影响，其累计变形值越大，这在地表变形中也有相同的规律。

可重点研究的分层测点（如 FC1 和 FC2 系列）受 MHBZ3-XS-18 溶土洞注浆处理的影响较大，难以进一步研究分析电力隧道施工所产生的二次扰动行为响应。

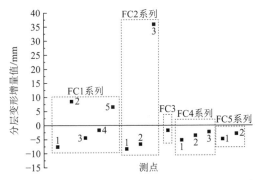

图 4.9-14　B 断面分层测点在先后行盾构监测期间总变形情况

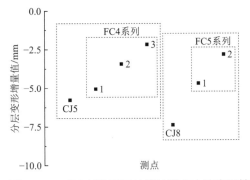

图 4.9-15　FC4 和 FC5 位置处竖向土体变形情况

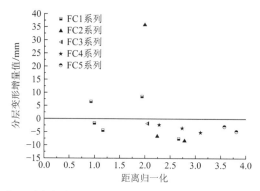

图 4.9-16 B 断面分层测点在先后行盾构监测期间总变形与距地铁隧道轴线距离关系图

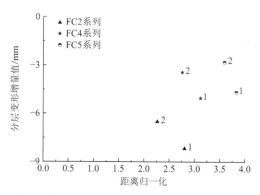

图 4.9-17 B 断面部分分层测点在先后行盾构监测期间总变形与距地铁隧道轴线距离关系图

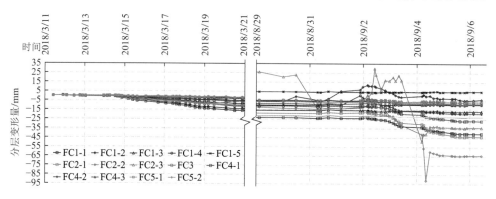

图 4.9-18 地铁和电力盾构先后施工过程中 B 监测断面各分层测点随时间变化曲线图

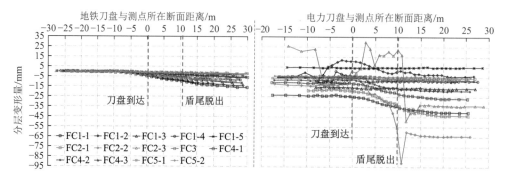

图 4.9-19 B 监测断面各分层测点随地铁和电力盾构施工过程变化曲线图

4.9.4　C 断面地铁隧道引起分层变形

地铁隧道通过 C 监测断面的地表变形曲线如图 4.4-9 所示，可知变形数值很小。不作时空转换，假定各测点在同一里程位置，绘制曲线，如图 4.9-20 所示。由此可知，分层变形曲线的变形形态相同，且随盾构掘进具有同步性，同时不受刀盘到达断面、盾尾脱出断面等关键阶段的影响。

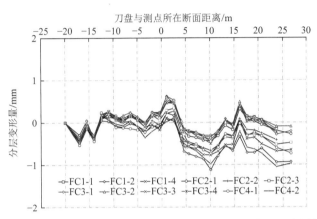

图 4.9-20　C 断面地铁盾构施工过程各测点分层变形曲线（未经时空转换处理）

4.9.5　C 断面电力隧道引起分层变形

电力隧道通过 C 监测断面所引起的分层变形曲线如图 4.4-10 所示，曲线变形幅度较大，监测全过程中有明显的隆起和沉降变形，受非施工因素干扰明显。考虑非施工因素干扰大，将所有分层测点按照设计断面里程进行处理（即不考虑盾构机与测点实际距离），如图 4.9-21 所示。

由图 4.9-21 可知，不考虑时空转换时，在盾构刀盘距离断面仍有约 5m 时，所有分层测点均发生不同程度的隆沉变形，对应监测时间为 5 月 8 日—5 月 20 日，由图 4.7-2 可知，此时测点附近钻孔注浆加固土层，盾构基本上处于停机状态，期间地表测点竖向变形增量如图 4.8-34 所示。除了 FC2-3 发生沉降变形，大部分埋深较小的分层测点均发生明显的隆起变形，FC1 系列中 FC1-3 隆起变形最大，FC2 系列中 FC2-2 隆起变形最大，FC3 系列中 FC3-2 隆起变形最大，由此可知注浆加固具有一定的范围，靠近地表的分层隆起变形不是最大。

由图 4.9-21 可知，除了 FC1-3 和 FC2-3，在经历剧烈的隆沉变形后，大部分分层测点变形曲线形态随盾构掘进没有出现突变的现象，同时由图 4.7-3 可知，测点附近可能出现未能完整记录的注浆处理，使得 FC1-3 曲线后期发生隆起，FC1-3 曲线先经历沉降后隆起，相关的具体原因未明。在刀盘超过断面约 5m 时，对应 6 月 11 日—6 月 21 日期间，所有分层测点被水泥浆浇筑破坏。5 月 8 日—5 月 20 日期间受注浆影响各分层测点变形情况见图 4.9-22。

计算各分层测点在 5 月 8 日—5 月 20 日期间注浆处理后直至测点破坏前最后监测之间的竖向变形值，如图 4.9-23 所示。由图 4.9-23 可知，除了 FC1-3 和 FC2-3，其余大部分测点基本上发生明显沉降变形。对比不同系列的分层变形可知，同一系列的测点，埋深越小其沉降变形越大，说明深层土体注浆加固具备局部性，在盾构施工扰动下，接近地表且注浆程度较低的土体依然产生较大变形。

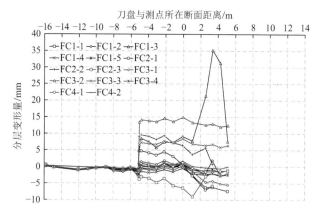

图 4.9-21　C 断面电力盾构施工过程各测点分层变形曲线（未经时空转换处理）

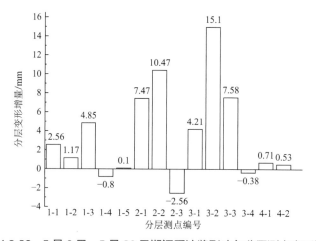

图 4.9-22　5 月 8 日—5 月 20 日期间受注浆影响各分层测点变形情况

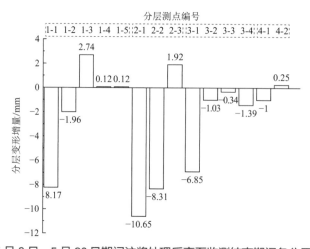

图 4.9-23　5 月 8 日—5 月 20 日期间注浆处理后直至监测结束期间各分层测点变形情况

4.10 监测数据整合分析

4.10.1 地铁施工引起土体扰动分析

由图 4.8-32 和图 4.9-20 可知，地铁盾构通过 C 断面时地表测点和分层测点变形数值小，且曲线变化形体较为同步，将其统一绘图，如图 4.10-1 所示，可以发现地表和分层测点曲线变形形态一致。将地表和分层测点相邻两次监测值之差（即增量值）绘图，如图 4.10-2 所示，可以发现，各测点绝大部分增量值分布较为相近，增量值大部分在 ±0.5mm 范围内，各测点的增量值与地铁盾构掘进的相关关系不明显。

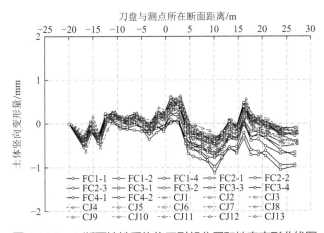

图 4.10-1　C 断面地铁盾构施工引起分层和地表变形曲线图

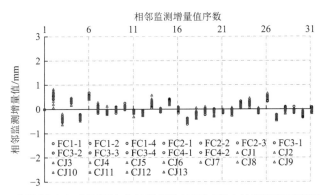

图 4.10-2　C 断面地表和分层测点在地铁盾构施工过程中的相邻监测增量值分布情况

因此，可以认为各竖向位移监测测点没有受到施工扰动的影响，变形曲线起伏变化的原因是每次监测之间的误差以及其他非施工因素的综合影响。地铁盾构施工没有对地表和分层测点产生明显影响的具体原因如下：

（1）地铁盾构所处土层：地铁盾构位于灰岩地层之中，掌子面基本上是岩层，C 断面所处位置溶洞和土洞较为发育，且在盾构施工前对溶洞和土洞进行了注浆处理，经注浆加固后的岩土层受盾构施工扰动不明显。

（2）盾构施工埋深走势：盾构轴线在 C 断面的平均埋深为 20.4m，同时，在往 C 断面方向的掘进过程中，盾构埋深逐渐增大，因此在盾构刀盘到达监测断面前，对上部土层的影响会有所减少。

（3）测点空间分布：最靠近地铁隧道的分层测点（或地表测点）距地铁隧道边线的水平距离约为 2.5m，最远离地铁隧道的地表测点距离地铁隧道边线的水平距离约为 20m，对于处在上砂下岩的地层且掌子面主要是注浆加固后的灰岩来说，横向影响范围没有那么远。此外，由于地铁隧道位于公路下方，地铁隧道上方区域不能布置测点，因此只能监测距隧道一定距离的竖向土体变形。

因此，通过竖向位移测点的变化大小及空间位置，可以推测隧道上方的土体竖向变形属于轻微扰动。

此外，可知，C 断面地铁盾构通过时变形曲线最大值不超过 6mm，同时，由于溶洞注浆的影响，测斜管底部发生轻微的转动，由盾构施工引起的实际水平变形小于监测量，属于轻微扰动。

为了比较地铁盾构前后通过 B、C 监测断面过程中对周围砂层的扰动情况，在图 4.2-4 的基础上加入补勘钻孔，将两个断面的地层情况示意绘制。

结合图 4.10-3，由上述分析可知，地铁盾构通过 C 断面时，掌子面几乎为全断面溶洞注浆处理后的灰岩地层，对周围砂层的扰动较小，属于轻微扰动。同时，电力隧道所在位置处砂层不受地铁盾构施工的扰动，地铁盾构施工的影响范围小。

同时，由图 4.4-2 和图 4.4-7 可知，地表和分层测点变形最大值约为 16mm，测斜曲线 CX1 变形最大值约为 10mm。结合图 4.10-3 可知，地铁盾构通过 B 断面时，掌子面为上砂下岩复合地层，尽管 B 断面进行过溶洞注浆处理，但是掌子面中砂层分布占有不低的比例，对周围砂层的扰动较大。同时，电力隧道所在位置处砂层受地铁盾构施工的扰动，地铁盾构施工的影响范围大。

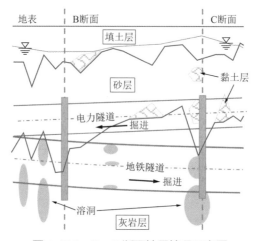

图 4.10-3　B、C 断面地层情况示意图

4.10.2　盾构施工引起的阶段性特征分析

本书中盾构施工引起的阶段性特征是指盾构刀盘到达和盾尾脱出监测断面前后所引起的土体变形和应力发生突变程度的强弱。常规盾构工程中往往具有明显的阶段性特征，阶段性特征越大，即土体受扰动越剧烈，这与盾构施工参数、地层条件、测点布置位置等因素相关。

将上述 B、C 断面盾构施工引起的位移和应力阶段性特征明显程度汇总如表 4.10-1 所示，由于 C 断面电力盾构通过期间注浆扰动严重，土体变形和应力扰动情况不能真实反映盾构施工的影响，因此不考虑。基于监测测点实际布置位置，由表 4.10-1 中可知，盾构在上砂下岩地层中施工，土体变形的阶段性特征明显程度：深层水平位移 > 深层竖向变形 > 地表竖向变形。从总体上来看，盾构在该地层中施工，越靠近盾构的土体变形其阶段性特征越明显。

此外，对比表 4.10-1 中电力盾构通过 B 断面以及地铁盾构通过 B、C 断面分别引起土体变形阶段性特征之间的差异，可以发现：盾构施工掌子面中岩层所占的比例越大，其引起的阶段性特征越不明显。尽管地铁盾构通过 B 断面时深层竖向变形与水平变形的阶段性特征不同，可能是地铁隧道上方没有深层竖向位移监测测点，但仍然可以得出结论：与掌子面有灰岩层等"较硬"土层相比，掌子面内全是砂层、黏土等"较软"土层时盾构施工引起的土体变形阶段性特征较明显。

B、C 断面盾构施工引起的位移和应力阶段性特征明显程度　　表 4.10-1

监测项目	地表竖向变形		深层竖向变形		深层水平变形		超孔压变化	
监测断面	B	C	B	C	B	C	B	C
地铁	不	不	不	不	轻微	不	不	轻微
电力	不	—	局部明显	—	局部明显	—	轻微	—

注：表中"不"代表阶段性特征不明显，"局部明显"代表部分测点明显。

4.10.3　C 断面注浆加固土体分析

C 断面电力盾构施工监测期间，刀盘开仓注浆加固土体工况主要发生了三次，其中 5 月 12 日—5 月 17 日期间注浆加固对监测数据造成严重不利影响（图 4.7-2）。

由上述地表变形和分层变形分析可知，深层土体一定范围内的注浆加固能够整体抬升上部土层，越接近地表，土体隆起变形量值越小，较远处地表和分层测点基本不受影响，注浆加固呈现一定影响范围。

同时，由于土体受注浆加固影响的程度不同，地表测点受后续盾构施工扰动明显，发生较大的变形。换言之，深层土体注浆加固能够保证盾构开仓换刀的顺利进行，但由于没有对地表土体进行加固，尽管注浆加固时使地表测点发生较大的隆起变形（图 4.8-34），但是地表测点受盾构施工扰动仍然显著。

4.11 小结

（1）岩层有较好的屏蔽保护作用。在平行隧道施工中，先行隧道处于岩层中，后行隧道对其扰动非常小。灰岩地层注意隧道局部露头，一旦露头，后行隧道对先行隧道的影响会增大。

（2）在先行隧道监测结束至后行隧道监测开始期间，地表土体主要发生整体固结沉降，靠近先行隧道的地表变形稍大；土体深层竖向变形测点埋深越大，期间发生的固结沉降越小，土体沉降变形由深部往地表发生累加变形；距离先行隧道轴线越近的深层土体，由于受到先行隧道施工扰动的影响，竖向固结沉降变形值越大。

（3）横向地表沉降槽拟合得到的地层损失率V_L随盾构掘进不断增大，但增大的幅度逐渐减小，V_L和刀盘与地表测点所在断面的距离呈指数关系；横向地表沉降槽拟合得到的沉降槽宽度系数i和参数K基本上不受盾构施工参数的影响，受地层条件和隧道参数的影响，随盾构施工掘进过程保持稳定。i、K在数值上分别和刀盘与地表测点所在断面的距离呈线性关系，在图形上近似呈水平直线。

（4）盾构刀盘到达和盾尾脱出监测断面是盾构施工中重要的阶段，期间引起土体行为响应的变化程度称为阶段性特征。在上砂下岩复合地层中，盾构施工引起土体变形的阶段性特征大小顺序为：深层水平位移 > 深层竖向变形 > 地表竖向变形，土体越靠近隧道其阶段性特征越明显；与隧道掌子面有灰岩层等"较硬"岩土层相比，隧道掌子面内全是砂层、黏土等"较软"岩土层的土体变形阶段性特征较明显。

（5）与隧道轴线距离相同的"同一排"深层土体竖向变形测点埋深越小，其沉降变形量越大，呈现沿深度方向由下往上逐渐累加的现象，距离隧道轴线越近的测点受盾构施工扰动大，现象越明显。"同一排"测点距离隧道轴线越远，其变形曲线随盾构施工形态越相近，发生显著分离的时机越滞后。

第 5 章

盾构机选型及刀盘优化

城市电力隧道
与地铁隧道同步建设技术

广州石井—环西电力隧道工程

本项目全线盾构隧道总长 6.7km，划分为 3 个施工标段，共投入 3 台盾构机，其中 2 台为土压平衡盾构机，1 台为泥水平衡盾构机，盾构机的开挖直径为 4.3~4.4m。

5.1 盾构选型与配置

盾构机选型正确与否是盾构隧道施工成败的关键。三个标段的隧道贯通后，总的来看，本项目盾构选型是适宜的、合理的。建设管理单位对盾构机配置方面的管控是及时的、有效的。

特别是施工 1 标的冷冻刀盘改造并成功进行多次冷冻开仓、施工 3 标掘进过程中的更换刀盘，为整个项目顺利完成提供了有力保障，为盾构选型及配置和后续工程施工提供了借鉴和思考。

1. 开挖直径选择

对于本电缆隧道工程，设计最大安装电缆回数为 10 回，3600mm 内径的隧道已能满足安装及维护管理等要求，且掘进 3600mm 隧道的盾构机已在广州地区大量使用，应用较为广泛，施工技术比较成熟，配套管片生产质量也有保证，因此经设计确认，本项目盾构成型隧道内径 3600mm，隧道外径 4100mm，盾构机的开挖直径选择为 4300mm 左右。

2. 刀盘选择

针对本电力隧道工程的地质概况，且电缆隧道沿线均为人群、车流密集的城市中心，施工占地面积受到很大限制。考虑到盾构穿越路线上的地层强度差别可能较大，如岩层、软岩、软土等，以及掘削全断面地层的纵向强度可能不均匀，为了适应复杂的地层条件，使盾构既可切削软土，也可切削软岩、砂砾和硬岩层，建议选用复合地层盾构刀盘。

3. 盾构模式选择

2014 年 2 月 18 日，广州轨道交通建设监理有限公司组织召开了 220kV 石井—环西电力隧道（西湾路—石沙路段）工程代建项目盾构机选型专家论证会。综合考虑各标段工程地质情况、周边环境及施工要求，施工 1 标（1~4 号井区间）建议选用泥水平衡盾构机；施工 2 标（4~6 号井区间）、施工 3 标（6~8 号井区间）建议选用土压平衡盾构机。

4. 全国首次配置盾构冷冻刀盘

施工 1 标选用的泥水平衡盾构机，由于采用旧机维修改造的方式，旧盾构机由于内部空间狭小，未配置人舱及压气作业的成套设备，不能进行压气作业。隧道大部分区段在车流量较大的道路下方穿行，局部不具备占地进行加固预处理施工的条件。

为保证盾构施工及换刀安全，代建单位要求施工单位采用的盾构机必须配置压气换刀成套装置，否则不能投入盾构施工。在此形势下，施工单位经过多次筹划和专家论证，首次提出了进行冷冻刀盘改造，以保证掘进过程中开仓换刀的安全。于是国内首个冷冻刀盘在本项目诞生。

5. 盾构施工过程中更换刀盘

施工 3 标采用一台新购海瑞克土压平衡盾构机进行施工，7～8 号井区间隧道所处地层为上软下硬地层和软土地层。在始发掘进 360m 过程中，施工方已进行压气开仓换刀作业近 10 次，盾构掘进造成刀具损坏数量多，更换滚刀 83 把，平均每次换刀 9.2 把，且大部分刀具损坏情况严重，无法维修。

经统计分析，硬岩地层掘进选用双刃滚刀，刀具轴承所受的力大于单刃滚刀。经统计分析本工程使用的刀盘中部分刀具所受偏心力矩较大，容易造成损坏，7～13 号滚刀尤为明显。刀盘上双刃滚刀的配置对上软下硬地层适应性较差。以现有条件较难提升掘进速度，无法满足业主的工期要求。

经过多次论证，需更换刀盘安装单刃滚刀，能增加刀具破岩能力，延长刀具使用寿命，同时减少开仓换刀的工期延误和安全风险，有利于上软下硬地层和硬岩地层掘进。

在代建单位督促下，施工单位主导推进，盾构机生产厂家（海瑞克公司）积极配合。按计划在 7 号工作井更换了盾构刀盘，保证了后期顺利掘进完成。

2020 年 8 月，盾构到达 6 号工作井，盾构施工效率有明显提升，开仓换刀次数及刀具损耗数量也有显著降低，达到了预期效果。这足以证明刀盘刀具选型的重要性，也提醒后续盾构选型时，刀具配置是其中必须考虑的关键因素之一。

5.2 全线盾构机配置情况

电力隧道全线盾构机参数如表 5.2-1 所示。由于施工 3 标在灰岩中掘进，刀盘及刀具配置在灰岩中掘进效率低，需频繁换刀，故施工 3 标施工期间更换了刀盘形式。

电力隧道全线盾构机参数表

表 5.2-1

主要部件		标段			
		施工 1 标	施工 2 标	施工 3 标	
		1～4 号井区间	4～6 号井区间	6～8 号井区间	
				8～7 号井区间	7～6 号井区间
厂商编号		三菱	中船重装粤龙 16	海瑞克 M2018	海瑞克 M2018
盾构模式		泥水	土压	土压	土压
盾构机综述	开挖直径/mm	4350	4400	4400	4400
	整机长度/m	91.5	98	80	80
	盾构机长度/mm	7400	8810	9800	9800
	转弯半径/m	190	> 30	100	100
	盾尾密封	三排	三排	三排	三排
	总质量/t	175	300	271	271

主要部件		标段			
		施工 1 标	施工 2 标	施工 3 标	
		1～4 号井区间	4～6 号井区间	6～8 号井区间	
				8～7 号井区间	7～6 号井区间
刀盘	刀盘形式	辐条式	辐条式	辐条式	辐条式
	开口率/%	35	38	30	34
	滚刀	1. 中心单刃滚刀 4 把; 2. 正面双刃滚刀 10 把	1. 中心双刃滚刀 4 把; 2. 正面双刃滚刀 9 把; 3. 边缘双刃滚刀 2 把	1. 中心单刃滚刀 4 把; 2. 正面双刃滚刀 12 把; 3. 边缘双刃滚刀 2 把; 4. 边缘单刃滚刀 2 把	1. 中心单刃滚刀 8 把; 2. 正面单刃滚刀 14 把; 3. 边缘单刃滚刀 8 把
	切削刀	49 把刮刀	52 把刮刀	40 把刮刀	40 把刮刀
	泥浆（泡沫）注入点	—	泡沫口 2 膨润土口 2	3	3
刀盘驱动	驱动模式	电机驱动	液压驱动	电机驱动	电机驱动
	最大转速/（r/min）	2.3	2	3	3
	额定转矩/（kN·m）	1912	1607	1600	1600
	脱困扭矩/（kN·m）	2294	1928	2000	2000
	主驱动功率/kW	300	400	400	400
	主轴承类型	中间支承式	中间支承式	中间支承式	中间支承式
	主轴承直径/mm	—	—	800	800
推进系统	最大推力/kN	19192	21000	17417	17417
	油缸数量	16	14	11	11
	油缸行程/mm	1650	1450	1700	1700
	最大推进速度/mm	80	67	80	80
铰接系统	铰接形式	主动	主动	主动/被动	主动/被动
	油缸数量	12	12	10	10
	油缸行程/mm	150	500	150	150
	回缩力/kN	1200	无	无	无
泥水循环系统	泥浆进/排浆泵/kW	160/200	—	—	—
	进浆管直径/mm	200	—	—	—
	最大进浆流量/m³	480	—	—	—
	排浆管直径/mm	150	—	—	—
	最大排浆流量/m³	270	—	—	—
螺旋输送机	形式	—	中心轴式	中心轴式	中心式
	内径/mm	—	580	600	600
	驱动功率/kW	—	55	90	90

续表

主要部件		标段			
		施工1标	施工2标	施工3标	
		1~4号井区间	4~6号井区间	6~8号井区间	
				8~7号井区间	7~6号井区间
螺旋输送机	最大扭矩/（kN·m）	—	31.5	91	91
	最大转速/（r/min）	—	16.6	30	30
	可通过尺寸/mm	—	150	—	—
	闸门形式	—	单闸门	双闸门	双闸门
泡沫系统	管路数量	—	2	3	3
	分布	—	中心	—	—
	最大注入量/（L/min）	—	45	109	109
	控制模式	—	自动/手动	自动/手动	自动/手动
	用水量/（L/min）	—	—	—	—
人舱	舱室数量	—	2	3	3
	可容人数	—	4	3	3
	舱门数量	—	4	5	5
	工作压力/bar	—	3	3	3

5.3　首创冷冻刀盘技术

5.3.1　项目背景

石井—环西电力隧道施工1标，整条隧道所处地质中硬岩（⑥到⑨$_{C-1}$）占比为24.18%，砂层占比为53.73%（隧道地层统计见表5.3-1）。硬岩经常造成刀具损坏或磨损，目前，在上软上硬地层换刀，常用的开仓方法为加固预处理常压开仓和气压开仓，但在砂层中采用气压开仓易出现仓内气压失稳，进而导致透水、坍塌及作业人员减压病等事故发生。

隧道地层统计表　　　　　　　　　　　表 5.3-1

地层代号	地层名称	占比/%	地层代号	地层名称	占比/%
③$_1$	粉-细砂	15.96	⑦$_1$	砾砂岩	3.09
③$_2$	中粗砂	14.26	⑦$_3$	泥质粉砂岩	9.64
③$_3$	砾砂	23.52	⑦$_C$	炭质灰岩	2.39
④$_{2B}$	淤泥质土	10.90	⑧$_1$	砾岩	0.39
④$_{N-1}$	淤泥土	0.67	⑧$_B$	泥质粉砂岩	0.88
④$_{N-2}$	可塑状粉质黏土	6.76	⑧$_{C-1}$	炭质灰岩	2.14
⑤$_{C-1B}$	可塑状灰岩残积土	3.54	⑨$_3$	含砾粉砂岩	2.32
⑤$_{C-2}$	硬塑状灰岩残积土	0.22	⑨$_{C-1}$	炭质灰岩微风化	0.79
⑥	泥质粉砂岩	2.55			

此外，盾构从环西变电站东南侧 1 号工作井始发往西湾路南侧人行道敷设后到达中间逃生井，之后下穿增埗河，沿西槎路南侧人行道前行，上跨 8 号线北延段西鹅区间隧道后沿西槎路西侧人行道前行到达 2 号工作井，通过 2 号工作井后继续沿西槎路西侧人行道向北敷设到达 3 号工作井，通过 3 号工作井后沿石槎路西侧人行道敷设，下穿北环高速，再次上跨 8 号线北延段同上区间隧道后沿西槎路东侧人行道前行到达 4 号工作井吊出（图 5.3-1）。隧道均在车流量较大的道路下方穿行，不具备占地进行加固预处理施工的条件。

图 5.3-1　线路卫星平面图

5.3.2　创新技术

结合该工程与上述需求进行分析，常用的加固预处理常压开仓和气压开仓技术无法满足工程需求。为避免占地施工，实现在复杂地层下安全开仓换刀，环西电力隧道首次创新研究出一种新的盾构开仓技术——冷冻刀盘技术。通过结合冷冻法对盾构机刀盘进行改造增加冷冻管路，再搭配后配套的冷媒和冷冻设备，使盾构机刀盘具备冻结地层的功能，完成对土仓外土层冻结加固，使其达到常压开仓换刀的要求，为盾构施工过程中开仓换刀提供安全保障。

1. 总体冷冻施工流程

冷冻刀盘开仓法开仓总体流程如图 5.3-2 所示。

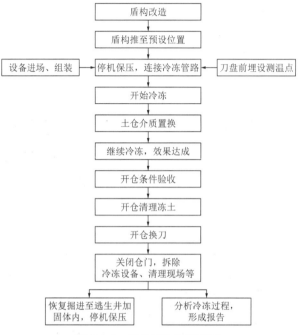

图 5.3-2 总体冷冻施工流程

2. 盾构下井前对盾构机进行改造

将整个刀盘结构变成巨大的"冻结圆盘"，使其具备冻结功能。主要改造内容为针对一台 $\phi4350mm$ 泥水平衡盾构机进行刀盘、前盾改造，增加刀盘冷冻管路、盾体冷冻管路、主驱动保护管路等，如图 5.3-3 所示。

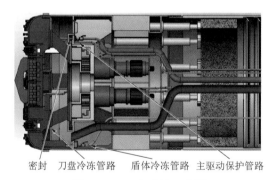

图 5.3-3 刀盘改造示意图

1) 刀盘冷冻管路改造

冷冻管路分布在四个区间，每个区间布置独立的冷冻液进、出回路；冷冻管路由 $\phi89mm \times 8mm$ 钢管制作而成，从 2/3 截面处剖开，即用 2/3 断面钢管与刀盘体焊接，如图 5.3-4 和图 5.3-5 所示。

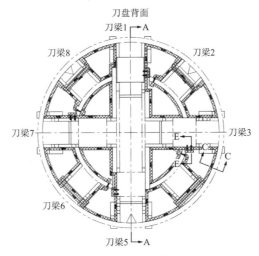

图 5.3-4 刀盘冷冻管路循环示意图

图 5.3-5 刀盘冷冻管路分布图

2）冷冻管接口密封改造

接管密封仓：保持刀盘冷冻管口的密闭性，防止接管时，卸压导致泥浆涌入盾体内，如图 5.3-6 所示。

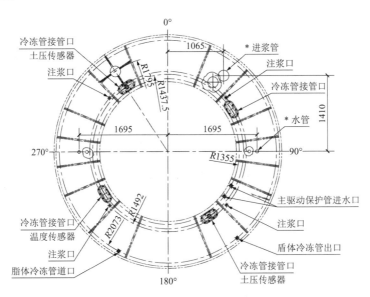

图 5.3-6 刀盘冷冻接口分布图

密封外环焊接在刀盘法兰上，密封支承环焊接在前盾承压隔板上，加工面需焊后加工，如图 5.3-7 所示。

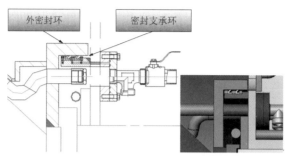

图 5.3-7　刀盘冷冻接口图

3）盾体冷冻管路改造

在前盾切口环前部由 10mm 厚钢板焊接成密闭的环腔，如图 5.3-8～图 5.3-10 所示。

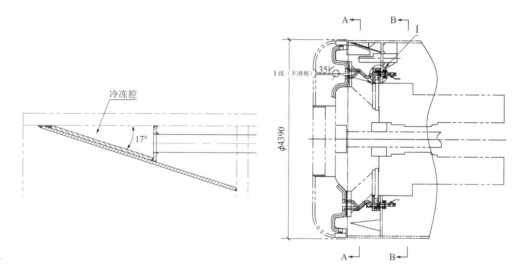

图 5.3-8　盾体冷冻管图　　　　　　图 5.3-9　冷冻刀盘改造总图

图 5.3-10　盾构刀盘改造后异形冻结管图

3. 有限元分析

项目实施前采用有限元分析，以广州地区的地层参数为基础对冻结温度场以及开仓更换刀具过程中冻结壁的应力场和位移场进行数值模拟，以全面了解整个冻结温度场的发展状况以及开仓更换刀具期间冻结壁的稳定性。三维冻结温度场分析如下。

1）基本假定

（1）建立三维模型对温度场问题进行求解。

（2）在研究范围内，认为土体、刀盘是均匀、连续的。

（3）土体、刀盘的初始温度均为等值常数（第一类边界条件）。

（4）土体冻结时，潜热集中在冻结界面连续放出。

（5）假设土中水分全部冻结，未冻水含量为零。

2）有限元模型

考虑对称性，建立 1/4 盾构机模型，冻结管布置在辐条上。盾构前方、左方及右方的土体厚度均取 10m，刀盘及冻结管布置见图 5.3-11，整体模型见图 5.3-12。采用四面体单元划分网格，有限元模型网格划分图见图 5.3-13。

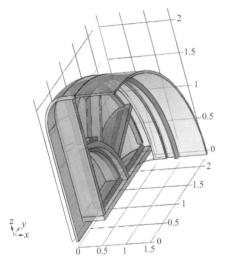

图 5.3-11　盾构刀盘及冻结管布置

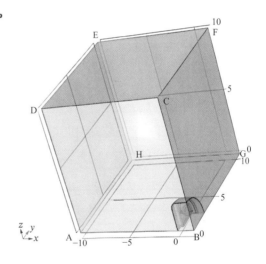

图 5.3-12　有限元计算整体模型

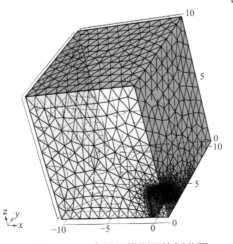

图 5.3-13　有限元模型网格划分图

3）边界条件及计算参数

土体、钢管片的初始温度均取为 18℃；图 5.3-12 所示面 ADEH、EFGH、CDEF 为恒温边界，温度为原始地温；考虑到对称性，面 ABCD、ABGH 为绝热边界；考虑到盾构刀盘后方会进行保温处理，且盾构刀盘后方的温度场发展趋势不是重点关注区域，面 BCFG 近似按绝热边界处理。

土体和钢管片的热物理参数见表 5.3-2。

土体和钢管片的热物理参数表　　　　　　　　　　　表 5.3-2

项目	土体	钢管片
密度/（kg/m³）	1930	7800
含水量/%	25	—
导热系数λ/[W/(m·K)]	1.45（未冻土）	36
	1.85（冻土）	
比热/[kJ/(kg·K)]	1.69（未冻土）	0.47
	1.108（冻土）	

冻结管外表面温度是决定冻结效果的重要因素，本计算采用的冻结管外壁温度有三种不同的方案，即经过一定的降温时间以后（冻结开始 1 周后盐水温度降至 0℃以下，冻结 2 周以后，盐水温度降至 −20℃以下），盐水温度分别稳定在 −25℃、−28℃、−30℃。

4）结果及分析

盐水温度 −25℃条件下冻结 30d 时整体模型的温度云图见图 5.3-14。

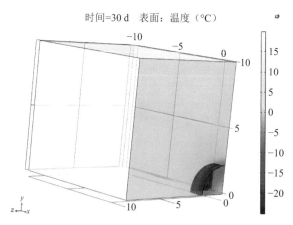

时间=30 d　表面：温度（℃）

图 5.3-14　盐水温度 −25℃冻结 30d 时整体模型的温度分布云图

冻结 30d 时，盾构刀盘外表面的温度云图见图 5.3-15。由图 5.3-15 可以看出，与冻结管直接接触的位置刀盘外表面温度最低，达到了 −24.6℃；隔仓内的冻结管通过钢板外部传热，使得辐条位置处的刀盘外表面温度较低（约 −22.3℃），距离冻结管最远处的隔仓中部的温度最高（约 −20℃）。

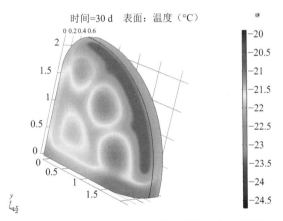

图 5.3-15 冻结 30d 时盾构刀盘外表面温度云图（盐水温度 −25℃）

刀盘外表面温度及盐水温度随时间的变化曲线见图 5.3-16。由图 5.3-16 可见，刀盘外表面温度与盐水温度有大致相同的降温趋势，冻结初期，二者的温差约为 2℃，随着盐水温度的降低，二者温差有缓慢增大的趋势，冻结中后期，随着降温负荷的减小，二者的差值逐渐缩小。

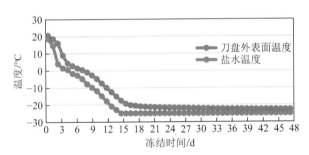

图 5.3-16 刀盘外表面平均温度及盐水温度随时间变化关系

冻结 30d 和 50d 时刀盘前方的冻结帷幕形状见图 5.3-17 和图 5.3-18，土体冻结温度取 −0.5℃。

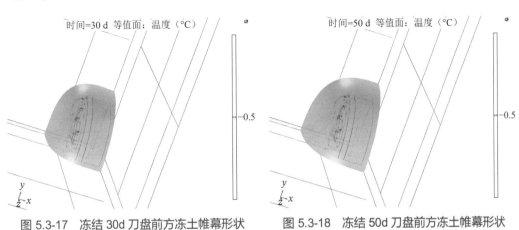

图 5.3-17 冻结 30d 刀盘前方冻土帷幕形状
（盐水温度 −25℃）

图 5.3-18 冻结 50d 刀盘前方冻土帷幕形状
（盐水温度 −25℃）

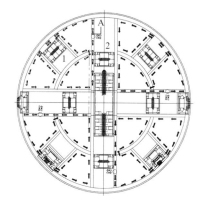

图 5.3-19 冻结壁厚度提取位置示意图

由图 5.3-17 和图 5.3-18 可以看出，冻结壁向前发展不受刀盘外表面温度不均匀的影响。刀盘中心处的冻结壁厚度最厚；随着半径增大，冻结壁厚度平滑地逐渐减小。这主要是由于刀盘中心处仅有前方的热负荷，随着半径的增大，前方和两侧的热负荷逐渐增大，故冻结壁厚度小于刀盘中心处。

在有限元模型中提取图 5.3-19 所示盾构刀盘左上方刀具 1 和刀具 2 所在位置处的冻结壁厚度，不同盐水温度下的冻结壁厚度见表 5.3-3～表 5.3-5。

冻结 30d 时刀具 1 和刀具 2 位置的冻结壁厚度和平均温度　　　　表 5.3-3

盐水温度/°C		刀具 1		刀具 2	
		冻结壁厚度/m	平均温度/°C	冻结壁厚度/m	平均温度/°C
30d	−25	0.55	−8.9	0.67	−9.9
	−28	0.59	−10.0	0.70	−11.2
	−30	0.61	−10.9	0.73	−11.9
40d	−25	0.69	−8.9	0.81	−10.0
	−28	0.73	−10.1	0.86	−11.4
	−30	0.76	−10.9	0.90	−12.1
50d	−25	0.78	−9.1	0.93	−10.2
	−28	0.83	−10.2	0.98	−11.5
	−30	0.87	−11.0	1.01	−12.4

冻结 40d 时刀具 1 和刀具 2 位置的冻结壁厚度和平均温度　　　　表 5.3-4

盐水温度/°C	刀具 1		刀具 2	
	冻结壁厚度/m	平均温度/°C	冻结壁厚度/m	平均温度/°C
−25	0.69	−8.9	0.81	−10.0
−28	0.73	−10.1	0.86	−11.4
−30	0.76	−10.9	0.90	−12.1

冻结 50d 时刀具 1 和刀具 2 位置的冻结壁厚度和平均温度　　　　表 5.3-5

盐水温度/°C	刀具 1		刀具 2	
	冻结壁厚度/m	平均温度/°C	冻结壁厚度/m	平均温度/°C
−25	0.78	−9.1	0.93	−10.2
−28	0.83	−10.2	0.98	−11.5
−30	0.87	−11.0	1.01	−12.4

不同冻结时间下，刀盘后部筒体处的冻结壁厚度和平均温度见表 5.3-6。

不同冻结时间下刀盘后部筒体处的冻结壁厚度和平均温度 表 5.3-6

冻结时间/d	盐水温度（−25℃）		盐水温度（−28℃）		盐水温度（−30℃）	
	厚度/m	温度/℃	厚度/m	温度/℃	厚度/m	温度/℃
30	0.58	−10.1	0.62	−11.1	0.65	−11.8
40	0.69	−10.2	0.76	−11.0	0.76	−12.2
50	0.78	−10.2	0.87	−10.9	0.87	−12.1

4. 开仓换刀过程中冻结壁受力分析

1）有限元模型

分析冻结帷幕形成以后，依次打开格仓进行刀具修复时冻结壁的受力。如图 5.3-19 所示，刀具 1 距离刀盘中心的距离较远，开挖风险较刀具 2 大，故主要验算刀具 1 开挖时的冻结壁厚度和强度能否满足要求。计算时采用地层-结构法建立有限元模型，其原理是将衬砌和地层视为整体，在满足变形协调条件的前提下分别计算衬砌与地层的内力，并据以验算地层的稳定性和进行构件截面设计。有限元模型见图 5.3-20，采用四面体网格划分单元，有限元模型网格划分图见图 5.3-21。

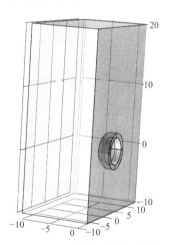

图 5.3-20　冻结壁受力分析
有限元模型

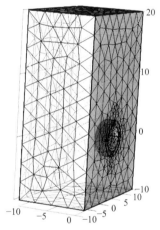

图 5.3-21　冻结壁受力分析有限元模型
网格划分图

2）边界条件及计算参数

冻土弹性模量为 300MPa，泊松比为 0.23，冻土密度为 1890kg/m³。未冻土弹性模量 100MPa，泊松比 0.3，密度 1890kg/m³。冻结壁厚度取 0.5m，冻结壁平均温度取 −10℃。冻土强度以冻土平均温度为 −10℃时的黏土强度为准，取 $[\sigma_{压}] = 6.0$MPa，$[\sigma_{拉}] = 2.4$MPa。

模型顶部为自由边界，四个侧面为辊支承，模型底部为固定约束，冻土的内边界为固定约束，刀具更换时刀具所在位置会开挖掉一部分冻土，开挖冻土的深度取 0.08m，开挖后的冻土为暴露状态，取为自由边界。

计算分两步进行：第一步，在给定边界条件下，开启重力选项，计算冻土和未冻土的应力和位移；第二步，仅提取第一步计算的应力施加到模型中而不提取位移重新计算，则可以忽略土层在荷载作用下的长期固结沉降问题。

3）计算结果及分析

给定参数下冻土的 Mises 等效应力、第一主应力、第三主应力分布见图 5.3-22～图 5.3-24。

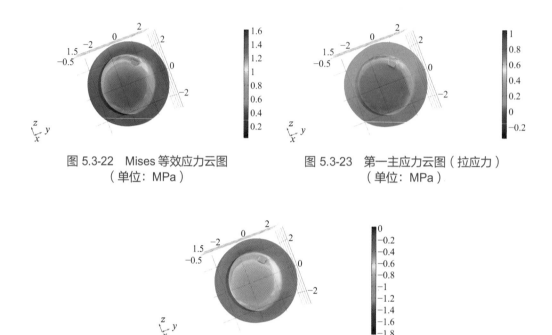

图 5.3-22　Mises 等效应力云图　　　　图 5.3-23　第一主应力云图（拉应力）
　　　　　（单位：MPa）　　　　　　　　　　　　　（单位：MPa）

图 5.3-24　第三主应力云图（压应力）（单位：MPa）

由图 5.3-22～图 5.3-24 可见，刀具更换时，在刀具位置附近冻结壁承受较大的拉力和压力。取最大的拉、压应力（最危险截面）与冻土的抗拉、抗压强度进行比较，见表 5.3-7。由表 5.3-7 可见，抗拉和抗压的安全系数均大于 2，冻结壁厚度、强度和稳定性能满足要求。

最危险截面安全系数计算表　　　　　　　　　　　　　　表 5.3-7

抗压强度/MPa	6	抗拉强度/MPa	2.4
第三主应力最大值/MPa	1.8	第三主应力最大值/MPa	1
安全系数	3.3	安全系数	2.4

5. 结论与建议

根据三维温度场分析和冻结壁受力分析，可以得出以下结论：

（1）由于钢材的导热性较好，通过在辐条板、刀箱板、大圆环等的侧面焊接异形冻结管，可以使刀盘外表面形成温度较低的"冻结圆盘"。刀盘外表面温度与盐水温度有大致相同的降温趋势，冻结初期，二者的温差约为 2℃，随着盐水温度的降低，二者温差有缓慢增大的趋势，冻结中后期，随着降温负荷的减小，二者的差值逐渐缩小。

（2）刀盘中心处的冻结壁厚度最厚；随着半径增大，冻结壁厚度平滑地逐渐减小。

（3）盐水温度分别在 −25℃、−28℃和 −30℃情况下，进行了不同冻结时间时冻结壁厚度和平均温度的计算。研究发现，通过降低冻土平均温度，可以在冻结时间相同的情况下增大冻结壁厚度及稳定性。盐水温度由 −25℃降低至 −30℃，冻结壁厚度增加 0.06～0.09m，冻结壁平均温度下降约 2℃。

（4）以冻结壁厚度 0.5m，平均温度 −10℃，进行冻结壁受力分析，冻结壁最不利位置的抗压和抗拉安全系数均大于 2，冻结壁厚度、强度和稳定性能满足要求。

（5）以冻结壁厚度 0.5m，平均温度 −10℃为冻结壁设计指标，则要 30d 满足开挖要求的话，盐水温度应低于 −28℃。

（6）本计算没有考虑更换刀具过程中对冻土的不利影响，开挖过程中应对冻土的暴露面进行保温。由于没有考虑焊接对冻土的融化影响，更换刀具应避免进行电焊施工，否则应增大冻结壁的厚度和强度。

6. 冷冻设备介绍

本次冷冻刀盘开仓的冻结设备采用重新定制的一体化冷冻设备，如图 5.3-25 和图 5.3-26 所示，与原试验期间冷冻等设备置于基坑底不同，该设备体积较小，可放置于隧道内盾构机配套台车后方，跟随盾构掘进前行，避免了长距离的冷冻管路连接，便于快速应对冷冻期间各种情况，提高冷冻施工效率。

冷冻相关设备参数如表 5.3-8 所示。

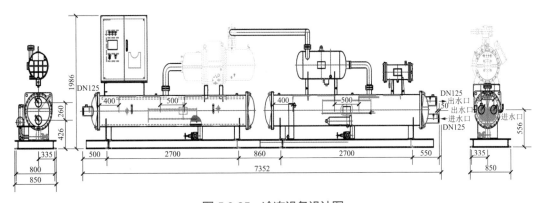

图 5.3-25　冷冻设备设计图

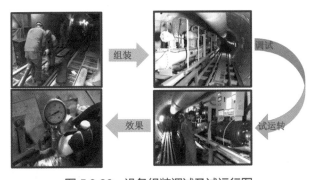

图 5.3-26　设备组装调试及试运行图

冷冻相关设备参数表

表 5.3-8

项目	分项	单位	参数/说明
水冷螺杆式冷冻机组	品牌		Tsource
	产地		中国南京
	型号规格		TBSD-510.1FJ
	制冷量	kW	131
		kcal/h	112660
	制冷量调节范围		4 段式调节 25%～100%
	保温材料		橡塑保温材料
压缩机	形式		半封闭式双螺杆压缩机
	数量	台	1
	输入功率	kW	92
	COP值		1.5
	电源		3 相/380V/50Hz，允许电压波动±10%
	额定转速	r/min	2950
	启动方式		25%荷载 + 星三角降压启动
蒸发器	结构形式		壳管满液式
	数量	套	1
	壳程介质		27.5%氯化钙水溶液或其他新型载冷剂
	管程介质		R22
	冷冻水入口温度	℃	−25
	冷冻水出口温度	℃	−30
	冷冻循环水量	m³/h	28
	接管口径	mm	2-DN150
	水侧压降	kPa	30～100
	壳体材质		碳钢
	换热管材质		铝黄铜 HAL77-2
	换热管规格	mm	$\phi 19 \times 1.1$
	温度控制		冷冻水出水温度传感器
冷凝器	结构形式		壳管式
	数量	套	1

续表

项目	分项	单位	参数/说明
冷凝器	壳程介质		R22
	管程介质		循环水
	冷却水入口温度	℃	30
	冷却水出口温度	℃	35
	冷却循环水量	m³/h	40
	接管口径	mm	2-DN150
	冷却水侧压降	kPa	35～100
	壳体材质		碳钢
	换热管材质		紫铜 TP2
	换热管规格	mm	$\phi 19 \times 1.1$
	流量控制		水流开关
二次油分	结构形式		外置立式
	分离精度		99.99%
油冷却器	结构形式		管壳式
	冷却方式		水冷
	水流量	m³/h	7.3
控制系统	显示方式		彩色液晶显示
	显示屏品牌		Weinview
	显示语言		中文
	按键形式		触摸式按键
制冷剂	规格型号		R22
	控制方式		膨胀阀
	充注量	kg	300
润滑油	加注量	L	40
长×宽×高（以实际出图为准）		mm	7800×900×2000（主机部分）
运输/运行质量		kg	4500/4900

7. 冷冻过程的监测

为确保施工安全，提高设计、施工的技术水平，必须进行整个冻结施工过程的全面监测，冻土帷幕的一些重要状态参数（如冻土温度、冻土强度、冻结壁厚度、冻土发展速度等）的实际数值都只能依赖实测获得，冻结施工的开挖条件、施工过程中冻土帷幕的安全状态都依靠实测数据决定，只有对冻土帷幕形成过程和施工过程进行严密监测才能确保工程安全。

冷冻刀盘开仓主要监测内容包括以下方面：

（1）盐水箱温度监测。

（2）冻结器头部（去路、回路）温度监测。

（3）冻结温度场监测。

（4）冻结管壁温度监测。

（5）其他监测内容。

1）盐水箱温度监测

（1）监测目的

盐水箱温度监测的目的是掌握冷冻机出口盐水温度，了解盐水干管冷量损失的重要指数，并及时调整冷冻机供冷量，保证冻结效果。

（2）监测方法

在盐水箱内放置单点探头，监测盐水箱内盐水回水温度。

（3）监测频率

一线制测温系统采用实时监测，每小时自动记录存档一次。

2）冻结器头部（去路、回路）温度监测

（1）监测目的

在每组冻结器头部去路、回路上安放测温探头，主要目的是监测每组冻结器的冻结情况是否均匀，对于冻结工程，冻结壁的均匀性是保证施工安全最重要的指标。

（2）监测方法

在每组冻结器的头部安放 2 个测温探头进行实时监测。

（3）测点布置

在每个冻结器供液管、回液管上各布置 1 个测温点（探头），温度测点紧密绑扎在供液管及回液管上，根据冻结设计方案，设有 5 组冻结器冷冻刀盘，共布置 10 个温度测点。

3）冻结温度场监测

（1）监测目的

积极冻结期间根据冻结温度场监测数据，来分析冻结帷幕的发展情况，为合理调控冻结运转系统，并为后续施工的可行性提供判据；维持冻结期间根据冻结壁温度场监测数据，监测冻结帷幕的稳定情况，发现异常及时反馈，并对后续施工安全性提供意见和建议，因此冻结温度场的监测对于冻结施工有重要意义。

（2）测温点布置

测温点主要布置在盾构机刀盘前方 1m 及左右 0.8m 范围内，如图 5.3-27 所示。

为了检测在冷冻法实施过程中冻土发展情况，在掌子面植入测温器，通过监测冷冻过程温度的变化，从而掌握冻土的发展情况，确认冻结效果达到常压开仓条件。

为确切掌握冻土的发展情况，在测温孔完成后，需对各测温孔进行测斜检测，从而对冷冻过程中的冻胀发展情况进行修正。

为实现安全开仓目的，计划从地面下钻，植入测温器，从盾构机停机掌子面对应地面上，采用地质钻机下钻成孔，然后在掌子面对应深度范围内，布设测温点。因地面交通有行人过往，所以利用过往行人较少的时间，迅速完成监测点的布置，然后迅速恢复地面交通，将相应温度监测仪器引至路边空地，保证地面交通顺畅。

测温孔布设时，平面上布置在掌子面位置，距离刀盘前方 0.5m、0.8m 处各埋设一排测温孔，用以监

图 5.3-27　测温点布置立面图

测冻土在掘进方向上的发展情况；在刀盘左右 0.5m、0.8m 处各埋设一个测温孔，用以监测冻土在刀盘断面方向上的发展情况，如图 5.3-28 所示。

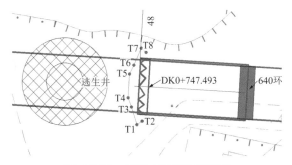

图 5.3-28　测温点平面布置简图

测温点布设时，竖直布置在掌子面位置，在盾构机筒体上方 3m 至下方 3m 范围内布置测温感应器，布设间距为 0.5m/个，用以监测冻土发展情况，如图 5.3-27 所示。

4）监测频率

测温孔温度监测，采用实时监测，监测系统每小时自动测量并存档一次数据。

冻结过程中，根据需要，可在盾构机表面、土仓内布置一定数量的温度测点，来监控冻结对盾构机的影响，为采取保护措施提供依据。

在常压开仓清理前，也可根据实际需要，在土仓的适当位置，打设探孔，探测冻结壁的发展状况。

8. 土仓介质置换施工

1）置换概述

在冷冻法开仓施工过程中，盾构机土仓内充满刀盘切削下来的渣土和泥浆的混合浆液，如果在冷冻法实施过程中对土仓内的浆液进行冻结，在开仓时就需要清理这部分冻土。由

于盾构土仓体积达到 10m³ 左右，清理这部分渣土会耗费大量的费用和时间。在施工安全的前提下，为了节省施工工期和费用，在冷冻法实施过程中，采用盾构土仓内介质置换施工技术进行施工，将土仓内的浆液置换成空气，大大地降低冷冻开仓过程中的施工工期和成本，同时保证了施工安全。

盾构土仓内介质置换施工技术是在合理控制土仓压力的上限和下限值，保证掌子面稳定的基础上，通过膨润土浆液置换土仓内的渣土和泥浆混合浆液，然后再采用气体置换土仓内的膨润土浆液。该置换施工主要特点如下：

（1）冷冻法开仓过程中进行气体介质置换的技术，缩短开仓过程中清理土仓内冻土的时间，大大地提高了开仓换刀效率。

（2）采用膨润土浆液置换土仓内的渣土泥浆混合浆液后，再采用气体置换膨润土浆液，保证了土仓内介质置换过程中的过渡，同时避免冻结过程中土仓内介质冻胀压力破坏主轴承密封性。

（3）在介质置换过程中根据土仓内压力的变化判断土仓内介质冻结情况，掌握冻结交圈形成时间点，合理设定介质置换的时间。

（4）设定合理的土仓压力上限和下限值，保证施工过程中不出现掌子面塌陷、地面沉隆超限等。

2）置换施工流程

冷冻刀盘土仓内介质置换施工流程如图 5.3-29 所示。

图 5.3-29　置换施工流程图

3）合理设定土仓压力上限值和下限值

该工程实施冷冻开仓的位置为里程 DK0 + 747.250，隧道洞身地层为③₂ 中砂层 2.05m、

④_{N-2} 粉质黏土 2.05m。隧道覆土厚度为 12.2m，上覆土层为④_{2B} 淤泥质土层和杂填土层，隧道地质条件为全断面软弱地层，含水较丰富。

在进行盾构内土仓介质置换的过程中，土仓的压力以静止土压力作为控制上限，主动土压力作为控制下限。该工程在里程 DK0＋747.250，根据以往泥水盾构施工经验，位置土仓压力上限值为 162kPa，下限值为 142kPa。

4）配置优质膨润土泥浆

优质的泥浆是开挖面稳定的重要因素之一，高质量泥浆可以防止土仓内泥浆流失，泥浆使工作面形成一层抗渗性泥膜，以有效发挥泥浆压力的作用，泥浆渗透至工作面一定深度后，可起到稳定工作面及防止泥浆向地层泄漏作用，从而保持开挖面稳定。而泥膜的形成质量与泥浆质量有很大关系，因此在介质置换过程中应调配高质量的泥浆，以确保掌子面稳定。通过加入一定比例的羧甲基纤维素（CMC）及优质膨润土形成高质泥浆，建立泥浆的动态管理系统，根据泥浆参数及时通过加入添加剂调节，形成低渗透高质泥浆。

为保持开挖面稳定，即把开挖面的变形控制到最小限度，泥水密度应比较高。在选定泥水密度时，必须充分考虑土体的地层结构，在保证开挖面稳定和下带渣土能力的同时也要考虑设备能力。根据冷冻开仓地质条件，隧道地层以淤泥层、砂层等软弱地层为主，泥浆密度控制在 1.15～1.25g/cm³ 之间。

5）膨润土浆液置换土仓内渣土和泥浆混合浆液

浆液的拌制都是在浆桶里调制完成，浆液的浓度在保证其可注性条件下越浓越好，待调浆料完全溶解后，利用盾构机的注浆系统直接从隔板上的 2 寸管泵送至土仓内，浆液从隔板底部注入土仓内，同时将原土仓内泥浆从上部排出土仓，从而在土仓内形成优质的泥浆，如图 5.3-30 所示。在利用膨润土浆液置换土仓内渣土与泥浆混合浆液时，根据中隔板上的切口水压计读数调整膨润土浆液注入速度，使土仓内压力控制在 142～162kPa 范围内。

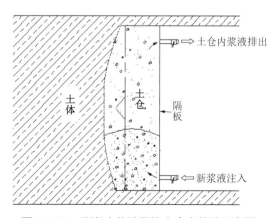

图 5.3-30　膨润土浆液置换土仓内浆液示意图

6）气体置换膨润土浆液

该步骤主要是在土仓内置换为膨润土浆液，开始进行土仓内冻结施工中，在冷冻交圈形成时，及时进行气体置换膨润土浆液。为严格掌握冷冻交圈的形成时间节点，通过从地面植入的温度感应器，分别实现监控横向、纵向冻土的发展。通过结合土仓内压力变化情况，确定冷冻交圈的形成。

膨润土浆液置换土仓内渣土和泥浆混合浆液完成后，开始进行土仓内冻结施工。冷冻过程中，严格监测土仓内压力及温度变化，随着土仓内冻土的发展，体积增大，由于土仓外土体存在泄压通道，土仓压力会缓慢上升，当压力达到设定压力的上限值之后，利用中隔板上预留的泄压孔进行泄压，直至土仓压力降至设定压力的下限。关闭泄压孔继续观察土仓内压力的变化，当刀盘上冷冻交圈初步形成时，土仓内冻土发展体积上升而没有了泄压通道，土仓内压力出现急剧上升，此时打开排泥管进行排浆，同时向土仓内加气，保证土仓内压力在设定值上限和下限之间，直至土仓内浆液排空。土仓内浆液排空后，利用气压保证土仓内压力满足稳定掌子面的要求，继续冻结土仓四周土体，当冻结帷幕形成具备开仓条件后进行开仓换刀作业。

实时监测土仓压力的变化，绘制成压力-时间变化曲线，当观测到土仓内压力由稳步上升变为突然急剧上升时，通过中隔板上孔洞泄压至下限值，关闭泄压孔，切口压力再次出现急剧上升，此时即可进行气体置换土仓内膨润土浆液。

在采用气体置换土仓内膨润土浆液的过程中，隧道内备好膨润土浆液，一旦出现土仓压力低于设计下限值的情况，及时注入膨润土浆液保证掌子面稳定。在土仓内浆液冻胀过程中，如果土仓内压力高于设定压力上限值时，则打开中隔板预留管球阀进行泄压，保证土仓压力在设定范围内。

土仓内浆液排空后，利用气压保证土仓内压力满足稳定掌子面的要求，继续冻结土仓四周土体，当冻结帷幕形成具备开仓条件后进行开仓换刀作业。

9. 开仓清理及换刀

1）冻结施工验收

根据冷冻试验结果，当刀盘前方冻土温度达到 −30～−26℃，且保持稳定冷冻 5d，冷冻发展厚度达 0.6m，满足设定的 0.5～1m 要求。本次冷冻刀盘施工距离增埗河 20m，距离较近，施工前需探测清楚地下水情况，以确定冻结参数。根据试验成果，初步确定刀盘前方温度达到 −32～−28℃，持续冷冻 8d，冻结厚度可达 0.5～1m。此时对土仓进行加压检测密封效果，根据数据综合分析研究冷冻效果，确保达到开仓条件并验收合格后方可开仓通过。

根据冷冻刀盘工艺，冷冻开仓前应具备以下条件：

（1）冻结设备运转正常并有备用。

（2）冻结壁厚度满足设计要求。

（3）冻结体平均温度低于 −9℃（根据试验分析）。

（4）单点温度低于 −2℃（根据试验分析）。

（5）土仓中部放水不会出现连续出水。

（6）开仓施工所需人员、材料、工具、设备准备就绪，相关安全、技术措施完善，并已完成安全、技术交底。

（7）隧道通风满足要求。

（8）盾尾附近管片壁后注浆已完成。

（9）通过盾构开仓前条件验收。

停止作业、关闭仓门的条件，开仓过程中出现以下情况应立即停止作业，撤出人员、工具，关闭土仓门：

（1）温度上升大于 2℃/d 且单点冻结帷幕温度不低于 −2℃（根据试验分析）。

（2）地下水位持续上升至土仓底以上 1.5m 处。

（3）土仓内出现不稳定的征兆。

（4）土仓顶部及掌子面漏水（线漏）。

（5）盐水泄漏。

（6）土仓内作业人员身体出现不适，人员晕倒。

2）开仓清理和换刀

（1）开仓清理和换刀原则

根据以往开仓换刀经验，要求开仓换刀在安全的情况下尽可能在最短时间内快速完成，减少作业风险，所以根据盾构机刀盘结构及刀具分布，我们将盾构机刀盘和土仓分为上、中、下三个区进行清理(图 5.3-31)，刀盘开口在满足换刀空间的情况下尽可能少清理，以清理刀盘辐条和面板背后的冻土为主。因冷冻过程已采用介质置换，土仓内冻土较少，主要是附着在刀盘或者牛腿上的少量冻土，清理工作量大大减小。

开仓清理和换刀原则：由上至下逐层清理冻土，清一层换一层。

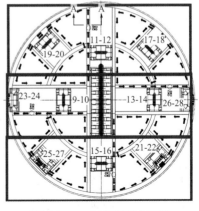

图 5.3-31　刀盘清理分区图

开仓清理和换刀顺序如下：

①先清理上仓冻土，然后检查并根据刀具实际磨损情况确定是否更换 11-12 号、17-18 号、19-20 号刀。

②先清理掘进方向右侧中仓冻土，然后检查并根据刀具实际磨损情况确定是否更换 9-10 号、23-24 号刀。

③清理掘进方向中仓左侧冻土,然后检查并根据刀具实际磨损情况确定是否更换 13-14 号、26-28 号刀。

④清理掘进方向下仓右侧冻土,然后检查并根据刀具实际磨损情况确定是否更换 25-27 号刀。

⑤清理掘进方向下仓中部冻土,然后检查并根据刀具实际磨损情况确定是否更换 15-16 号刀。

⑥清理掘进方向下仓左侧冻土,然后检查并根据刀具实际磨损情况确定是否更换 21-22 号刀。

清理和换刀过程中,如果局部位置清理冻土比较困难时,可采用高压水枪(常温水)对冻结部分进行局部冲洗解冻。解冻过程中人员需离开土仓,各验收条件满足要求后方可再次进入土仓作业。

(2)开仓清理

进仓作业前,要先观察土仓内掌子面是否稳定,判断掌子面稳定并经值班工程师和监理工程师确认后,由 2 名清理作业人员站在土仓内用风镐、铁锹、泥耙等工具清理土仓内冻土,1 人站在中隔板仓门口观察掌子面稳定性并用滑轮和塑料桶将渣土由下往上提升至土仓口并传递至仓外作业人员,仓外的作业人员立即将清理出来的渣土往外传送。仓内和仓外作业人员每 2h 轮换一次。

①准备

开仓清理、换刀前应做好各项准备工作。完成安全、技术交底,召开开仓清理、换刀作业工作布置会,加强各部门的协调,以提高施工效率,减少工期。

②打开仓门

达到开仓条件后,打开中隔板上的泄压阀排除土仓的滞留水。用铁棍将仓门顶撬开一条 3～5cm 的门缝,用自来水管通过门缝伸入土仓内用自来水对门后方的渣土进行冲洗,将门后的渣土冲洗出来,直至能够打开仓门,如图 5.3-32 所示。

图 5.3-32　土仓内冻结情况图

③土仓清理

a. 土仓内土仓门口附近及上部(土仓口斜向上 45°)清理

清理土仓前,先观察土仓门内掌子面 45min,判断掌子面稳定并经值班工程师和监理工程师确认后，清理土仓内土仓门口附近及上部的渣土，如图 5.3-33～图 5.3-35 所示。

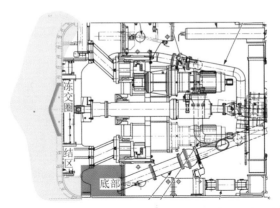

图 5.3-33　土仓内土仓门口附近及上部清理示意图

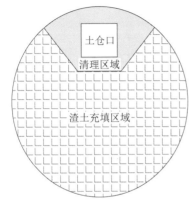

图 5.3-34　土仓附近及上部清理横剖面示意图

图 5.3-35　进仓清理图

b. 土仓内土仓门口以上两侧清理

土仓附近及上部清理完成后，停止作业，观察土仓门内掌子面 45min，判断掌子面稳定并经值班工程师和监理工程师确认后，再清理土仓门口以上两侧渣土。清理时，左、右两侧应交替进行，土仓内渣土面高差不超过 50cm。土仓内土仓门口以上两侧的渣土清理示意图如图 5.3-36 所示。

c. 土仓内土仓门口以下清理

土仓内土仓门口以上两侧的渣土清理完成后，停止作业，观察土仓内掌子面 45min，判断掌子面稳定并经值班工程师和监理工程师确认后，清理仓门口以下渣土。土仓

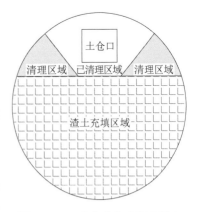

图 5.3-36　土仓内土仓门口以上两侧清理横剖面示意图

内渣土清理时，左、右两侧应交替进行，土仓内渣土面高差不超过 50cm。土仓内土仓门口以下的渣土清理示意图如图 5.3-37 和图 5.3-38 所示。

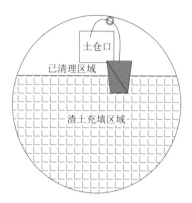

图 5.3-37　土仓内土仓门口以下渣土清理横剖面示意图

图 5.3-38　清理及刀箱拆除后掌子面情况图

10. 盾构设备检修保养

在盾构机停留保压过程中，所有的人员、设备必须配备齐全、完好，设备的检修保养必须做到以下几点：

（1）更换盾构机各类油脂。为确保盾构机冷冻刀盘开仓整个过程中盾构机各类油脂的保护性能，在冷冻实施前，把盾构机各类密封、保护油脂全部更换。

（2）在冷冻施工过程中，对主轴承等核心部件在冷冻状态下进行工作性能检测，以获取各核心部件在冷冻刀盘施工工况下受到的影响，确保盾构机后续正常运作。

（3）为确保盾尾不漏水及保护盾尾刷，盾尾油脂仓压力必须保持，若盾尾油脂压力降低，或盾尾漏水时，通过控制系统采用油脂泵及时向盾尾油脂仓内打入盾尾油脂，以确保盾尾的密封性能。

（4）在维持土仓泥浆压力的同时，为了防止盾构机在泥浆压力作用下往后退等事故，推力千斤顶必须顶住管片，即油压系统要维持在一个恒定压力下运行，保证盾构机不后退。

（5）盾构机及其后配套、环流等设备，特别是电气设备必须经常进行预热和试运行，确保各种设备均处于良好的待命状态，保证盾构机能随时正常运行。

（6）隧道内应保持正常通风，确保隧道内的盾构机及后配套电气线路等设备干燥，空气新鲜，以保证盾构机能正常运行。

（7）龙门式起重机、电瓶车，必须有专人值守，经常开启试运行，以确保随时能够正常使用；在冷冻期间，龙门式起重机、电瓶车主要用于冷冻刀盘施工相关材料、设备的垂直和水平运输。

（8）所有的泥浆处理机、搅拌机、挖掘机等设备都必须处于完好状态，根据对设备的检查情况，及时对设备进行维修保养，一旦出现险情，盾构机可以立刻往前掘进。

（9）盾构机头和井口及废浆池等位置要固定放置抽水泵，派专人负责值班、抽水，防止隧道及盾构机头被淹，确保盾构设备安全。

（10）每天派专人对盾构设备进行检修保养，及时注入润滑油，确保设备运行良好。

5.3.3　创新点

（1）装备研发：改造、研制具备冷冻刀盘的盾构机。对盾构机的刀盘、切口环进行改造，增加了刀盘冷冻管路、盾体冷冻管路、主驱动保护管路、接管密封仓等，使盾构机具备冻结周边土体的功能，接管密封仓可保证刀盘冷冻管口的密闭性，冷冻管路可"四进四出"，充分保证了冷冻效果。

（2）首次采用有限元软件对地层材料及盾构刀盘金属材料进行组合分析；采用 Comsol 大型有限元分析软件，以广州地区的地层参数为基础对冻结温度场以及开仓更换刀具过程中冻结壁的应力场和位移场进行数值模拟，以全面了解整个冻结温度场的发展状况以及开仓更换刀具期间冻结壁的稳定性。

（3）首次将盾构施工技术与冷冻技术相结合，研究出：①冷冻刀盘开仓方法；②土仓介质置换工艺。

（4）探索出在冷冻刀盘加固条件下的开仓验收标准和验收方法，以及在持续冷冻下安全、高效进行常压开仓作业，并在检修刀具完成后实现快速解冻恢复掘进的方法。

5.3.4　成效

（1）该工程首次应用盾构机冷冻刀盘开仓技术，安全、顺利地实现常压开仓及更换刀具，在开仓时间内未发生坍塌事故。

（2）经济效益：通过应用该技术，保证了盾构开仓作业安全，还具有较大的经济效益。盾构机刀盘冷冻施工技术相比加固预处理常压开仓换刀法和气压开仓换刀法两种开仓方法费用大大减少，且可以降低因开仓作业导致地面塌方的概率，提高开仓换刀的安全性，有效控制地面沉降，具有较大的经济效益，与常规开仓费用对比详见表 5.3-9。

<table>
<tr><td colspan="6">费用对比统计表（万元）</td><td>表 5.3-9</td></tr>
<tr><td>序号</td><td>项目名称</td><td>加固预处理常压开仓
换刀法</td><td>气压开仓
换刀法</td><td>刀盘冷冻开仓
换刀法</td><td>备注</td></tr>
<tr><td>1</td><td>带压开仓工时补助/h</td><td>—</td><td>16</td><td>—</td><td>按 400h 算</td></tr>
<tr><td>2</td><td>气体检测、操仓/项</td><td>—</td><td>20</td><td>—</td><td></td></tr>
<tr><td>3</td><td>体检/项</td><td>—</td><td>1</td><td>—</td><td></td></tr>
</table>

序号	项目名称	加固预处理常压开仓换刀法	气压开仓换刀法	刀盘冷冻开仓换刀法	备注
4	吸氧/人	—	1.8	—	按3人计算
5	旋喷桩/搅拌桩＋外包素地下墙	150	—	—	
6	注泥膜费用	—	6	—	
7	冷冻刀盘冻土施工/项	—	—	27	
	合计	150	45.8	27	

对比气压开仓换刀法节约费用 18.8 万元，对比加固预处理常压开仓换刀法节约费用123 万元。

（3）社会效益：目前软弱复杂地层开仓实施较为困难，气压开仓存在较大风险，研发技术实现了在楼宇密集地下安全、高效开仓施工，确保周边地区安居乐业、社会秩序正常运营。

（4）科技成果：发表两篇专业性论文，"冷冻刀盘土仓内浆气置换技术"发布于国家级TU 建筑期刊《防护工程》2021 年第 2 期，"冷冻刀盘有限元分析"发布于国家级 TU 建筑期刊《建筑学研究前沿》2021 年第 9 卷第 2 期，详见图 5.3-39 及图 5.3-40。

图 5.3-39 "冷冻刀盘土仓内浆气置换技术"论文照片

图 5.3-40 "冷冻刀盘有限元分析"论文照片

获得发明专利 4 项，详见图 5.3-41。

图 5.3-41 发明专利

5.4 针对灰岩地层刀盘优化技术

石井—环西电力隧道施工 3 标，采用一台新购海瑞克（M-2018）土压平衡盾构机施工 6～8 号工作井盾构区间，隧道全长约 2029m。盾构机从 8 号向 7 号工作井方向掘进，2017 年 8 月 5 日至 2018 年 10 月 20 日，历时 14.5 个月，仅完成隧道掘进 369m，完成率 18.2%。期间进行压气开仓换刀作业 10 次，共耗时 164d，占施工时长的 45%。盾构掘进造成刀具损坏数量多，共更换滚刀 83 把，平均每次约换刀 9.2 把，且大部分刀具损坏情况严重，无法维修。分析其主因：刀盘、刀具选型及配置不合理。参建各方针对灰岩地层刀盘问题，提出优化技术方案。后续盾构施工效率有明显提升，开仓换刀次数及刀具损耗数量也有显著降低，达到了预期效果。

5.4.1 项目背景

1. 工程概况

石井—环西电力隧道施工 3 标盾构机从 8 号工作井始发，沿石槎路地下向南，下穿轨道交通 8 号线北延段小坪站出入口及其风亭，从 7 号工作井北洞门出洞，盾构机在 7 号工作井更换刀盘，在 7 号工作井南侧始发，经过 2 号逃生井，到达 6 号工作井出洞（图 5.4-1）。

2. 工程地质

1）7～8 号工作井区间地质情况

7～8 号工作井区间全长 742m，主要由⑨$_{C-2}$微风化灰岩、含有⑨$_{C-2}$微风化灰岩的上软下硬地层、黏土层、砂层组成。微风化灰岩强度较高，在 45～154MPa 之间，平均强度 66.4MPa，见图 5.4-2。

图 5.4-1 工程范围示意图

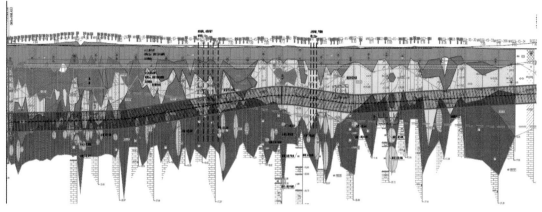

图 5.4-2　7～8 号工作井区间地质断面图（掘进方向左往右）

其中，灰岩及灰岩复合地层长度约 542m，砂层、黏土层组成的软土层长度约 200m，见表 5.4-1 和表 5.4-2。

7～8 号工作井区间地层分布表　　　　　　表 5.4-1

环号	地层类别	地层代号	长度/m
0～72	软土	③₃、④N-2、⑤C-1B	72
73～119	微风化炭质灰岩（上软下硬）	③₃、④N-2、⑨C-2	47
120～131	软土	③₃、④N-2、⑤C-1B	12
132～260	微风化炭质灰岩（上软下硬）	③₃、④N-2、⑨C-2	129
261～365	软土	③₃、④N-2、⑤C-1B	105
366～576	微风化炭质灰岩（上软下硬）	③₃、④N-2、⑨C-2	211
577～590	微风化炭质灰岩	⑨C-2	14
591～719	微风化炭质灰岩（上软下硬）	③₃、④N-2、⑨C-2	129
720～742	软土	③₃、④N-2、⑤C-1B	21

7～8 号工作井区间地层性质统计表　　　　　　表 5.4-2

序号	地层	性质	平均强度	地层长度/m
1	⑨C-2 微风化灰岩（含复合地层）	坚硬岩	66.4MPa	542
2	砂层、黏土层等软土层	软土	—	200

2）6～7 号工作井区间地质情况

6～7 号工作井区间全长 1287m，主要由⑨C-2 微风化灰岩、⑨C-1 微风化炭质灰岩、⑧C-1 中风化炭质灰岩、灰岩复合地层、⑦₂ 强风化泥岩、砂层、黏土组成。按掘进方向地层组成如表 5.4-3 所示。

6～7 号工作井区间地层分布表　　　　　　表 5.4-3

环号	地层类别	地层代号	长度/m
743～931	微风化灰岩、砂砾、黏土	③₃、④N-2、⑨C-2	188

续表

环号	地层类别	地层代号	长度/m
932~1318	软土	③₃、④_{N-2}	387
1319~1353	微风化炭质灰岩	⑨_{C-1}	35
1354~1387	中风化炭质灰岩	⑧_{C-1}	34
1388~1507	微风化炭质灰岩	⑨_{C-1}	120
1508~1648	中风化炭质灰岩、强风化炭质泥岩	⑦₂、⑧_{C-1}	141
1649~1825	强风化炭质泥岩、砂砾、黏土	③₃、④_{N-2}、⑦₂	177
1826~1989	微风化炭质灰岩	⑨_{C-1}	164
1990~2029	中风化炭质灰岩	⑧_{C-1}	40

其中，6～7 号工作井区间各地层性质及长度如表 5.4-4 所示。

6～7 号工作井区间地层性质统计表　　　　　表 5.4-4

序号	地层	性质	平均强度/标贯击数	地层长度/m
1	⑨_{C-2} 微风化灰岩（含复合地层）	坚硬岩	66.4MPa	188
2	⑨_{C-1} 微风化炭质灰岩（含复合地层）	较硬岩	60.4MPa	319
3	⑧_{C-1} 中风化灰岩（含复合地层）	较软岩	28.7MPa	215
4	⑦₂ 强风化泥岩（含复合地层）	极软岩	34.8 击	177
5	砂层、黏土层等软土层	软土	—	387

5.4.2　刀盘使用情况

M-2018 盾构机出厂配置刀盘开挖直径为 4400mm，配置 20 把 15 寸滚刀，其中 4 把中心单刃滚刀、12 把正面双刃滚刀、2 把边缘双刃滚刀、2 把边缘单刃滚刀，共 34 个刃。中心单刃滚刀刀间距为 90mm，正面双刃滚刀刀间距为 72mm 或 82mm，详见图 5.4-3～图 5.4-5。

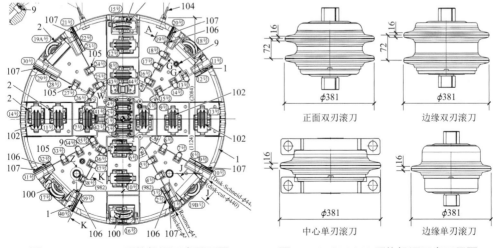

图 5.4-3　M-2018 盾构机旧刀盘平面图　　　图 5.4-4　M-2018 盾构机旧刀盘刀具图

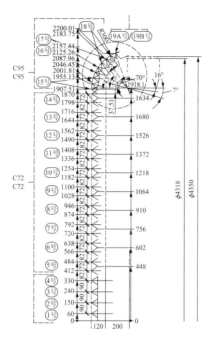

图 5.4-5　M-2018 盾构机旧刀盘刀间距图

盾构机刀盘更换前使用情况

7～8 号工作井区间，长度为 742m，主要掘进地层为⑨$_{C-2}$ 微风化灰岩复合地层，共 542m；砂层、黏土层组成的软土地层，共 200m。在⑨$_{C-2}$ 微风化灰岩复合地层位置掘进时，根据岩面高低不同掘进速度在 0～10mm/min，多数时间在 0～4mm/min，掘进速度偏慢，且速度波动较大。

（1）灰岩地层掘进刀盘转速一般设置在 0.9～1.1r/min，正常情况下推力在 500～700t 之间，扭矩在 560～780kN·m。贯入度控制在 2～8mm，但由于速度较低，贯入度多数时间偏低，且速度波动较大，贯入度会出现瞬时超限的情况，贯入度难以控制。共出现 33 次参数异常，主要表现为速度过低，速度在 0～2mm/min 跳动，推力大于 900t，扭矩在 900kN·m 以上，扭矩利用率达 50% 以上，并时常伴有土仓异响、卡刀盘、渣土温度高于 45℃等情况。

（2）灰岩地层掘进工效统计，统计方式为灰岩地层掘进里程÷灰岩掘进有效时间。有效掘进时间包括盾构机掘进时间、电瓶车进出等待时间、管片拼装时间等正常施工时间。其中，开仓换刀、设备故障停滞、其他非盾构机原因的外部因素引起的停滞时间不计入有效掘进时间。经统计在灰岩地层掘进 542m，平均每 18m 开仓换刀一次，平均每掘进百米须停机压气作业 289.7h。其中，中心单刃滚刀更换 10 把，边缘单刃滚刀更换 108 把，边缘双刃滚刀更换 30 把，正面双刃滚刀更换 13 把，损耗率（100m/盘）= 刀具更换数量/该种刀具在刀盘布置数量/灰岩掘进里程(100m)。每种刀具损耗情况如表 5.4-5 所示。

旧刀盘各种刀具更换数量统计　　　　　　　　　　表 5.4-5

序号	刀具种类	刀号	布置数量	更换数量	损耗率/（100m/盘）
1	中心单刃滚刀	1～4	4	10	0.46
2	边缘单刃滚刀	5～14	10	108	1.99
3	边缘双刃滚刀	15～18	4	30	1.38
4	正面双刃滚刀	19A、19B	2	13	1.20

（3）软土地层掘进工效统计，盾构机旧刀盘在砂层及黏土地层连续掘进 97m，用时 280h，理论掘进工效为 8.31m/d。共出现掘进参数异常情况 33 次，开仓检查更换刀具 30 次，开仓停滞时间总计 355d，仓内作业时间共 1569h，其中仓内压气作业 1524h，仓内常压作业 45h。共更换刀具 161 把，⑨$_{C-2}$ 复合地层中刀具消耗量为每百米 29.7 把，如图 5.4-6 所示。

图 5.4-6　损坏刀具现状图

（4）更换的刀具多为损坏严重，多数表现为刀圈崩缺、刀圈掉落、严重偏磨、刀毂变形、轴承损坏、拉紧块变形等。大部分刀具无法正常拆卸，需进行仓内压气动火切割，共 40 把，占更换数量的 24.8%，安全风险极高。因轴承损坏、刀毂变形等原因导致无法修复的刀具 137 把（此处按总量 181 把统计，包含盾构机出洞后检查的 20 把刀具，拉紧块变形未统计入刀具损坏），均磨刀具 26 把，正常使用刀具 18 把，各刀具损坏原因分布如图 5.4-7 所示。

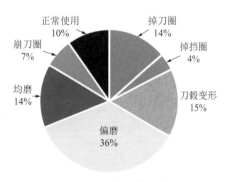

图 5.4-7　刀具损坏情况分布图

5.4.3　刀盘、刀具优化技术

1. 刀具配置优化

在复合地层中施工刀具配置的困难主要反映在三方面：一是选择破岩的刀具类型；二

是刀具配置的数量;三是不同种类刀具配置的高度。

项目部通过分析掘进参数,拆解刀具,分析刀具损坏原因,并根据各种刀具损坏原因,与刀具厂商研究制定改进措施,采购不同刀具试用,验证不同刀具对本工程地层的适应性,效果仍不理想。刀具改进优化如表 5.4-6 所示。

刀具改进优化记录表 表 5.4-6

改进方向		轴承		刀圈		
序号	刀具(品牌)种类	高强度轴承	单向阀/气囊	窄刃	扁齿	整体刀圈
1	15 寸海瑞克标准滚刀	√				
2	15 寸易斯特扁齿滚刀				√	
3	15 寸力通窄刃滚刀			√		
4	15 寸庞万力标准滚刀	√				
5	16 寸易斯特改进扁齿滚刀	√	√		√	
6	15 寸海瑞克整体标准滚刀	√				√

根据理论计算,硬岩地层掘进选用双刃滚刀,刀具轴承所受的力大于单刃滚刀。经计算本工程使用的刀盘中部分刀具所受偏心力矩较大,容易造成损坏,7~13 号滚刀尤为明显。刀盘设计及双刃滚刀对上软下硬地层适应性较差。

根据施工经验,更换刀盘选用单刃滚刀,能增加刀具破岩能力,延长刀具使用寿命,减少开仓换刀的工期延误和安全风险,有利于上软下硬地层和硬岩地层掘进。

2. 刀盘优化

1)新刀盘采用全盘单刃滚刀,配置 30 把单刃滚刀,其中中心单刃滚刀 8 把,正面单刃滚刀 14 把,边缘单刃滚刀 8 把,开挖直径 4400mm 不变,优化牛腿及搅拌棒布置,提升渣土改良效果,如表 5.4-7、图 5.4-8 和图 5.4-9 所示。

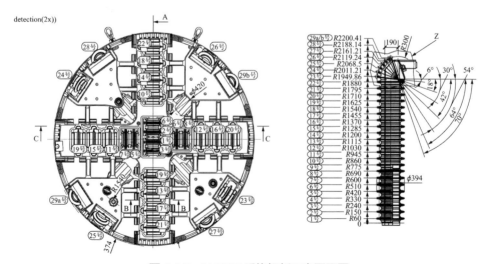

图 5.4-8 M-2018 盾构机新刀盘平面图

M-2018 盾构机新旧刀盘对比表 表 5.4-7

序号	参数	旧刀盘	新刀盘
1	质量（t）	26	25.7
2	尺寸（mm）	$\phi 4370 \times 1978$	$\phi 4370 \times 2019$
3	刀具数量（把）	20	30
4	刀具尺寸（寸）	15	15.5（可选装 15）
5	中心滚刀配置	中心单刃滚刀 ×4	中心单刃滚刀 ×8
6	正面滚刀配置	双刃滚刀 ×12	正面单刃滚刀 ×14
7	边缘滚刀配置	边缘双刃滚刀 ×2、单刃滚刀 ×2	边缘单刃滚刀 ×8
8	刀间距（mm）	正面刀 72、82，中心刀 90	85、90
9	开挖直径（mm）	4400	4400

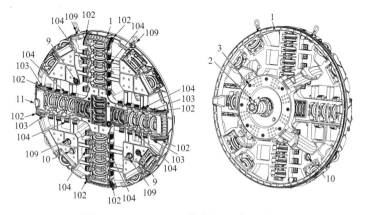

图 5.4-9　M-2018 盾构机新刀盘设计图

2）灰岩地层掘进刀盘转速一般设置在 0.9～1.1r/min，正常情况下推力在 500～700t，扭矩在 560～780kN·m。灰岩地层掘进期间共出现 2 次参数异常，主要表现为速度过低，速度在 0～5mm/min 跳动，推力大于 8500t，扭矩在 950kN·m 以上，渣温未出现过高的情况。受灰岩地层岩面高低的影响，掘进速度波动较大，主要在 5～25mm/min。经统计，盾构机新刀盘在 ⑨$_{C-2}$ 微风化灰岩及上软下硬地层掘进 213m，用时 1106h，理论掘进工效为 4.62m/d。

3）地层掘进工效统计，见图 5.4-10。

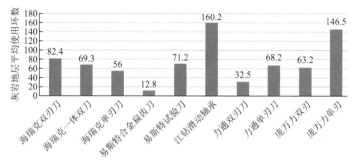

图 5.4-10　地层掘进工效统计

（1）灰岩地层掘进工效统计。有效掘进时间包括盾构机掘进时间、电瓶车进出等待时间、管片拼装时间等正常施工时间。其中，开仓换刀、设备故障停滞、其他非盾构机原因的外部因素引起的停滞时间不计入有效掘进时间，实际掘进工效约为3.5m/d，见表5.4-8。

M-2018盾构机新刀盘灰岩地层掘进工效统计　　　　　表5.4-8

月份（非自然月）	掘进环号	掘进里程/m	有效掘进时间/h	月度工效/（环/d）	备注
2019年9月	743～752	20	180	2.67	含负环
2019年10月	753～862	110	597	4.42	
2019年11月	863～945	83	329	6.05	只计入灰岩掘进时间

（2）软土地层统计方式与灰岩地区一致。经统计，盾构机新刀盘在砂层及黏土地层连续掘进343m，用时910.5h，理论掘进工效为9.0m/d，见表5.4-9和表5.4-10。

M-2018盾构机新刀盘软土地层掘进工效统计　　　　　表5.4-9

月份（非自然月）	掘进环号	掘进里程/m	有效掘进时间/h	月度工效/（环/d）	备注
2019年11月	946～1024	78	237	7.9	只计入软土掘进时间
2019年12月	1025～1102	78	270	6.9	
2020年2月	1103～1288	187	403.5	11.1	

新刀盘各种刀具更换数量统计　　　　　表5.4-10

序号	刀具种类	刀号	布置数量/把	更换数量/把	损耗率/（100m/盘）
1	中心单刃滚刀	1～8	8	0	0.00
2	正面单刃滚刀	9～22	14	0	0.00
3	边缘单刃滚刀	23～28	6	0	0.00
4	边缘单刃滚刀	29A、29B	2	2	0.47

5.4.4　刀盘、刀具优化成效

更换刀盘前后，盾构机分别掘进⑨$_{C-2}$微风化灰岩复合地层542m和213m，分别掘进砂层、黏土组成的软土地层97m和343m，掘进工效对比如表5.4-11所示。

M-2018盾构机更换刀盘前后掘进工效对比　　　　　表5.4-11

序号	掘进地层	旧刀盘掘进工效/（m/d）	新盘掘进工效/（m/d）	掘进工效对比
1	⑨$_{C-2}$微风化灰岩复合地层	2.55	4.62	提升1.81倍
2	砂层、黏土组成的软土地层	8.31	9	提升1.08倍

更换刀盘后，盾构机在软土地层掘进工效差别较小，在同性质的⑨$_{C-2}$微风化灰岩复合地层掘进工效差异较大，更换刀盘后微风化灰岩上软下硬地层掘进工效提升81.2%，主要

原因如下：

（1）同性质的灰岩上软下硬地层掘进，旧刀盘的掘进速度为 0～10mm/min，新刀盘的掘进速度为 5～25mm/min，新刀盘在该地层的掘进速度、破岩能力及适应性有明显提高，且掘进速度在连续掘进一定时间内相对稳定，波动较小，贯入度较易控制。

（2）7～8 号井区间的 542m 微风化灰岩复合地层，与 6～7 号工作井区间的 213m 微风化灰岩上软下硬地层，虽岩石性质、强度基本一致，但岩面高低可能存在差别。根据出渣情况，旧刀盘在 7～8 号井区间掘进灰岩地层，岩石比例占 1/2～3/4；新刀盘在 6～7 号工作井区间掘进灰岩地层，岩石比例约为 1/2。这是导致掘进工效产生变化的因素之一。

更换刀盘后，掘进参数出现异常的情况明显减少，开仓频率及压气作业时间对比见表 5.4-12（由于开仓换刀停滞时间与地质情况有关，与刀盘性能无关，故只统计开仓频率及时间），开仓频率（m/次）＝灰岩地层掘进里程（100m）÷开仓次数，平均仓内作业时长（h/100m）＝仓内作业总时长（h）÷灰岩掘进里程。

M-2018 盾构机更换刀盘前后开仓频率对比　　　　　　　　　　表 5.4-12

序号	项目	旧刀盘	新刀盘	对比
1	开仓频率	18m/次	71m/次	降至原来的 25.3%
2	平均仓内作业时长	289.7h/100m	56.3h/100m	降至原来的 19.4%

更换刀盘后，刀具损耗明显减少，其中，刀具损坏严重的情况暂未发生（表 5.4-13）。刀具损耗率（把/100m）＝区间更换刀具总数÷灰岩地层掘进里程（100m）。

刀具损坏率指损坏至无法修复刀具占使用刀具总数的比例；仓内动火切割率指因损坏严重无法正常拆卸需动火拆除刀具占换刀总数的比例。

M-2018 盾构机更换刀盘前后刀具损耗情况对比　　　　　　　　表 5.4-13

序号	项目	旧刀盘	新刀盘	对比
1	刀具损耗率	29.7 把/100m	0.94 把/100m	降至原来的 3.16%
2	刀具损坏率	76%	0	同比下降 100%
3	仓内动火切割率	24.8%	0	同比下降 100%

由于新刀盘对灰岩地层的适应性提高，同性质灰岩地层下，掘进参数异常频率及开仓换刀次数大幅减少，同地层下开仓频率降至原来的 1/4，开仓时长降至原来的 1/5。综上所述，由于新刀盘使用单刃滚刀，对灰岩地层适应性提升，刀具损坏损耗大幅下降，有效减少刀具损耗数量，有效降低安全风险，争取了工期。

第 6 章

盾构辅助施工技术与创新

城市电力隧道
与地铁隧道同步建设技术
广州石井—环西电力隧道工程

电力隧道工程由于征地拆迁困难、需避让已有建（构）筑物，故电力盾构隧道工程自身固有特点有：工作井空间狭小、线路转弯多且半径小、线路坡度大等。本章就电力隧道狭小空间始发到达技术、开仓换刀技术、软弱富水地层加固技术、钢结构电缆廊道等进行总结。

6.1　盾构套筒接收的施工技术

6.1.1　密闭钢套筒的工作原理

该技术利用平衡原理，通过在工作井内设置密闭钢套筒，将端头加固体改移到站内，增加盾构的掘进长度，即盾构到达在钢套筒内模拟盾构掘进。

套筒接收装置的优点：①适用于各类地层的盾构始发、到达。在淤泥、砂层等复杂风险地层，尤显其安全、经济效果。②施工占地小，有效减少施工征地及管线改迁的费用。③盾构密闭接收装置可多次重复使用，有较高的经济性。

6.1.2　风险分析

钢套筒接收盾构安全到达原则：保压、注浆饱满、姿态精准且匀速通过。其风险点在于以下几点：

（1）洞门环板（A 板）安装质量。安装质量差，存在漏浆、漏水的风险；钢套筒与洞门预埋钢环板连接处易拉裂引起涌水、涌砂，最终淹没到达井，需重新加固、加强。

（2）盾构机在穿越洞门结构新回填材料及结构时，一般回填的低强度等级素混凝土连续墙、M75 水泥砂浆洞门墙，进入接收钢套筒施工过程中，各项施工参数应控制平稳，掘进速度应控制在 10mm/min 以下，刀盘转速也不宜过大，控制在 1.5～2r/min 之间，防止掘进过程中墙体垮塌，大块混凝土堆积在刀盘前方，堵塞环流系统，引发盾构机掘进异常。

（3）盾构姿态。盾构机钢套筒接收到达操控过程中一旦盾构姿态偏差过大，盾构机将发生"磕头"并直接与钢套筒发生接触，导致拉裂钢套筒与洞门钢环板连接部位，引发安全事故；采用顶推托轮组预防盾构机进入钢套筒过程中由于盾体重心偏移而导致的"栽头"工况。

（4）遇水风险。盾构到达接收井端头，地层与水系存在直接水力联系；水压力大，注浆质量难以保证。

（5）后部来水风险。盾构到达穿越工作井地下连续墙，须确保掘进该区段时，加强同步注浆、盾构机壳体径向注浆或聚氨酯、管片二次注浆，避免因水土压力过大击穿注浆加固体而形成涌水、涌砂通道。

（6）钢套筒的承载能力及密封质量。检查钢套筒的承载能力及密封性能，套筒回填完成后，须对钢套筒进行水压力试验，压力不小于切口水压。

（7）钢套筒压力和位移。盾构机出洞过程中需实时严格控制接收钢套筒压力和位移变化情况。

6.1.3 防控措施

（1）出洞前刀具评估检查：为了防止盾构机到达过程中，刀盘被混凝土卡死的情况发生，要根据在盾构机碰壁前的掘进参数（推力、扭矩）判断刀具磨损状况，一旦发现参数异常，需要立即停机换刀。

（2）碰壁前、出洞、进钢套筒推进设置：速度提前减小，推力减小；刀盘转速小于1.5r/min；流量控制，顺利带出渣土。出洞时姿态控制：为了防止出洞时盾构机"栽头"，要求盾构机机头高于轴线2～3cm，呈略抬头向上姿势。

（3）盾构机在进入钢套筒之后，要注意姿态控制和顶推托轮组的适时调整。在刀盘通过每个托轮组之后，立即将托轮顶升至支撑盾体，确保盾体不出现"栽头"。

（4）注浆封堵：在盾体出洞时，每环均补充双液注浆，注浆量为管片与洞门和隧道间隙的180%。时刻检查钢套筒是否有漏浆、变形等情况，如有漏浆或者变形过大等情况发生，可以采取调低气压、减小推速等措施。

（5）盾构机筒体推到位置并完成盾尾密封后，刀盘不转，开环流清洗土仓。然后逐步泄压，并通过环流将钢套筒土仓中的浆液抽走。

（6）打开钢套筒底部的排浆管，排出剩余的浆液，并检查筒体的漏浆情况。在盾尾双液浆凝固后，情况稳定、安全的情况下，开始拆除钢套筒。

（7）测量与监测：端头围护结构、地面及周围建筑物、钢套筒、洞门变形，盾构机出洞过程中每天测量2次，若变形较大，增加测量频率。

6.1.4 案例

1.盾构大坡度接收重难点分析

电力隧道（1标）出洞段上跨地铁8号线北延段同上区间后，转入大下坡度掘进，以55‰的坡度下坡，再转为30‰的坡度下坡到达接收井，最后于接收井直接以大坡度掘进接收。接收端为灰岩发育区，上覆层分布砂层、淤泥层等，地质软弱，且地面交通繁忙、管线复杂，无场地地面端头加固施工条件，因此盾构接收施工难度极大、风险非常高。

2.盾构出洞接收情况

采用与楔形过渡钢环、斜向接收托台一起安装的斜向钢套筒密闭接收，避免了盾构以大斜坡掘进出洞，洞门处上下受力不均，避免洞门密封难以抵抗地下水压，造成地下水击穿洞门密封后砂土流失，地面沉降塌方的风险。使盾构机提前做好姿态预偏，避免在灰岩软弱地层中掘进时盾构机身"栽头"，不利于盾构姿态的精确出洞；对大坡度掘进的下坡段管片加强加密注浆，同时采用拉结固紧装置，使成型管片结构稳定，利于盾构姿态平稳控制及洞门段管片稳定。

通过应用灰岩软弱地层盾构大坡度接收施工工法，安全顺利完成了大坡度盾构接收出洞工作。

3. 施工情况

1）斜向接收钢套筒安装

（1）斜向钢套筒定制

在洞门外，采用特制钢套筒，钢套筒长 9000m，内径 4650mm，同时根据 30‰ 的坡度定制楔形过渡环。洞门处侧墙浇筑时已预埋钢环板，钢套筒与洞门钢环板之间通过楔形过渡环连接，使整个套筒与隧道线型一致，保持盾构以 30‰ 的坡度下坡到达接收。在远离洞门一端设置一圆形端盖，用反力架和钢板支撑在基坑结构上，确保钢套筒不会在盾构推力作用下发生位移。钢套筒设计图纸如图 6.1-1 所示。

图 6.1-1 特制钢套筒形象图

（2）洞门预埋钢环板

在接收井施工时，在洞门处安装钢环板，与侧墙钢筋采用 Z 形钢筋牢固焊接在一起，然后浇筑封模混凝土，紧密连接，见图 6.1-2。

图 6.1-2 洞门侧墙施工时预埋环形钢板

（3）浇筑斜向托台

安装套筒底座前，先在既有接收井地板上施工一个钢筋混凝土斜向导台，导台采用 C30

混凝土，配置ϕ22mm@250mm×250mm 钢筋网。导台面预埋 10mm 厚钢板，与钢筋网紧密相连。后续安装套筒底座时，导台与预埋钢板紧密焊接相连，保证焊接稳固，见图 6.1-3。

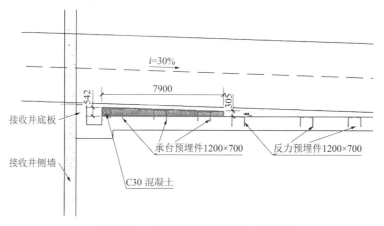

图 6.1-3　斜向钢筋混凝土托台示意图

接收托台施工时必须加强量测工作，确保成型后尺寸与盾构大坡度线型一致，保证后续钢套筒安装质量，见图 6.1-4。

图 6.1-4　斜向钢筋混凝土托台安装放样

浇筑前复核钢套筒预埋件安装位置，确保其焊接牢固，浇筑一段时间后，在混凝土初凝前抹平表面，确保后续钢套筒底座与其贴合紧密，见图 6.1-5。

图 6.1-5　斜向钢筋混凝土托台施工图

（4）钢套筒安装（图 6.1-6、图 6.1-7）

①钢套筒安装前需对洞门预埋环板及托台质量进行检查，确保其质量。

②确定钢套筒的安装位置，采用全站仪精密放点，把套筒位置在底板的平面位置上放出来，安装过程采用全站仪校正，结合水准仪全程控制标高，保证钢套筒按照设计线路的 30‰ 的下坡坡度到达。

③先安装钢套筒下半部分，再安装上半部分，然后安装楔形过渡环、后端盖，将各个连接螺栓紧固。

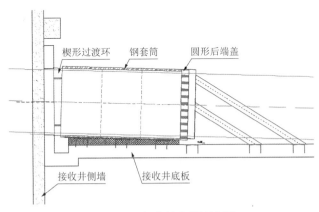

图 6.1-6　钢套筒安装示意图

图 6.1-7　钢套筒现场安装图

楔形过渡环安装时，确定洞门环板与过渡环全部密贴，然后将过渡板满焊在洞门环板上（图 6.1-8）。

图 6.1-8　楔形过渡环连接安装图

套筒底座与两边侧墙主体通过一水平支撑相连接，采用直径 300mm 钢支撑，保证焊接稳固（图 6.1-9）。

图 6.1-9　钢套筒水平支撑安装图　　　图 6.1-10　钢套筒钢斜撑安装图

套筒后端盖子安装反力架，反力架采用直径 500mm 圆钢支撑，承受盾构进入套筒掘进的主推力。安装时反力架紧贴钢套筒后端盖，首先应在基坑里定好位，然后根据井口面与洞门中心的标高安装。支撑斜撑与底板预埋件焊接要牢固，焊缝位置要检查，确保无夹渣、虚焊等隐患。完成后，检查各部连接处，确保其连接的完好性，发现有隐患要及时处理，如图 6.1-10 所示。

2）加密注浆孔管片

定制特殊加密注浆孔管片，该管片预留注浆孔数量为常规管片的 3 倍（普通管片共 6 个注浆孔，定制特殊加密注浆孔管片共 17 个注浆孔），特殊加密注浆孔的管片开口选择在纵向螺栓孔之间中线连接位置，保证管片受力均衡，不影响管片结构性能，同时又能满足后续加密注浆的要求。

盾构掘进时，主要靠刀盘的切削和推进千斤顶提供推力，其中推进千斤顶作用在新拼完的管片上。在灰岩软弱地层中，且呈下坡的管片容易变形错位，从而影响推进千斤顶的推力控制，进而导致掘进姿态的精确导向控制困难，影响出洞。通过加密注浆孔管片，在接收施工段加强壁后补浆，实现 360°无死角注浆，在管片与周围土体之间填充高浓度的单液浆/双液浆，确保斜向出洞段成型隧道稳定，从而使盾构机出洞掘进姿态稳定。

3）姿态预偏控制

盾构机身质量分布不均匀，其中前体由刀盘＋前盾组成，质量最大，更易倾斜。因此，进入灰岩软弱地层掘进时，盾构机在自身的重力作用下易下沉，其中刀盘更容易下沉，在大坡度下坡掘进时，这种情况进一步恶化，因此盾构机在该地层大坡度掘进时"栽头"现象更严重。

根据在灰岩软弱地层的丰富施工经验，结合本工程大坡度下坡掘进的特点，预估本次接收中盾构机的"栽头"趋势，使盾构机进入出洞段前做好姿态预偏，保证盾构机头按照设定方向，正对着钢套筒掘进。

通过经验分析和计算，我们对盾构设定了以下参数：

（1）盾构机距离洞门 50m 前位置，提前调整盾构姿态，设定预偏参数，如表 6.1-1、图 6.1-11 所示。

预偏参数 表 6.1-1

序号	参数	数值	备注
1	$S_{前}$	$30mm < S_{前} < 40mm$	
2	$S_{后}$	$20mm < S_{后} < 30mm$	
3	i	$1mm/m < i < 2mm/m$	盾构机整体略微向上

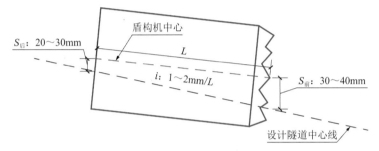

图 6.1-11 距离洞门 50m 垂直趋势示意图

（2）盾构进入洞门 30m 前位置，设定预偏参数，见表 6.1-2、图 6.1-12。

预偏参数 表 6.1-2

序号	参数	数值	备注
1	$S_{前}$	$20mm < S_{前} < 30mm$	
2	$S_{后}$	$10mm < S_{后} < 20mm$	
3	i	$0mm/m < i < 1.5mm/m$	

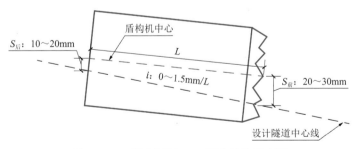

图 6.1-12 距离洞门 30m 垂直趋势示意图

在进入下坡段掘进前，提前控制好盾构机，使其整体相对于设计线路稍微往上，同时呈现一定的抬头趋势。随着掘进进行，盾构机在灰岩软弱地层中土体切削量、推进千斤顶、铰接千斤顶及自重的作用下，前点 $S_{前}$、$S_{后}$、i 的数值会一直动态变化，要通过改变推进千斤顶数量和铰接控制的方法对盾构姿态进行调整，将盾构机姿态调整至按照一定的"预偏"设定进行掘进，防止盾构机向上或者向下超限。

盾构施工是一个动态的过程，施工过程中应加强量测，随时注意姿态的偏差情况，实时进行调整，坚决杜绝隧道超限的现象。

4）加强洞门封堵

大坡度下坡接收，导致连续墙切削处呈现为一个类似楔形的椭圆形洞口，而非常规的正圆形，管片与其之间的缝隙增大，后续盾构正式出洞后，洞门容易出现渗漏。因此，相对于常规的洞门，更需加强斜坡出洞的洞门注浆封堵效果。

对洞门处的壁后注浆，考虑盾尾与其相对位置，若盾尾覆盖管片太多，管片与连续墙、侧墙的接触面太少，连接处填充效果差；若盾尾覆盖管片太少，则管片与连续墙、侧墙的接触处空间太大，填充的浆液容易窜到机头前面，不仅需花费大量的浆液，还会影响到后续斜向钢套筒和盾构的拆除工作。

本次接收通过对不同宽度的管片进行选型组合，保证洞门 0 环管片露出侧墙外面约1/3；然后在盾构机进入钢套筒后，精确计算盾构机里程，使盾尾处于洞门 0 环管片 1/3 处；然后在水土平衡的条件下在隧道内加密注浆封堵，确保大坡度出洞的楔形洞门加密注浆封堵效果，如图 6.1-13 所示。

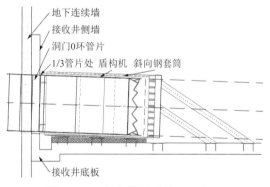

图 6.1-13　洞门处补浆位置示意图

5）管片连接紧固

呈大角度下坡隧道成型管片存在下坡趋势，钢套筒泄压后容易向洞门方向前移，从而导致管片变形渗漏，进而影响盾构机出洞掘进姿态控制。对下坡段管片安装拉结固紧装置，避免其变形。用槽钢和挂件焊接将管片连成整体，防止出洞后管片脱出盾尾掉落。安装步骤如下：

（1）在管片 3 点钟和 9 点钟方向上取下管片螺母，然后将挂件安装在管片螺栓上，用螺母将挂件固定。每环管片上安装两个挂件。

（2）待挂件安装完毕后，将槽钢放置在挂件上，槽钢与挂件接触部分用电焊满焊牢固。

4. 出洞评价

实现盾构大坡度斜向接收施工，主要通过采取斜向钢套筒、特殊管片加密注浆、盾构姿态预偏等措施结合，克服了接收端为灰岩发育区，地质软弱，且地面交通繁忙、管线复杂，无地面端头加固的恶劣施工条件，安全顺利地完成了大坡度盾构接收出洞工作。

此次灰岩软弱地层盾构大坡度接收施工技术成果将为盾构在灰岩软弱地区施工提供指导经验与思想。此次在实际工程施工中得到验证，取得了理想的效果，达到国内领先水平。通过对施工的过程以及所取得的成果进行分析，得出以下结论：

（1）利用特殊的楔形过渡环、斜向钢筋混凝土托台等措施辅助结合，使钢套筒严格按照大坡度出洞线路斜向安装并固定。

（2）该技术利用特殊加密注浆孔管片，实现了360°全方位加强隧道管片壁后注浆，同时利用管片拉结固紧装置，确保斜向出洞段成型隧道管片稳定。

（3）研究盾构在灰岩软弱地层的掘进数据，针对出洞段为急下坡的特点，提前控制盾构机整体与设计线形竖直上呈一定的角度预偏，避免"栽头"影响，使盾构机头精确对准洞门中心掘进出洞。

6.2　泡沫混凝土平衡到达 7 号井的施工技术

6.2.1　技术原理

盾构接收井半回填轻质泡沫混凝土辅助盾构机到达出洞技术，是一种在盾构接收井内指定回填区域，并在施工中用隔墙或模板支撑将指定回填区域封闭，且定量分层回填轻质泡沫混凝土，辅助盾构机到达出洞的技术。

盾构机到达接收井破除围护结构进入主体结构内部过程中，若围护结构外部水头压力过大或地层不稳，围护结构外部的水和砂有可能通过盾构机与接收井洞门之间的环缝涌入井内。通过在接收井内指定区域回填泡沫混凝土（泡沫混凝土块能封堵洞门环缝），防止涌水、涌砂的情况发生。盾构机进入接收井后，在泡沫混凝土中空仓掘进，泡沫混凝土同时起到支承盾构机的作用，待盾尾完全进入接收井主体结构内部后，注浆封堵洞门环缝，完成盾构机接收。在这种情况下，人们自然就会想到如何才能扩大盾构机适应地层的范围。因此，选择合适的添加剂是最合理、简单的方法。使用添加剂的主要作用是：

（1）降低刀具和出土系统的磨损。

（2）通过添加剂渗入到土体形成泥膜，改善工作面土体的稳定性，便于对切割土体的控制。

（3）改善土仓内渣土的流动性和和易性。

（4）减小刀盘的动力要求，并使开挖出的土体成为流塑状态。

（5）对泥水系统来说，降低渣土在管道、阀门和泵中的摩擦力。

（6）从泥水系统中便于分离。

（7）对所弃的土更易于被接受。

（8）改善了工人在隧道中的安全条件。

（9）对于土压平衡盾构机来说，其优点还有：密封仓内的压力更均匀；对地下水更易于控制；降低了在密封仓内形成泥饼的可能性；螺旋输送器的渣土和水能得到控制；渣土易于运输（图6.2-1～图6.2-4）。

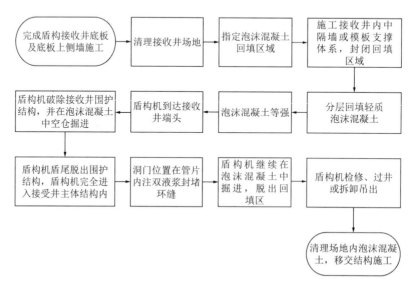

图 6.2-1　技术原理图

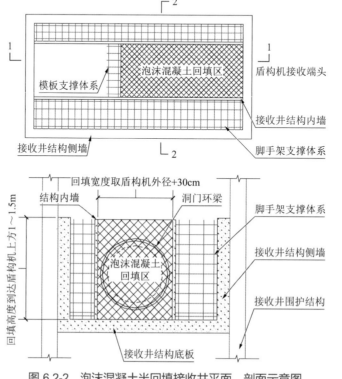

图 6.2-2　泡沫混凝土半回填接收井平面、剖面示意图

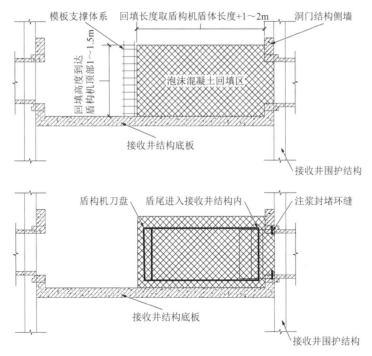

图 6.2-3 泡沫混凝土半回填接收井 1-1 剖面图（上）、盾构机到达接收井 1-1 剖面图（下）

图 6.2-4 泡沫混凝土分层浇筑及回填后现场照片

6.2.2 技术要点

（1）接收井半回填泡沫混凝土的指定范围，与盾构机盾体尺寸有关。泡沫混凝土回填区长度约为盾构机盾体长度 +1～2m，回填区宽度约为盾构机开挖直径 +30cm，回填区高度至盾构机上方 1～1.5m。

（2）回填区的长度可通过在工作井内施工中隔墙或架设模板支撑体系控制，回填区宽度通过盾构机两侧中隔墙位置控制，回填区高度则根据中隔墙或模板支撑体系高度控制。

（3）浇筑泡沫混凝土前，在回填区前方架设模板支撑体系或施工中隔墙，与盾构机两侧的中隔墙以及接收井洞门处围护结构，形成四面封闭区。

（4）泡沫混凝土成分为水泥浆和发泡剂，混合后流动性与水泥浆相近，静置后容易出现密度分布不均的现象，需分层浇筑。泡沫混凝土每次回填高度不大于 1m，等强时间不少于 12h，方可进行下一层浇筑。

（5）泡沫混凝土可通过调整水泥浆的水灰比，以及与发泡剂的混合比例，调节凝固后的强度。底部泡沫混凝土起到支撑承托盾构机的作用，抗压强度应不少于 1.5MPa。

（6）泡沫混凝土浆液具有较好的流动性，浇筑前应封闭中隔墙和模板上的所有孔洞。

（7）盾构机两侧的中隔墙与结构侧墙之间需架设脚手架，防止盾构机在泡沫混凝土中掘进时，中隔墙变形。

（8）盾构机破除接收井围护结构进入接收井内部，在泡沫混凝土中掘进时，应尽可能降低仓内土压，空仓低速掘进，防止泡沫混凝土的压力过大导致开裂。

（9）盾构机盾体完成进入接收井内和盾尾脱出洞门后，应及时在洞门位置和管片内部注浆，封堵洞门环缝。

6.2.3　泡沫混凝土平衡到达技术实例

本技术在 220kV 石井—环西电力隧道（西湾路—石沙路段）土建工程（施工 3 标）盾构机过井中进行了实际应用。该项目盾构隧道全长 2.03km，除盾构始发井和接收井外，没有一个中间工作井。中间工作井周边地质条件复杂，洞门位置处于溶洞发育的灰岩地层，洞门上方为较厚的富水砂层，盾构到达出洞安全风险极高，且该中间工作井处于市区商业地带，征借地工作困难，地面无条件进行大范围的端头加固施工。

通过采用该技术辅助盾构机到达，过程未出现漏水、漏砂的现象，大幅减少端头加固施工范围，解决了征借地困难的问题。同时有效降低了盾构到达中间工作井准备工作的工期和施工成本，盾构机在泡沫混凝土中掘进，盾体沉降仅 21mm，下部泡沫混凝土起到有效支撑盾构机盾体及负环管片的作用，未出现姿态超限的情况，到达后快速完成检修整备工作，重新始发，减少盾构停滞时间。

1. 实际效益

（1）国内针对盾构出洞场地上方端头加固区域受到外部因素限制，一般采用全套筒接收，或者采用在接收井内回填泥浆或砂、黏土辅助盾构出洞。

（2）若采用套筒接收，套筒生产或租赁成本高，安装及拆卸时间长，从套筒安装、盾构接收到套筒拆卸，大约需时 25d，且安装精度和盾构姿态控制要求高。相比套筒接收方案，使用本技术从回填泡沫混凝土、盾构接收到场地清理，需时仅 15d，有效节省工期，且成本更低。

（3）若采用接收井内回填泥浆或砂石、黏土辅助盾构出洞的方案，一般情况下采用满井回填，回填量较大，清理时间长。相比回填泥浆或砂石的接收方案，本技术回填的泡沫混凝土具有一定的抗剪和抗压性能，可以通过施工接收井内的中隔墙或模板支撑体系，指定回填体积，仅回填接收井部分范围，大幅减少回填量达 50%以上，同时泡沫混凝土强度和密度相对较低，盾构接收后易于清理，有效节省工期。

（4）通过使用盾构接收井半回填轻质泡沫混凝土辅助盾构机到达出洞技术，有效解决了盾构出洞场地上方端头加固无条件施工的问题，同时缩短了使用工期，节约了施工机械和人工成本。该技术在我司承建的 220kV 石井—环西电力隧道（西湾路—石沙路段）土建工程（施工 3 标）实际应用，在很大程度上保证了工程的顺利进行和按期完工，加快了建设进度，保证了隧道施工安全。

（5）盾构接收井半回填轻质泡沫混凝土辅助盾构机到达出洞技术，在保证盾构出洞安全的前提下，提高了施工效率，大幅度节约了工期。相比于传统技术，还在材料成本、设备成本及人力成本上节省了开支，产生了可观的经济效益。

2. 改进措施

（1）接收井主体结构内墙在施工过程中，一般情况下模板支撑采用对拉螺杆，内墙成型后会留有螺杆孔。利用接收井主体结构内墙分隔泡沫混凝土回填区时，由于泡沫混凝土凝固前流动性较好，容易通过内墙的对拉螺杆孔渗漏到回填区范围外。在回填泡沫混凝土前应及时封堵孔洞，或采用砌砖墙等其他方式来分隔泡沫混凝土回填区。

（2）盾构机到达接收井，在泡沫混凝土推进过程中应尽可能排空土仓内的渣土，空仓掘进，防止泡沫混凝土内部土压过大引起开裂。

（3）泡沫混凝土回填时，回填区的分隔措施采用四面约束。本次方案实施的四面约束，分别为回填区后方的接收井洞门位置围护结构和主体结构，回填区两侧的接收井内墙，以及回填区前方的模板支撑体系。回填泡沫混凝土完毕后，拆除回填区前方的模板支撑体系，泡沫混凝土将变成三面约束，盾构机到达时，盾构机前方的泡沫混凝土会出现受拉往前脱落的现象，可在回填前，把回填区前方的模板支撑体系改为砌墙等其他方式，使泡沫混凝土回填完毕后仍有四面约束，防止前方泡沫混凝土脱落，减少后续清理量。

6.3 填仓开仓的施工技术

6.3.1 填仓施工技术

填仓开仓技术基于电力隧道施工 2 标盾构机掘进至第 1041 环时，覆土厚度约 10m，深隧道洞身地层主要为⑤$_{C-1B}$可塑状残积粉质黏土层，存在大量粒径大于 40cm 的块石，掘进过程中存在块石卡螺旋机情况，螺旋机旋转压力 30MPa，达到极限值，螺旋机因经常性被块石卡停，最终螺旋轴断裂导致土仓渣土无法外排，影响盾构机正常掘进。通过不断伸缩、正、反转螺旋机，反转木头、试块、块石等方法均未能解决无渣土外排的问题，需进行填仓检查及清理土仓内大粒径块石。将土仓内填充满水泥浆固结，初凝后形成一道不透水的水泥浆帷幕，帷幕与刀盘共同维持掌子面的稳定，实现常压安全开仓作业。通过对土仓检查后开仓，在开仓清理过程中对薄弱的地方进行封堵，在确保安全的情况下进行清理块石及检查刀具等作业。具体流程详见图 6.3-1。

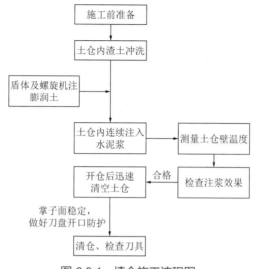

图 6.3-1 填仓施工流程图

1. 土仓内渣土冲洗

因螺旋机旋转未能实现渣土外排，在土仓隔板 1、2、4、5、7、8、10、11 点球阀注入高压水，从上部 2 点位置球阀排出，将块石、砂粒间的泥浆尽可能冲洗干净，以便后续水泥浆能充分填充。

2. 盾体及螺旋机注膨润土

为防止水泥浆包裹盾体，在螺旋机内固结形成栓塞，影响后续盾构推进，在注水泥浆前，排空螺旋机内渣土，在盾体及螺旋机注入钠基膨润土。

3. 土仓内注水泥浆

从土仓壁 1、2、4、5、7、8、10、11 点球阀向土仓内注入膨润土混合水泥浆。从下部注入孔开始注，注满后逐步往上注，在注浆的同时，打开顶部 2 点球阀排气、排水，直到球阀排出水泥浆后关闭，最后利用土仓隔板最上面的球阀注入浆液，直至注满仓为止。边正反转动刀盘边注浆，刀盘转速维持在 0.5～0.8r/min，由于注浆时间过长，超过水泥浆初凝时间，刀盘扭矩将越来越大，最后刀盘停止转动时需使刀盘与中心旋转接头位置处于水平状态。

每立方米膨润土混合水泥浆配比为水泥 300kg：膨润土 200kg：水 500kg，注浆压力控制在 180kPa 左右，注浆量为 5～10m³，膨润土使水泥凝固强度不会太高，降低人工破除难度。

注浆前土仓注入空气，当土压上升至 180kPa 的同时收缩主推千斤顶，盾体后退 2～3cm 后，停止注入空气，待土压开始下降后，防止注入孔堵塞，在注入孔注入泡沫溶液，停止注入后及时关闭注入孔球阀。注浆材料及设备应在出土之前准备充足，以保证能连续注浆，浆液制备应由当班操作手根据螺旋出土机出土情况提前通知，尽量保证在出空土仓后立即注浆。从注水泥浆开始至注浆完成后 12h 内，需不间断向刀盘主轴承内注入油脂。

4. 盾构机前方钻孔注浆

为确保开仓前盾构机前方土层稳固，在盾构机切口前方 30cm 处采取钻孔注入水泥浆方法对周边地层进行加固。在切口前 30cm 水平位置，从东往西每 45cm 进行钻孔注浆（管道区域避开），钻机就位先测量定位，将钻机安放在设计的孔位上并应保持垂直，施工时旋喷管的允许倾斜度不得大于 1.5%。地层桩的喷射次序按跳跃式进行。

钻孔：采用地质钻机钻孔，钻孔位置与设计位置的偏差不得大于 50mm。

插管先用地质钻机钻孔，拔出岩芯管，并换上旋喷管插入到预定深度。在插管过程中，为防止泥砂堵塞喷嘴，可边射水边插管，水压力一般不超过 1MPa。若压力过高，则易将孔壁射塌。

喷射作业：当喷管插入预定深度后，由下而上进行喷射作业。水泥采用 R42.5 级普通硅酸盐水泥，水灰比为 1 : 1，浆液压力 1MPa 以内，浆液流量 80～120L/min，每立方米水泥掺量不少于 250kg。技术人员必须时刻注意检查浆液初凝时间、注浆流量、风量、压力、旋转提升速度等参数是否符合设计要求，并随时做好记录，绘制作业过程曲线。当浆液初凝时间超过 20h 时，应及时停止使用该水泥浆液（正常水灰比 1 : 1，初凝时间为 15h 左右）。

冲洗喷射施工完毕后，应把注浆管等机具设备冲洗干净，管内机内不得残存水泥浆。通常把浆液换成水，在地面上喷射，以便把泥浆泵、注浆管和软管内的浆液全部排出。

移动机具：将钻机等机具设备移到新孔位上，如图 6.3-2 所示。

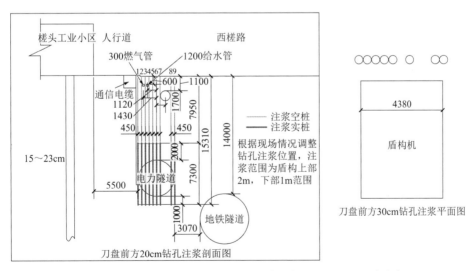

图 6.3-2　盾构机前方加固剖面示意图（左）及平面示意图（右）

5. 检查整个注浆效果

1）首先检查仓内浆液凝固情况，判断能否开仓

先打开土仓壁上的两个球阀，利用直径 10mm 左右的钢筋向土仓内砸入，根据砸入的

情况判断凝固的情况。然后打开土仓门上方的球阀，以同样的方法检查仓内凝固的情况，看是否还有水流出。如两个条件均满足，则可进行开仓工作。

2）盾构机刀盘前方加固效果

待土仓门打开后，先进行土仓清理。土仓清理完成后，观察掌子面泥浆帷幕固结情况和渗水情况。如两个条件均比较好，则清理块石、检查刀具工作方可继续，做好刀盘开口的防护工作，能保证开仓的安全。

6.3.2 常压开仓作业技术

开仓程序严格按照相关规定和"开仓程序签认表"要求进行，"开仓程序签认表"应明确开仓目的、开仓位置以及地质条件，注明地面情况以及实际掘进情况，经项目部总工程师以及项目经理签字确认报监理审批后再进行。开仓程序签认分为开仓前检查签认和开仓后签认，开仓流程如图6.3-3所示。

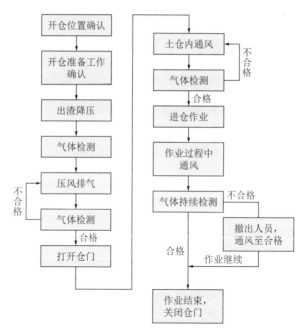

图6.3-3 常压开仓作业流程图

1. 破石清仓

首要任务是疏通土仓渣土进入螺旋机进土口通道，打开仓门先破除仓门附近渣土，开挖宽度不超过1m，确保刀盘开口处的水泥固结体稳定。作业过程中密切注意开挖面加固情况，对破损位置及时用木板、方木进行支护，有地下水渗出部位要立即做好引排处理。在土仓内掌子面稳定的情况下，两边放坡，中间向下开挖至螺旋机机口位置，遇到大块块石时采用人工风镐进行破除。

将风镐带入仓内，用高压风管连接盾构机上的空压机，先从具有凌空面的块石开始破除，不具凌空面的块石先清除周边渣土，撬动块石以满足破除要求，块石破除粒径应小于30cm，以方便人工搬运为宜。

2.刀具检查更换标准

开仓后，禁止开挖刀盘开口处水泥帷幕，按照一般标准，刀具磨损量超过以下数值时应当更换。

1）滚刀

边缘滚刀：刀圈磨损量达到 20mm。

正面滚刀：刀圈磨损量达到 25mm。

中心滚刀：刀圈磨损量达到 30mm。

2）边缘刮刀及齿刀

边缘刮刀及齿刀出现较严重崩齿或刀具上的合金堆焊层磨损较严重时需进行更换。

6.3.3 风险分析

为了保证隧道的正常施工，预防突发事件以及某些预想不到的、不可抗力等事件的发生，事前应有充足的技术措施准备和抢险物资储备，最大限度地减少人员伤亡、国家财产和经济损失，必须进行风险分析和预防。根据工程的施工重点及复杂的地层情况，充分考虑到施工技术难度和困难、不利条件等，确定工程的突发事件、存在的风险和紧急情况防控措施。

1.突发事件及风险预防措施

从以上的风险情况分析看，如果不采取相应有效的预防措施，不仅给隧道施工造成很大的影响，而且对施工人员的安全造成威胁。

（1）在盾构施工到达该段前，与业主建立直接联系，协调好各种关系，一旦发现异常能及时沟通、协商解决问题。

（2）认真分析地质资料，做好超前预报：对地质情况不明的地段一定要进行补勘，进一步了解土层的情况，做到心中有数。

（3）加强施工管理，严格按标准化、规范化程序作业，施工中要经常分析土质变化、围岩参数，遇到可疑情况及时分析，不得冒进。盾构掘进过程中加强地表沉降监测以指导地下施工，根据地表沉降情况，及时调整盾构机的掘进速度、刀盘转速、泥水压力、注浆压力及注浆量等参数。

（4）成立抢险领导小组，并成立抢险救灾队伍，做好预防工作，并在工地自备发电机组、抽水设备、钻机、压水泵和双液注浆泵，一旦出现地表沉降较大，立即采取相应措施从地表向地层补充注浆，以保证正常的地下水位，从而减小地表沉降。必要时可从地表进行注浆止水和加固来控制地层沉降。

（5）工地和附近医院建立密切关系，工地设医务室，配齐必要的医疗器械，一旦出现工伤事故，可立即进行抢救。

（6）组建抢险队，进行抢险应急知识教育培训。发现危险时，首先由抢险队进行抢险工作，需用较多人员时可由各岗位进行汇集，对抢险队和项目部所有人员进行具有针对性的应急知识培训。

（7）进行应急演练，提高应急救援能力。为了在出现险情时处理迅速，应对险情进行实地演练，使得所有人员均参与其中，并填写应急演练记录表。

2. 填仓开仓施工过程防控措施

1）开仓注意事项

（1）盾体注浆前，应对盾尾同步注浆管注入膨润土，防止二次注浆液堵塞盾尾同步注浆管。

（2）盾体及螺旋机注浆前，应准备若干4寸变2寸接头，以应不时之需。

（3）待土仓注浆完成12h后，检测土体加固效果前应检查气体保压系统施工是否安全可靠。

（4）注浆浆液严格按配比制作，并按要求严格控制注浆压力。

（5）仓内注浆接近满仓时，应回缩千斤顶，使浆液顺利到达刀盘前形成保护层，以便更好地支撑开挖面。

（6）填仓过程中主轴承密封油脂每隔1h加注一次。

（7）作业期间，加强地面及周边建筑物沉降监测，并确保地面与井下通信畅通。

（8）作业期间，仓内照明要足够，安排专人负责观察开挖面的变化情况，对松散水泥块要清除，对渗水点要及时用水泥浆封闭。

（9）清仓完成后，必须将土仓壁上的注浆孔及土压传感器清理干净，检查确认传感器完好。

2）刀具更换注意事项

（1）仓门打开后人员不能急于进仓，待气体检测合格，且有经验的技术人员明确掌子面和切口处地层稳定后方可进仓作业。

（2）在进入土仓作业时应注意土仓内的通风和排水，同时对土仓内气体不间断地进行检测，确保仓内作业人员的安全。

（3）在仓内作业时，严禁猛敲狠打、野蛮作业，造成设备和工具的损坏，以及对地层的扰动。

（4）进仓作业人员必须是身体健康、反应灵活的人员。

（5）在进仓作业的同时，仓门口必须安排值班人员，观察仓内情况及掌子面和拱顶情况，发现异常情况，立即通知仓内人员撤出并关闭仓门。

（6）在开仓换刀过程中，随时注意掌子面、拱顶及底部是否稳定，若发现有水渗流，应及时进行双液注浆，并用快硬水泥将其封堵。

（7）刀具更换班组在接受换刀工作后，必须明确所需更换刀具的编号及换刀步骤。一般情况下，换刀时须拆一把装一把，且须由外往内更换，特殊情况时听从隧道领班工程师或者隧道主管安排。

（8）为了安全以及作业方便，首先将换刀用的站人平台运进土仓并安装在仓壁上，然后在 3 点钟位置进行滚刀的拆卸和安装；在 3 点钟和 9 点钟上方位置进行刮刀的拆卸和安装。

（9）为了刀具安装工作的顺利进行，拆下的螺栓、垫圈、螺母、压块等必须集中放置在镀锌薄钢板工具箱里。

（10）滚刀的挡圈必须朝向刀盘圆心，刀具安装好后必须确保锁紧螺栓。

3）恢复掘进技术措施

为确保盾构机恢复掘进后，降低地面沉降，确保地面房屋安全，采取以下措施：

（1）严格控制出土量，杜绝超挖，根据当前所处地层情况，出土量按每推进 300mm 出土 1 渣土斗来控制。

（2）掘进过程中，盾构机土仓顶部压力控制在 1.2～1.3bar，短时间停机可通过气压维持仓内压力在 170～180kPa，总推力小于等于 600t 时，刀盘扭矩小于等于 550kN·m。

（3）注意对同步注浆设备的维护，保证管路畅通，无缩径。每环同步注浆量不得低于 3.5m³，并根据盾构机掘进速度，及时调整注浆速度，确保同步注浆量与盾构机推进速度相匹配。

（4）加强地面监测，并及时反馈，对异常沉降要根据沉降部位与盾构机的关系相应采取洞内或地面处理措施。

（5）对盾构前方沿线地面环境进行调查，对上方存在的补勘孔要提前进行回填。

（6）做好掘进参数、出土量的准确记录，以便对后续的施工能够起到真正的参考价值。

6.4 MJS 加固的施工技术

6.4.1 MJS 工法原理

全方位高压喷射工法（以下简称 MJS 工法）是根据以往的高压旋喷工法进行改良、发展后的产物。高压旋喷工法是利用高压下喷射出流体的运动能量，对土体进行切削，用硬化材料进行混合搅拌从而对土体进行改良的工法。空气的运用是为了使高压喷射流体的切削距离更广，形成更大口径的改良体，空气的升降同时起到将切削后废土从地表排出的作用。因此，深度越深排泥也越困难，钻杆以及钻杆前端部分周围的地内压力上升，喷射搅拌效率变低，特别是大深度（40m 以上）改良效果难以达到要求。另外，水平施工时，地内压力的上升对周边地表有影响，也成为地面隆起等现象发生的一个因素。

MJS 工法是为了解决以上缺点而开发出来的新的装置并同时开发了新的多孔管。此工法最大的特点是具有排泥装置，能在专用管中强制吸引废泥，排出地外，使其能应对大深度的施工。同时根据压力管理系统来调整排泥量，能有效地控制喷射搅拌带来的地表隆起、下沉等情况。因此，排泥不仅靠空气的升降来控制，压力管理也可以强制吸出废泥。该工法不仅适应大深度，而且还能对斜面、水平面进行施工。

MJS 工法同时还能实现高标贯土层中大桩径、垂直施工大深度、水平施工长距离、倾斜施工高精度、管道排浆零污染。

6.4.2 案例

1. 应用背景

本标段工程盾构线路地处老城区，沿线管线及地下建（构）筑物分布复杂，且无法完全探测清楚，给盾构掘进施工造成较大影响。2018 年 8 月，盾构掘进至第 780 环前，盾构掘进参数异常波动，且环流不畅、堵管严重，拆管和开采石箱中出现规律性配筋（圆钢、螺纹钢等）、混凝土块以及疑似搅拌桩机钻头的金属材料异物等。在清理堵管后尝试恢复掘进，但盾构参数持续恶化，8 月 27 日 17:00 完成第 780 环拼装后，盾构无法继续掘进，此时盾构机掘进里程为 DK0＋914.880。

盾构拆环流系统排泥管、打开采石箱清理出来的物件如图 6.4-1、图 6.4-2 所示。

图 6.4-1 拆管、打开采石箱出现的混凝土碎块和钢筋

图 6.4-2 盾构拆管、打开采石箱掉出来的刀具、钢筋

综合各方面掘进数据和出渣情况分析，盾构土仓内可能已滞留大量不明障碍物，盾构

刀盘前方可能仍存在地下不明障碍物，导致盾构无法继续掘进，因此申请盾构机在该处停机保压，进行开仓清障工作。

盾构隧道基本位于西槎路正下方，西槎路为同德围乡主干道，为双向 6 车道，车流人流量大，如图 6.4-3 所示。

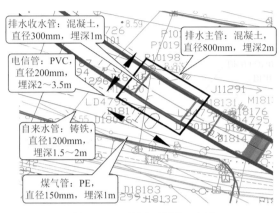

图 6.4-3　盾构机位置示意图

地面邻近存在自来水管、路灯线等，其中自来水管为铸铁管，直径 1200mm，埋深 1.5～2m，煤气管为 PE 管，直径 150mm，埋深 1m，加固区范围存在一雨水管，管径 800mm，埋深约 2m，以及一电信管，为 PVC 管，直径 200mm，埋深 2～3.5m。施工前应对加固区补孔勘察和管线摸查；注浆加固施工时需注意管线安全。盾构机位于地面以下 10.5～15m，覆土较浅。

根据详勘报告：剩余地层地质条件从上往下地质情况为：杂填土、④$_{2B}$ 淤泥质土、③$_2$ 中粗砂、⑧$_{C-1}$ 中风化灰岩，砂层、淤泥质土层较厚，岩面起伏变化大，地质条件差，埋深较浅。盾构机位于④$_{2B}$ 淤泥质土、③$_2$ 中粗砂，不具备在自然地层开仓作业条件。

2. 桩位设计及现场情况

根据对加固开仓地点周边环境的摸查，所在地面为西槎路与鹅掌坦路交叉处恒丰商务楼前，隧道基本位于西槎路正下方，西槎路为同德围乡主干道，为双向 6 车道，车流人流量大。因此，加固方案需考虑周边行人车辆安全，不宜选择大型机械设备施工的加固措施，地下连续墙、搅拌桩等施工设备较大，不宜选用。根据现场实际地质情况，采用 MJS 桩对拟开仓位置进行加固后进行常压开仓作业。MJS 桩基施工时需避开地下管线，确保地下管线的安全性及 MJS 桩加固效果，为后续盾构常压开仓提供安全保障。

HS4350 盾构机长约 8.15m，宽 4.35m。加固范围需"包裹"住盾构机，加固平面尺寸定为 11.25m×9m，如图 6.4-4 所示。

根据 MJS 现场加固施工经验，结合盾构机尺寸

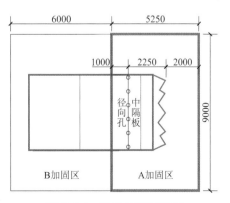

图 6.4-4　MJS 加固平面图

及开仓作业空间需求，MJS 桩径为 2m。MJS 加固体平面上加固范围为盾构径向孔后方 0.5m 至刀盘前方 2m，竖向深度扩展至整个淤泥层厚度，并在地下水位以上，底部深入到不透水层 1m，保证加固质量。

MJS 施工前需对加固区进行进一步勘察，把地层信息包括地下水位、淤泥层厚度等摸查清楚，注意底部灰岩完整性的探测和裂隙水的水压顶托作用，根据勘察信息指导 MJS 施工。桩位已合理布置，相互咬合消除加固盲区，同时保证桩身深入岩层中，消除地下承压水、裂隙水的顶托作用，确保安全。

在盾构机位置进行地层加固，应采取措施避免加固过程中裹实盾构机外壳，并采取斜向桩进行下部薄弱地层二次加固，保证开仓止水效果，如图 6.4-5 所示。

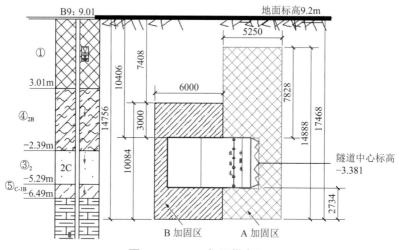

图 6.4-5　MJS 加固纵向图

MJS 加固桩号划分如图 6.4-6 所示。

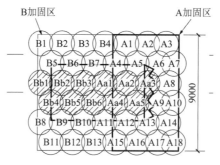

图 6.4-6　MJS 加固位置分区桩位布置图

为保证加固质量，同时避免对盾构机造成损害，施工时先对 A 加固区进行旋喷加固，再进行 B 加固区加固。MJS 桩 Aa1～Aa5、Bb1～Bb6 旋喷至盾构机或成型隧道上方（埋深 10.4m，加固深度为地下 7～10m），桩 A1～A18 和桩 B1～B13 旋喷扩展至整个淤泥层厚度（埋深 17.5m，加固深度为地下 4～17.5m），施工至隧顶范围，MJS 桩施工至盾构机底部位置时，适当加大旋喷压力使其达到 45MPa，并降低提杆速度，加大注浆量，使加固体拓展至盾构机底部，消除加固盲区。外围桩以 360°全方位喷射成桩打入地下；盾构机周围的桩成角度旋喷打入，MJS 桩（A6、B5）以 270°旋喷成桩，MJS 桩（A4、A5、A9、A11～A13、B6、B7、B9、B10）以 180°旋喷成桩加固在盾构机四周，同时采取斜向桩进行下部薄弱地层二次加固，保证加固止水质量，如图 6.4-7 所示。

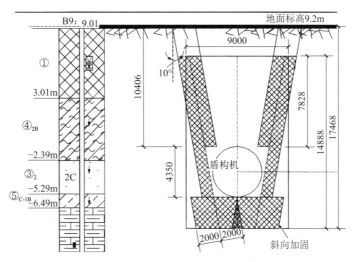

图 6.4-7　MJS 斜向加固桩剖面图

MJS 注浆加固施工前，对盾构土仓内进行膨润土浓泥浆填仓处理，并通过径向孔注射高密度膨润土，使其包裹住盾构机外壳，施工期间加强监控，避免浆液渗进土仓对盾构机造成二次伤害。

实际施工过程需根据现场情况及盾构机保压参数的变化（主要是切口水压）进行灵活动态调整。

MJS 桩的施作主要使用型号 MJS-60VH 全液压可旋转式地基改良设备。可进行最大 360°全方位喷射成桩，喷射压力最大可达 40MPa。通过调整喷射的角度和压力，控制成桩的形状和直径。

3. 成桩施工

1）桩位测量放点

施工前，采用测量仪放点定出桩心位置，确保桩位精度准确无误。

2）引孔作业

引孔是辅助成孔的一道重要工序，既能加快成孔钻进的施工效率，同时也能降低设备对土体的扰动性。引孔作业由专业引孔队伍施工，引孔施工流程见图 6.4-8。

引孔过程的注意事项：

（1）引孔作业需与 MJS 实桩喷浆错开施工，避免受成桩喷浆影响，造成孔口翻浆或塌孔。

（2）引孔下套管深度不得超过实桩顶部，避免喷浆时高压将其击碎，影响成桩质量。

（3）引孔下套管时，需确保堵封管缝隙间的密实性，防止后续施工发生套管松动现象。

（4）引孔施工不能完成引孔个数过多，容易发生塌孔，或受成桩影响发生孔口翻浆现象。

（5）引孔作业，须与MJS施工相隔一段距离，避免发生翻浆。

（6）引孔作业时，遇复杂地层无法钻进或地下有空洞，应采取灌注水泥浆液（有必要时添加水玻璃）改良地基，使其具备引孔施工条件。

（7）引孔到位取岩样后，对其进行扩孔，复核深度，为后续成孔（下钻）作准备。

（8）负责跟进引孔人员，必须对其关键工序及时报监，并收集好岩样和记录引孔施工得知的地层情况。

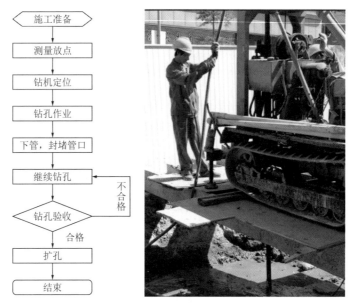

图 6.4-8　引孔施工工艺流程及施工现场图

3）安装防喷涌装置

防喷涌装置由8寸钢管＋法兰盘焊接而成，总高度130mm。其中，防喷涌装置下部设有一个减压阀，两部件通过螺栓连接，部件之间夹着一层15mm厚的高强度橡胶密封圈，密封圈中间开有直径130mm的孔洞，如图6.4-9所示。

图 6.4-9　安装防喷涌装置

防喷涌装置的安装：在已完成引孔的桩位四周打上定位膨胀螺栓，调整好防喷涌装置的位置，使用水平尺校核其水平度。将防喷涌装置与地面的膨胀螺栓焊接在一起，在防喷涌装置内侧周围抹上高强度的快干水泥，接着进行主机定位。主机定位完毕后，对其放置高强度橡胶密封圈安装法兰盘，最后在其外侧周围抹上高强度的快干水泥，防喷涌装置安装完毕。

4）机架定位

定位时测量仪放点定出桩心在平面上（地面）的对应位置，将主机机架上的钻头与桩心位置对应，调整主机使之与桩体的平面位置相匹配（图6.4-10）。

图6.4-10 主机定位

垂直桩定位时，结合水平尺和主机自带的水准仪调整机架竖直角度，直至钻杆竖直角度符合设计要求。

倾斜桩定位时，应按设计倾斜角度调整好机架角度，采用角度尺复核机架倾角是否准确，直至倾斜角度符合设计要求。

5）MJS多孔管钻入

调试设备的各项性能达标，复核钻杆与桩位垂直度，确保钻进的始发角度准确无误。为钻杆钻入孔口提供导向管及密封封堵，然后将1.5m长的多孔管和前端装置连接，顶出多孔管钻入防喷涌装置，并穿过O形密封圈（图6.4-11、图6.4-12）。

图6.4-11 前端切削装置（钻头）　　图6.4-12 多孔钻杆连接施工图

打开阀门，顶进多孔管进入土层。在顶进过程中，为了减少顶进的阻力，在钻头前端喷射削孔水辅助钻杆钻入施工，同时适当打开排泥闸阀进行排泥，以控制钻杆周围压力稍大于地层应力。成孔施工时，每顶进1.5m后均停止削孔水喷入和关闭排泥阀门，然后进行水龙头拆卸及再接驳一根1.5m长多孔管的施工，直至顶进到设计深度。

6）成孔精度

在MJS桩施工中的成孔精度通过采用独特的合金钻头和主机的水准仪实现。合金钻头前端呈圆形中间有十字突出的部分均镶有合金粒，钻头中心有一出水口，在钻进过程中以不同压力将辅助浆液向钻头前方喷嘴喷出辅助成孔。在垂直桩施工中通过观察主机的水准仪来控制偏斜，方便操作人员有针对性地进行纠偏，确保成孔精度（图6.4-13）。

图6.4-13　合金钻头及水准仪

7）成桩施工技术措施

成孔施工完成后，通过安装在钻头侧面的特殊喷嘴，用高压泵等高压发生装置，以不大于40MPa的压力将硬化材料从喷嘴喷射出去，并将多孔管抽回。由于高压喷射流具有强大的切削能力，因此，喷射的浆液可以切削四边土体，土体在喷射流的冲击力、离心力和重力等作用下，与浆液搅拌混合，并按一定的浆土比例及质量大小有规律地重新排列，浆液凝固后，便在土中形成各种形状的加固体（图6.4-14）。

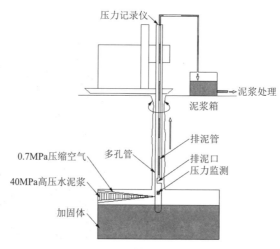

图6.4-14　成桩施工示意图

8）成桩施工参数设定

MJS 桩成桩施工参数设定如下：

（1）设计桩径：2.0m。

（2）搭接厚度：不小于 300mm。

（3）注浆压力：40MPa 左右，盾构机底时增至 45MPa。

（4）空气压力：0.6～0.8MPa。

（5）地内压控制范围：根据桩位所处地下水位及覆土厚度确定。

（6）水泥浆用量：约 2m³/m（180°）。

（7）水泥浆配比：水灰比为 0.8～1.5，根据现场配比试验后确定。

（8）回转速度：4r/min。

（9）提升步距：25mm；浆液流量：80～100L/min（浆液流量随注浆压力变化而变化）。

施工中为保证道路行车安全，施工单位根据监测信息反馈及时调整施工参数，实行信息化施工。

4. 周边环境监测情况

MJS 加固施工期间（2018 年 9 月 30 日—2018 年 11 月 8 日）地面及周边建筑物沉降监测结果（图 6.4-15）：周边地面沉降累计值最大为 +1.6mm，点位 K915；周边建筑物沉降累计值最大为 +0.8mm，点位为北侧 A3 楼 J54；本次 MJS 加固施工期间对其地面及周边建筑物沉降影响很小。

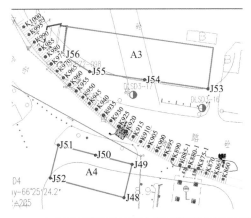

图 6.4-15 MJS 加固施工期间地面及周边建筑物沉降监测点布置图

5. 成桩质量

为检验加固效果，经研究后决定采用抽芯检测方式，测定其桩身强度是否达到 2MPa 以上，根据国家和省有关规范、规程和规定，并考虑本工程的具体情况，本次检测 3 根 MJS 咬合桩详细情况评述如下（表 6.4-1）。

各 MJS 咬合桩钻芯法检测主要情况一览表

表 6.4-1

序号	桩号	桩径/mm	桩身强度设计值/MPa	施工桩长/m	检测的桩长/m	钻芯孔深度/m	桩身水泥土描述	水泥土抗压强度单值/MPa
1	A5/A6咬合	2000	2.0	13.50	13.10	17.70	芯样整体连续性较好，搅拌均匀，胶结好	3.1、3.4、3.1、2.9、3.4、2.9
2	A8/A10咬合	2000	2.0	13.50	12.10	18.80	3.00～4.90m 芯样整体连续性差，搅拌差，胶结差，芯样呈块状、碎块状；4.90～13.50m芯样整体连续性较好，搅拌均匀，胶结好，芯样呈短柱状、柱状，局部块状；13.50～15.10m芯样整体连续性一般，搅拌较均匀，胶结一般，芯样呈短柱状、块状	3.3、3.1、3.5、3.2、3.3、3.3
3	A14/A18咬合	2000	2.0	13.50	13.20	17.60	芯样整体连续性较好，搅拌均匀，胶结好	3.5、2.7、3.5、3.7、3.2、3.4

1）A5/A6 咬合（ϕ2000mm）

（1）水泥土芯样特征及抗压强度

0.00～3.00m 为设计桩顶标高以上需凿除部分。

3.00～16.10m 为水泥土：芯样呈灰白色、灰黄色、灰褐色，芯样整体连续性较好，搅拌均匀，胶结好，芯样呈短柱状、柱状，局部块状。分别在该钻孔的 4.00～4.10m、7.43～7.57m、8.40～8.55m、11.80～12.00m、13.60～13.80m、14.80～15.00m 处采取水泥土样，共6块，测得其单轴抗压强度值（单值）分别为 3.1MPa、3.4MPa、3.1MPa、2.9MPa、3.4MPa、2.9MPa。

（2）持力层特征

16.10～16.80m 为强风化灰岩：灰白色，岩石风化强烈，岩体极破碎，岩芯主要呈块状，岩块手折不易断，局部夹少量块状中风化岩块；16.80～17.70m 为微风化灰岩：灰白色，隐晶质结构，岩石风化裂隙稍发育，岩芯呈短柱状、柱状，岩质坚硬，敲击声脆且振手。

2）A8/A10 咬合（ϕ2000mm）

（1）水泥土芯样特征及抗压强度

0.00～3.00m 为设计桩顶标高以上需凿除部分。3.00～15.10m 为水泥土，芯样呈灰白色、灰黄色、灰褐色：3.00～4.90m 芯样整体连续性差，搅拌差，胶结差，芯样呈块状、碎块状；4.90～13.50m 芯样整体连续性较好，搅拌均匀，胶结好，芯样呈短柱状、柱状，局部块状；13.50～15.10m 芯样整体连续性一般，搅拌较均匀，胶结一般，芯样呈短柱状、块状。分别在该钻孔的 4.90～5.10m、7.20～7.35m、9.40～9.60m、10.60～10.80m、11.20～11.40m、13.00～13.20m 处采取水泥土样，共6块，测得其单轴抗压强度值（单值）分别为 3.3MPa、3.1MPa、3.5MPa、3.2MPa、3.3MPa、3.3MPa。

（2）持力层特征

15.10～18.80m 为微风化灰岩：灰白色，隐晶质结构，岩石风化裂隙稍发育，岩芯呈短柱状、柱状，局部块状，岩质坚硬，敲击声脆且振手。

3）A14/A18 咬合（ϕ2000mm）

（1）水泥土芯样特征及抗压强度

0.00～3.00m 为设计桩顶标高以上需凿除部分。3.00～16.20m 为水泥土，芯样呈灰白色、灰黄色、灰褐色，芯样整体连续性较好，搅拌均匀，胶结好，芯样呈短柱状、柱状，局部饼状。

分别在该钻孔的 4.60～4.80m、6.00～6.20m、9.40～9.60m、11.80～12.00m、13.30～13.45m、15.60～15.80m 处采取水泥土样，共 6 块，测得其单轴抗压强度值（单值）分别为 3.5MPa、2.7MPa、3.5MPa、3.7MPa、3.2MPa、3.4MPa。

（2）持力层特征

16.20～17.60m 为微风化灰岩，灰白色，隐晶质结构，岩石风化裂隙稍发育，岩芯呈短柱状、柱状，岩质坚硬，敲击声脆且振手。

4）检测结论

本次钻芯法共检测 3 根 MJS 咬合桩，检测结论如下：

（1）A8/A10 咬合桩：3.00～4.90m 芯样整体连续性差，搅拌差，胶结差；4.90～13.50m 芯样整体连续性较好，搅拌均匀，胶结好；13.50～15.10m 芯样整体连续性一般，搅拌较均匀，胶结一般。

（2）A5/A6 咬合、A14/A18 咬合桩：芯样整体连续性较好，搅拌均匀，胶结好。

（3）受检的 3 根 MJS 咬合桩共取 18 个水泥土试样，水泥土试样天然单轴抗压强度均大于 2.0MPa，均满足设计要求。

（4）A5/A6 咬合桩、A8/A10 咬合桩、A14/A18 咬合桩钻芯法检测出的实际桩长比有效施工记录桩长分别短 0.40、1.40、0.30m。

根据 MJS 加固施工情况，受检的 3 根 MJS 咬合桩天然单轴抗压强度均大于 2.0MPa，满足设计要求。

6. 应用小结

该 MJS 加固应用位置地质情况复杂，处于富水岩溶地层，且地下存在不明障碍物，通过 MJS 加固技术的运用，有效地减少施工风险。

6.5 压气开仓的施工技术

6.5.1 压气作业的作用

土压平衡式盾构机在复合地层掘进施工中，由于刀具磨损严重，经常需要开仓更换刀具。若开挖面上部土体自稳性较差，或地层中富含地下水时，直接开仓会造成开挖面的坍塌甚至引起地面的沉陷。因此，需要先从地面对开挖面进行加固处理，才能开仓检查或者更换刀具。但在某些特殊情况下，如地面加固效果不理想，或地面加固所需时间过长，或地面不具备加固条件时，需要采取压气作业检查或更换刀具。220kV石井—环西电力隧道（西湾路—石沙路段）土建工程（施工3标）盾构区间长约980m的上软下硬地层、约524m的全断面微风化灰岩地层，盾构掘进施工过程开仓检查、更换刀具作业的频率高。下面就压气施工方法做简要介绍。

1. 压气作业的作用

土压平衡式盾构机依靠土仓内充满渣土保持一定的土压力来平衡开挖面的土压，而开仓换刀需要排出一定量的渣土来提供操作空间。压气作业方法就是在未进行地面加固的情况下，利用气压代替土压来平衡开挖面的土压力，提供检查刀具或换刀操作的条件。压气对开挖面的稳定作用，可大致分为下述三种：

（1）可阻止来自开挖面的涌水，防止开挖面坍塌。

（2）由于压气气压本身的挡土作用而使开挖面保持稳定。

（3）由于压气产生的围岩脱水作用，增加了粉砂、黏土层或含有粉砂、黏土成分的砂质土的强度。

2. 压气作业的地层选择性

压气施工也并非任何地层都适用，由于覆土厚度、土质、地下水等条件的不同，有时压气施工法收不到预期的效果，采用压气施工法前必须仔细研究。

压气的效果受围岩的条件所影响，故应充分调查土的粒度组成、土的透水性和透气性、地下水的状态等。另外，工程进展的同时必须观察开挖面的状态，测定并记录涌水量、空气消耗量，并与事先调查资料进行比较，及时反馈以指导施工。

土质不同，压气的效果也不同，大致如下：

（1）砂砾地基：由于透气性好，有地下水时涌水也多，增加压气气压时，则往往增加漏气（隧道内的空气连续向围岩侧泄漏的现象）。压气效果不明显，支护作用也收不到预期的效果。

（2）砂质地基：由于透气性好，故空气消耗量也大。小覆土时，如果气压太高的话，则产生喷发（隧道内的空气破坏围岩，爆发性地喷出地面）的危险性很大。虽然涌水量比砂砾地层少，但是完全避免很困难。涌水处发生开挖面坍塌的危险性很大。

（3）粉砂质地基：透水性差，压气效果好，是适合压气施工的地基。只要注意覆土与气压的关系就不会发生喷发现象，基本可以防止涌水。

（4）土质地基：土质软弱，开挖面不稳定时，可依靠压气气压本身的挡土作用和脱水作用使地基得到加固，故多采用压气法。

（5）互层地基：一般的围岩都是由各种土质的互层构成，比较复杂，地下水压也往往被不透水层隔断。例如，即使是砂砾或砂质层，如果开挖面的上部有粉砂或黏土等透气性差的地层时，也是较为理想的压气施工地层。在开挖面的地下水压高的透水层与低透水层之间夹着难透水层时，由于低透水层的漏气非常多，不得不降低压气压力。此时，透水层出现的涌水很多，成为主要问题。故一般透水系数大于 1×10^{-2}cm/s 时，往往很难采用压气施工法。

3.压气压力的设定

压气压力应大于确保开挖面稳定和防止涌水所必须的最小压气压力，以免对施工环境及附近建（构）筑物产生影响。一般，在不发生漏气、喷发现象时，压气压力越高，开挖面稳定效果越好，但是，从作业效率和隧道工作人员的健康方面考虑，压气压力则越低越好。因此，必须综合研究上述情况，选择最合适的压气压力。另外，必须供应必要的空气量以确保需要的压气压力。

通常，压气压力以开挖面的地下水压力为基准，再考虑其他因素来确定。但是，压气压力对开挖面的任一部分都作用同一压力，而对于隧道顶部与底部的作用水压和土压是不同的，因此，对所有的位置都给予最适合的条件，也是比较困难的。

选择压气压力的方法，因覆土厚度、地质、隧道直径而异，一般多取压气压力等于从盾构顶部往下$D/3 \sim D/2$位置的地下水压力。小直径隧道，一般多取$D/2$位置的地下水压力。但是在黏性土围岩、透气性小的条件下，可采用较上述数值略小的压力进行施工。

6.5.2 压气作业准备工作

在进行压气作业之前，必须采取特殊措施对机头前方开挖面土层的孔隙，以及盾构机壳体与圆周土体之间的空隙进行密封处理，然后通过加减压对人闸（图 6.5-1）及土仓气密性进行检验，在人闸及土仓气密性满足要求的前提下，才能进行下一程序的作业。

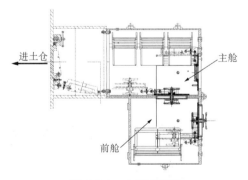

图 6.5-1 人闸示意图

1.压气设备的检查

压气作业前，先对空压机的性能、人闸的气密性、仪表的灵敏性等进行检查，同时对人闸的前仓、主仓进行加减压试验。

2.气压的选择确定

在进行压气作业前先确定需要多大的气压才能达到止水及土体自稳，操作步骤为：

（1）先把土仓的土出空一半（上部土压为零）。

（2）打开土仓壁中部的两个土仓加气球阀，要求在球阀位置土仓里没有泥土。

（3）做好上述两项工作后等待 1h，检查土仓的上部压力，确定所需气压。

为确保土仓气压在压气作业期间保持稳定，在确定准备进行压气前，首先要确保盾尾的油脂注入量和砂浆注入量足够。

6.5.3 案例

20kV 石井—环西电力隧道（西湾路—石沙路段）土建工程（施工 3 标）盾构区间多次成功应用压气作业（即利用压缩空气平衡盾构围岩水土压力）使其保持稳定，操作人员在气压状态下通过人闸进入土仓进行检查、更换刀具等工作。适用的压力范围在 60～690kPa 之间，一般在 180～300kPa，超过 450kPa 时，需要采用很高的潜水技术和相应的设备。

1. 压气设备

（1）盾构机验收时应对人闸进行气密性试验。

（2）跟人闸管理人员有关的操作设备及显示设备安装在人闸的外边。

（3）所有人闸舱中配有同样的设备，如压力计、时钟、电话等。

（4）必须备用柴油空压机，以防停电。

（5）对所有组件的性能必须定期检查，如显示设备、带式记录仪、钟表、温度计、密封及阀门等。

（6）压力传感器安装在土仓中，用来测定土仓中土压的实际值。压力调节器将实际的土压与预设的参考压力值相比较，并使供气阀动作以达到正确的支撑压力。压缩空气调节系统仅调节供气，如开挖仓中压力太高，可通过溢流阀排气。

（7）压气作业现场必须配备医疗仓。及时将人员送入高压仓中再加压治疗减压病是唯一有效的方法，可使90%以上的急性减压病获得治愈。而且加压治疗越早越好，以免时间过久导致组织严重损害而产生持久的后遗症。必要时尚需辅以其他治疗措施，如补液或注射血浆以治疗休克等。患者出仓后，应在仓旁观察 6～24h。若症状复发，应立即再次加压治疗（图 6.5-2）。

图 6.5-2　压气作业

2. 压气作业人员基本守则

（1）作业开始时，在第一个人进入土仓空间前，人闸值班员应持续充气 10min，以确保土仓空间内空气新鲜。

（2）压气作业人员必须是经过培训且通过考核、身体检查的健康工作人员。要进行医学防治知识教育，使其了解减压病的发生原因及防治方法。

（3）应严格遵守压气作业工作时间，以 24h 为一个周期，总的工作时间不得超过 6h。

（4）进行压气作业的人员在作业前 8h 内禁止饮酒，作业过程中禁止饮用含有酒精的饮料，禁止吸烟。

（5）减压之前，更换干燥、洁净和暖和的衣服。

（6）患流感的人员不能进入人闸，这可能导致耳膜破裂。

（7）当工作仓温度超过 27℃时，必须采取特殊的充气方法。如果温度不能维持在 27℃以下，压气作业必须停止。高温下，必须向员工提供特殊的供水装置。减压时，人闸内的温度不允许在 5min 内降至 10℃以下或升至 27℃以上。

（8）在压力超过 100kPa 的环境下作业的人员，减压后应留在人闸附近或医疗仓内一段时间。

（9）作业后的 24h 内，禁止飞行和潜水。

3. 加压、减压

（1）严格遵守加减压规程，一般采用美国海军潜水规程，日本、新加坡等发达国家及我国香港地区同样有相应的标准可参考，我国交通部和铁道部也曾制定过有关规程。

（2）进行无人压力试验，以检查主仓与前仓的各功能部件在试验压力下的工作情况。

（3）在确定所需气压后，往前掘进 1～2 环，把土仓的土快速出空，然后加膨润土和空气，直到气压升到所需气压为止，在加膨润土的过程中需要不停地转动刀盘。

4. 主仓加压

（1）人闸管理员缓慢地打开进气阀。

（2）缓慢地升高主仓的压力，直到达到工作压力。

（3）当主仓内压力达到工作压力时，人闸管理员关闭带式记录器。

（4）为了更换刀盘上的刀具，根据地质条件不同，应适当降低开挖仓中渣土的高度。作业过程中，必须时刻密切注意开挖面的稳定性。

5. 总结

压气作业优势是可以解决地面无加固条件或隧道埋深太大实施地面加固效果不佳等情况下无法检查、更换刀具的难题；缺点是风险大、成本高。

6. 有待解决的问题

（1）规范：有关部门应尽快制定压气作业操作规程。

（2）设备：施工单位应配备急救医疗舱，而可利用的社会资源不多。压气下焊接和切割设备昂贵，且在市桥站—番禺广场站区间试验未成功。

（3）经验：缺乏如何根据开挖面情况正确判断压气作业的适应性，并非任何地层都可以实施压气作业。

（4）人员：熟悉人闸结构并能有效地加以利用的操作人员不多，尚需大量培养。能够进行监护和急救的潜水医生比较难找，社会医院不能提供治疗服务。

6.6 移动式反力架的创新技术应用

随着现在的电力隧道工程不断向"深、险、大"的综合管廊发展，复杂的周边环境以及地质条件对电力隧道的建设有着不可避免的影响，这对隧道建设者在创新技术的开发研究与应用上提出了更高的要求。本节通过对220kV石井—环西电力隧道（西湾路—石沙路段）工程建设过程中遇到的难题而提出的新技术进行介绍，为更多的隧道建设后来者提供参考思路（图6.6-1～图6.6-3）。

图6.6-1 移动式反力架　　　图6.6-2 始发台架安装　　　图6.6-3 移动式反力架组装
出厂前试装

6.6.1 创新需求

移动式反力架应用于220kV石井—环西电力隧道（西湾路—石沙路段）土建工程（施工2标）盾构机在4号工作井始发阶段，该始发井长24.4m，宽9.8m，为地下三层框架结构（图6.6-4、图6.6-5）。基坑围护结构采用800mm厚连续墙加3道混凝土内支撑，洞门范围连续墙采用玻璃纤维筋。按结构侧墙厚度为700mm、顶板厚度为700mm、中板厚度为400mm、底板厚度为900mm设计。

4号工作井作为盾构始发井，为盾构施工提供盾构始发条件，结构净空尺寸为24.4m×9.8m，投入该工程土压平衡盾构机的总长为98m，工作井结构净空不满足盾构整体始发条件（图6.6-6）。常规固定式反力架＋拼装负环管片的组合始发方式不满足材料及渣土运输条件。

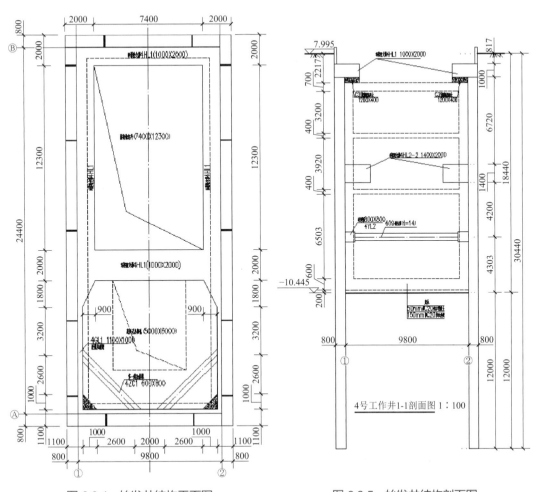

图 6.6-4　始发井结构平面图　　　　图 6.6-5　始发井结构剖面图

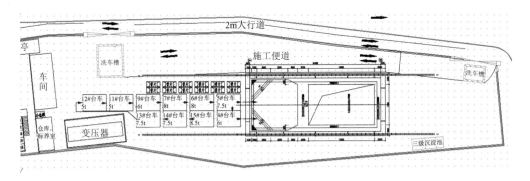

图 6.6-6　4 号工作井场地布置平面图

　　本项目由于受始发井空间限制，盾构采用分体始发，分五步完成分体始发状态；为了最大限度地节省始发空间使方案最优化，项目部设计、制造了一套移动式始发装置（移动式反力架），该始发装置可以加快渣土运出效率、加快盾构始发阶段施工进度、减去负环管片拆除工作及因拆除而影响盾构掘进，还可以避免负环管片的损耗及拆除过程中的安全风险。

1. 移动式反力架介绍

盾构始发的主要内容包括：安装盾构机始发台架、盾构机组装就位和调试、安装钢套筒式洞门密封圈、安装移动式始发装置（即移动式反力架）、盾构机分体始发掘进、台车下井连接为正常掘进等。移动式反力架参与阶段详见图6.6-7。

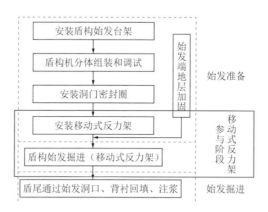

图 6.6-7 盾构分体始发流程图

在端头加固、始发台架安装、盾构机下井组装与调试等前置工作完成后，即开展移动式盾构始发装置安装。

移动式盾构始发装置（即移动式反力架）提供盾构始发推进时所需的反力，因此移动式反力架需具有足够的刚度和强度，并专门设计、制作一整套装置。

移动式反力架及支撑通过螺栓直接安装在始发台架上固定，以保证反力架的稳定性；基准环与反力架之间通过14根水平支撑连接，盾构推力由盾构主推千斤顶作用在基准环上，并通过水平支撑传递至反力架上（图6.6-8～图6.6-10）。

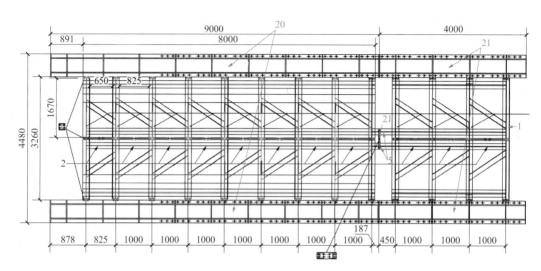

图 6.6-8 始发台架平面图

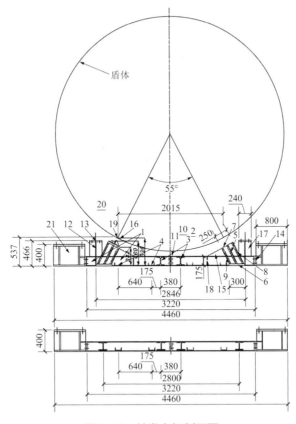

图 6.6-9 始发台架剖面图

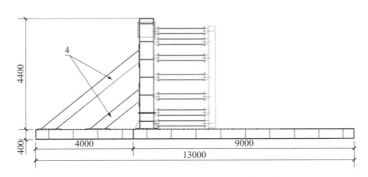

图 6.6-10 移动式盾构始发装置整装侧立面图

2. 移动式反力架安装阶段

移动式盾构始发装置的安装主要分五部分: 始发台架、基准环、反力架、水平支撑、斜撑。

1) 始发台架的安装

始发台架在盾构机下井组装前下井定位安装并加固好, 始发架之间连接螺栓采用M24、强度为8.8级的高强度螺栓, 螺孔孔径均大于螺栓 2mm。

2) 基准环的安装

基准环为圆环形, 由上下两半组成, 基准环底部设置有两个定向行走滑轮, 便于基准环在盾尾内壳面上行走并起支撑作用。

安装时，先将上下两部分用龙门式起重机下至井底，并将下半部分安装并移动至盾尾内用槽钢焊接固定；然后在盾尾 1 点位、11 点位上焊接两个吊耳，用两个 2t 的倒链将基准环的上半部分吊起并与下半部分拼装焊接（图 6.6-11）。

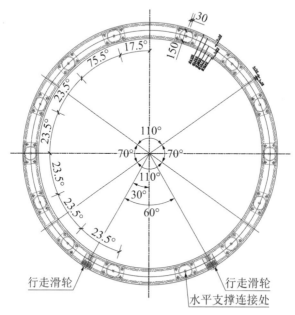

图 6.6-11　基准环背立面图

3）反力架的安装

反力架由 4 块组件组成，即上梁、两边的立柱、下梁。反力架各组件在地面拼装好后，由龙门式起重机将其整体吊入始发井与始发台架对接连接。反力架之间连接螺栓采用 M24，反力架与始发台架之间连接螺栓采用 M30、强度为 10.9S 级的高强度螺栓，螺孔孔径均大于螺栓 2mm。

为保证反力架受力均匀，端面平整及整体性较好，在反力架上安装异形环板，使水平支撑传递的推力先作用于异形环板，再传递至反力架。水平支撑与异形环板之间的连接采用相同的方式用螺栓连接（图 6.6-12、图 6.6-13）。

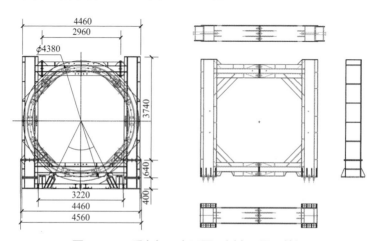

图 6.6-12　反力架正立面图、侧立面图、俯视图

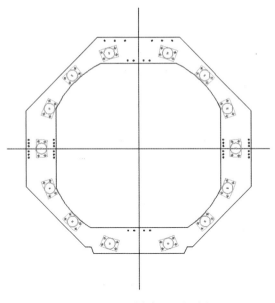

图 6.6-13　反力架异形环板

反力架安装前，需要求始发台架精确定位，并经计算复核，以保证反力架的纵向位置在零环混凝土管片拆除后浇筑洞门时满足洞门的结构尺寸和连接要求以及支撑的稳定性。

安装反力架时，先将反力架基座各螺栓孔对准始发台架上预留的螺栓孔，再插入螺栓紧固。待反力架安装完后，进行支撑的安装，同样是将支撑端部钢板上预留的螺栓孔与始发台架及反力架上预留的螺栓孔对准，然后插入螺栓紧固。

为了保证盾构机始发姿态，安装反力架和始发台架时，需确保始发台架定位安装左右偏差控制在 ±10mm 之内，高程偏差控制在 ±5mm 之内，上下偏差控制在 ±10mm 之内，以便控制反力架的安装精度。始发台架水平轴线的垂直方向与反力架的夹角小于 ±2‰，盾构姿态与设计轴线竖直趋势偏差小于 2‰，水平偏差小于 ±3‰。

4）水平支撑的安装

水平支撑为基准环与反力架之间的传力连接构件，环向均匀分布共 14 根长 1.84m、直径 219mm、厚 1cm 的无缝钢管，钢管两端焊接 1cm 厚的连接法兰板。

水平支撑由底部往上安装，使之与反力架异形环板及基准环上的法兰板螺栓孔对接，将反力架、基准环连接为整体。水平支撑的吊装采用龙门式起重机及 2t 的倒链辅助，倒链的吊点焊接在盾尾上（图 6.6-14）。

5）斜撑的安装

斜撑为反力架提供后座反力，保证盾构机向前掘进所需的推力，斜撑采用 H 型钢、工40b 三拼组成，在反力架后部设置两道斜撑，与水平面夹角 38º，斜撑与始发台架、反力架间采用同样规格的螺栓连接（图 6.6-15）。

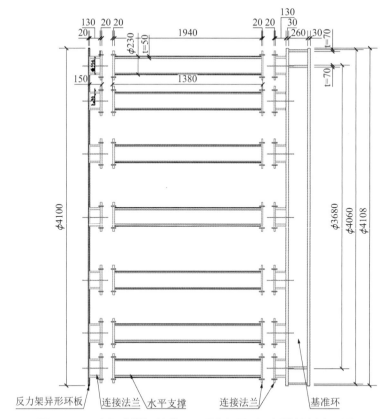

图 6.6-14 水平支撑与基准环、反力架异形环板连接侧立面图

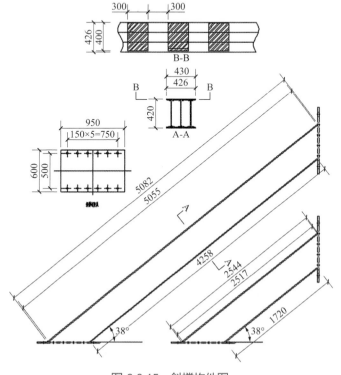

图 6.6-15 斜撑构件图

6）移动式盾构始发装置安装注意事项

（1）移动式盾构始发装置各部件的加工制作需保证其尺寸及精度要求，特别是各连接部件的螺栓孔的加工精度。

（2）各部件焊接需保证其焊接质量，避免脱焊、虚焊、漏焊现象。

（3）安装时，需保证反力架、基准环的垂直度，使其与始发线路轴线、始发台架垂直，并保证每个部件的螺栓孔对准。

（4）必须保证各部件螺栓拧紧牢固。

（5）水平支撑安装时，必须保证每个支撑端面的法兰面板之间紧贴密实，避免出现水平支撑安装歪斜的现象，导致受力不均，出现集中受力现象，使支撑变形。

3. 移动式反力架使用阶段

盾构每掘进一环（即 1m），预先分别在盾构机两侧及始发台架上焊接牛腿，用两组 50t 千斤顶将盾构机往前顶住，防止盾体后移，再将反力架及斜撑与始发台架之间的螺栓拆除，然后用千斤顶将反力架、水平支撑、基准环及斜撑整体在始发台架上沿掘进方向往前移动 1m，并对应始发台架上的螺栓孔用螺栓紧固，继续下一环的掘进，如此循环直至零环位置，则开始拼装管片（图 6.6-16～图 6.6-18）。

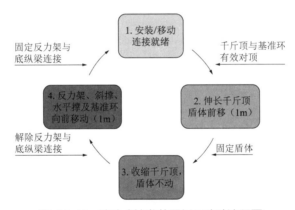

图 6.6-16　移动式始发装置循环移动流程图

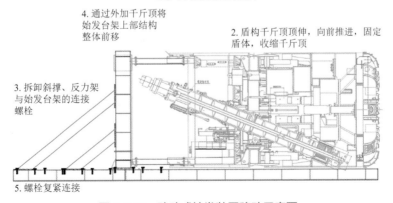

图 6.6-17　移动式始发装置移动示意图

图 6.6-18 盾构机始发台架移动图

4.移动式反力架计算书

1）设计、计算说明

反力架外作用荷载即盾构机始发的总推力乘以动荷载效应系数加所有不利因素产生的荷载总和，以1500t水平推力为设计值。

对于螺栓连接、角焊缝连接处的设计，仅仅计算其最大设计弯矩和剪力值，而不作截面形式设计，可根据提供弯矩、剪力设计值来调整截面是否需要做加固处理。

2）反力架的结构形式

（1）反力架的结构形式（图6.6-19）

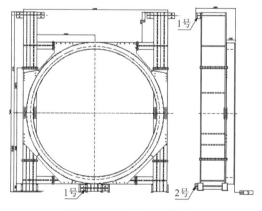

图 6.6-19 反力架结构图

（2）各部件结构介绍

①立柱：立柱为箱体结构，主受力板为30mm厚钢板，筋板为30mm厚钢板，材质均

为 Q235-A 钢材，箱体结构截面尺寸为 1050mm×500mm，具体形式及尺寸见图 6.6-20。

②上横梁：结构为箱形结构，主受力板为 30mm 厚钢板，筋板为 30mm 厚钢板，材质均为 Q235 钢材，结构截面尺寸为 1050mm×500mm。其结构和立柱一样。

③下横梁：结构为工字形结构，主受力板为 30mm 厚钢板，筋板为 30mm 厚钢板，材质均为 Q235 钢材，结构截面尺寸为 1050mm×300mm。其结构如图 6.6-21 所示。

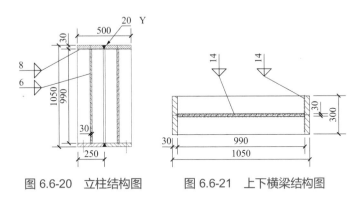

图 6.6-20　立柱结构图　　　　图 6.6-21　上下横梁结构图

④八字撑：八字撑共有 2 根，其中心线长度为 2028mm，截面尺寸如图 6.6-22 所示。

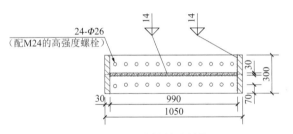

图 6.6-22　八字撑接头结构图

（3）反力架后支撑结构形式

后支撑主要有斜撑和直撑两种形式，按照安装位置分为立柱后支撑、上横梁后支撑、下横梁后支撑。

①立柱后支撑（以左线盾构反力架为例）：线路中心左侧（东侧）可以直接将反力架的支撑固定在标准段与扩大端相接的内衬墙上；线路中心线右侧（西侧）材料均采用直径500mm、壁厚 9mm 的钢管。始发井东侧立柱支撑是 3 根直撑，始发井西侧立柱是 2 根斜撑和 1 根直撑（底部）。如图 6.6-23、图 6.6-24 所示。

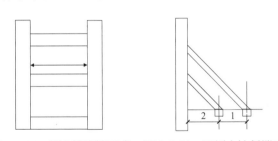

图 6.6-23　侧立柱直撑形式　　图 6.6-24　西侧立柱斜撑形式

②上横梁后支撑：材料均采用 250mm × 250mm H 型钢，其轴线与反力架轴线夹角为 41°25′25″。

③下横梁后支撑：材料均采用 250mm × 250mm H 型钢，每个支撑由 2 根 H 型钢组成，共 6 个支撑。

3）反力架受力计算

（1）力学模型

反力架为门式刚架。立柱计算高度为 7790mm，上下各有 1 个横梁，计算跨度为 5700mm。

（2）荷载取值

设计值为 F，平均分配到钢负环上。钢负环把荷载传递到反力架上的四个受力区域。每个区域的 F_i 为 $F/4$。

$$F = 1500\text{t} \times 9.8\text{kN/t} = 14700\text{kN}$$

$$F_i = F/4 = 14700/4 = 3675\text{kN}$$

（3）力学计算

根据以上分析，我们分别建立横梁、立柱、支撑的计算模型。因为横梁的荷载是传递到立柱和水平支撑上的，故应按横梁、立柱、水平支撑、井壁支座计算。

①截面承载能力复核

截面参数：横梁和立柱采用箱式结构，腹板为 2 × 990mm × 30mm，翼板为 2 × 500mm × 30mm。

$$A_{\text{腹板}} = 990 \times 30 = 29700\text{mm}^2; \quad A_{\text{翼板}} = 500 \times 30 = 15000\text{mm}^2$$

$$A_s = 2 \times (A_{\text{腹板}} + A_{\text{翼板}}) = 2 \times (29700 + 15000) = 89400\text{mm}^2$$

截面复核（查弯矩图、剪力图）得

$$M_{\max} = 655.9\text{kN} \cdot \text{m}$$

$$V_{\max} = 1787.9\text{kN}$$

$$\delta_{\max} = M_{\max}/W_x = 655.9 \times 10^6/17833504.76 = 36.8\text{MPa}$$

$$\tau_{\max} = V_{\max}/(2 \times A_{\text{腹板}}) = 1787.9 \times 10^3/(2 \times 29700) = 30.1\text{MPa}$$

查钢结构设计规范可知：$[\delta] = 210\text{MPa}$；$[\tau] = 120\text{MPa}$。故经检验 $\delta_{\max} < [\delta]$，$\tau_{\max} < [\tau]$；正截面满足强度设计要求。

②计算梁的挠度

a. 计算惯性矩 I_x

梁的截面如图 6.6-25 所示。

由 $I_{x0} = 2(I_{x1} + b^2 A_1) + 2I_{x2}$

计算得到 $I_{x0} = 7.36 \times 10^{-3}\text{m}^4$

b. 查规范得，梁的挠度应满足 $w_{\max} \leqslant l/400$，最高强度要求为 $w_{\max} \leqslant 2\text{mm}$。

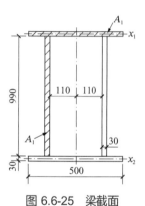

图 6.6-25 梁截面

下面计算梁的挠度：

按叠加法，分别计算出单个荷载时梁的挠度，然后叠加便得到梁变形时的最大挠度。

a）均布荷载作用时，$w_q = \dfrac{5ql^4}{384EI} = \dfrac{1.65 \times 10^7}{EI}$

b）集中力作用时，$w_F = -\dfrac{23Fl^3}{1296EI} = -\dfrac{1.63 \times 10^7}{EI}$

$w_{max} = w_q + w_F = 0.0001\text{m} \leqslant \dfrac{l}{400} = 15\text{mm}$，满足要求。

同时，$w_{max} \leqslant 2\text{mm}$，也满足最高强度要求。

（4）支撑受力计算

①支撑的截面特性

250mm × 250mm H 型钢截面特性：弹性模量 $E = 196 \times 10^5$，最小惯性矩 $I_{min} = 10800\text{cm}^4$，截面积 $A = 92.18\text{cm}^2$。

直径 500mm，壁厚 9mm 钢管截面特性：弹性模量 $E = 205 \times 10^5$，最小惯性矩 $I_{min} = 41860\text{cm}^4$，截面积 $A = 138.76\text{cm}^2$。

②稳定性计算的最大承压力

a. 东侧立柱后支撑稳定性计算——最大承压力

$$F_{max} = \frac{\pi^2 EI_{min}}{(\mu l)^2} = \frac{3.14^2 \times 205 \times 10^5 \times 41860}{(2 \times 170)^2} = 7319\text{kN}$$

则东侧三根支撑能承受的最大荷载为 $7319 \times 3 = 21957\text{kN}$。

b. 西侧立柱后支撑稳定性计算——最大水平荷载

5247mm 长斜撑（水平夹角 45°）水平荷载计算：

$$F_1 = \frac{\pi^2 EI_{min}}{(\mu l)^2} = \frac{3.14^2 \times 205 \times 10^5 \times 41860}{(2 \times 524.7)^2} = 768.3\text{kN}$$

由于水平夹角为 45°，则其水平承载力为 $768.3/\cos 45° = 1086\text{kN}$

4020mm 长斜撑（水平夹角 17°）水平荷载计算：

$$F_2 = \frac{\pi^2 EI_{min}}{(\mu l)^2} = \frac{3.14^2 \times 205 \times 10^5 \times 41860}{(2 \times 330.8)^2} = 1933\text{kN}$$

由于水平夹角为 45°，则其水平承载力为：$1933/\cos 45° = 2733.7\text{kN}$

c. 上横梁后支撑稳定性计算

上横梁后支撑采用 250mm × 250mm H 型钢，中心线长度为 2267mm，其轴线与反力架轴线夹角为 41°25′25″。

$$PE = \frac{\pi^2 EI_{min}}{(\mu l)^2} = \frac{3.14^2 \times 205 \times 10^5 \times 10800}{(2 \times 226.7)^2} = 1061.9\text{kN}$$

由于水平夹角为 41°25′25″，则其水平承载力为：

$1061.9/\cos 41°25′25″ = 1416.2\text{kN}$

3 根后支撑能承受的水平荷载为 $3 \times 1416.2 = 4248.6$kN

d. 下横梁后支撑稳定性计算

下横梁后支撑是由 8 根 H 型钢组成，均为直撑，其长度均为 1700mm，其最大承载力计算如下：

$$PE = \frac{\pi^2 EI_{min}}{(\mu l)^2} = \frac{3.14^2 \times 205 \times 10^5 \times 10800}{(2 \times 170)^2} = 1888\text{kN}$$

8 根总荷载为 $8 \times 1888 = 15104$kN

③斜撑抗剪强度计算

从受力分析可知，长 5247mm、直径 500mm 钢管斜撑抗剪受力最危险，因此从该斜撑的抗剪应力着手计算水平承载能力。

应力计算公式为 $\sigma = \frac{PL^2}{2EI}$，而钢材最大需用应力为 210MPa。

由此计算斜撑最大承载力

$$F_1 = 2EI \times [\sigma]/L^2 = 2 \times 205 \times 10^5 \times 41860 \times 210/5247^2 = 1309\text{kN}$$

由此力验算水平最大承受推力 $F = 1309/\sin 45° = 1870$kN，从验算结构可以得出应按轴向抗压强度验算支撑能承受的最大推力。

因此，所有支撑的最大承载力为

$21957 + 2733.7 + 4248.6 + 15104 = 44043.3$kN

始发最大推力我们设置为 8000kN，后支撑满足最大推力要求。

4）反力架受力及支撑条件

（1）反力架安装及后支撑位置（图 6.6-26）

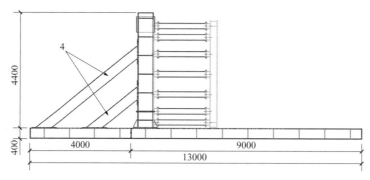

图 6.6-26　反力架及后支撑安装位置

（2）初始掘进时反力架的受力分析

在正式始发掘进时，反力架与基准环之间采用千斤顶连接，因此可以将其看成近似的刚性整体。当初始掘进时，盾构机所需推力很小，钢管环可视为均匀受力，所产生压应力也呈环状均匀分布。

（3）掘进过程中推力逐渐加大时反力架的受力分析

如图 6.6-27 所示，设定支撑点为 A、B、C，非支撑点为 D、E、F。

支撑点 A、B、C 处随着压力增加，产生一定的弹性变形，所产生位移为后支撑杆件弹性变形和梁弹性变形的组合，设定为 ΔL_1，这个位移量很小，在压力不能够使其产生塑性变形前，可视其为刚性。非支撑点 D、E、F 处背后没有位移的限制，在压力产生挠曲变形后，设定它因挠曲变形所产生的位移为 ΔL_2。当 ΔL_2 大于 ΔL_1 后，荷载重新分布，即支撑点处荷载 P_1 急剧增加，非支撑点处荷载 P_2 缓慢增大，并存在上限值。因此，荷载中心分布后，主要受力处为支撑点处。它随着推力增大而加大，而非支撑点处荷载 P_2 缓慢增大，它的上限值由梁体的刚度决定，它仅提供比管片与钢管环的摩擦力大的压力即可。

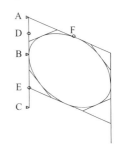

图 6.6-27 支撑点布置图

由上述可知，反力架应力主要集中在后支撑点处，而后支撑材料采用 Q235 的 H20 型钢。反力架应力集中处截面积远大于后支撑截面积，因此，校核后支撑强度及焊缝强度即可。

5）强度校核计算

（1）盾构始发时，推力从下往上慢慢变小。根据始发经验，为防止"栽头"，最低点油缸推力约为最高点的 2 倍。根据这个设定，我们可以分析出支撑点最大荷载：

承受荷载点为 6 点。

荷载分布为：1∶1.5∶2。

最大荷载为：$(1000/2) \times (2/4.5) = 222t$

（2）反力架立柱下端与预埋件的焊接强度：

采用 J422 焊条焊接，焊高 12mm。

焊缝长度：$700 \times 2 + 500 \times 2 + 100 \times 2 = 2600mm$

J422 焊条的焊缝金属的抗拉强度为 $42kg/mm^2$。

焊缝强度：三级焊缝强度为 85%，考虑施工条件，这里考虑为 75%。

反力架单根立柱下端可承受拉力：$2600 \times 12 \times 42 \times 0.75 = 982800kg = 982.8t$

因为 982.8t ＞ 222t，因此，焊接强度满足要求。

（3）后支撑抗压强度：

后支撑材料采用 Q235 的 H20 型钢，抗压强度为

$222 \times 10000/(0.025 \times 0.2 \times 2 + 0.025 \times 0.15) = 161.45 \times 10^6 Pa = 161.45MPa$

Q235 的屈服强度为 235MPa。

161.45MPa ＜ 235MPa，因此，后支撑强度满足要求。

6）始发托架受力验算

（1）始发托架结构说明

始发托架制作所采用的材料均为 Q235，具体结构如图 6.6-28～图 6.6-30 所示。

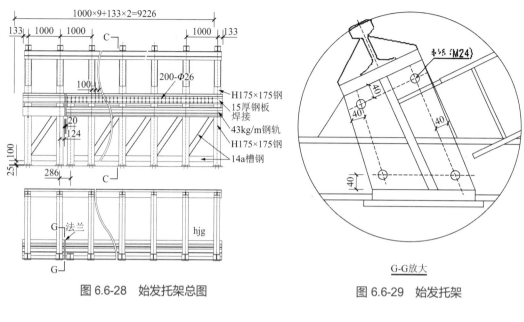

图 6.6-28　始发托架总图

图 6.6-29　始发托架

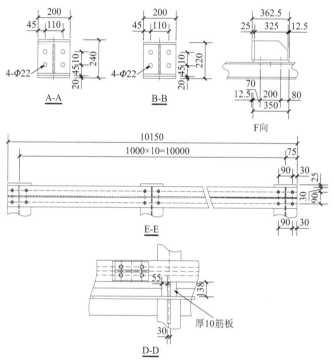

图 6.6-30　始发托架纵梁图

（2）受力验算

托架所承受荷载为盾构机自重。

最大荷载出现在盾构机掘进前而管片安装两环时，计算最大荷载：

盾构机自重为 323t，两环管片质量为：$21 \times 2 = 42t$

最大荷载为 $323 + 42 = 365t$

①抗压强度校核

单根纵梁承受的最大荷载：$P = (365/\cos 25°)/2 = 201t$

$A = 0.02 \times 8.2 + 0.02 \times 0.2 \times 10 = 0.204m^2$

$\sigma = 201 \times 10^4/0.204 = 9852941N/m^2 \approx 9.85MPa$

$[\sigma] = 235MPa$，$\sigma < [\sigma]$，抗压强度满足要求。

②螺栓抗剪强度校核

最大荷载为 365t。

水平分力：$p = \tan 25° \times 365/2 = 85t$

摩擦力：$(365/2) \times 0.005 \approx 1t$

水平剪切力：水平分力 − 摩擦力 $= 85 - 1 = 84t$

采用 M20 的螺栓，其有效面积为 $244.8mm^2$（《钢结构设计手册》）。

螺栓连接的强度设计值：$f_b = 140N/m^2$（《钢结构设计手册》）。

每根螺栓的承载力设计值为：$A \times f_b = 244.8 \times 140 = 34272N \approx 3.4t$

螺栓数量为：64 根。

则设计可承受的荷载为：$3.4 \times 64 \times 0.85 \approx 185t > 84t$

抗剪强度满足要求。

6.6.2 创新点

在狭小场地只能进行盾构分体始发，比常规始发增加材料吊运及土方外运的难度，通过采用移动式始发装置，不仅能给盾构材料及出土提供作业空间，提高作业工效，还能免拼装负环，规避负环拆除风险，确保了施工安全，节省负环使用成本。在工期紧、任务重的情况下，不仅节约成本，而且施工工效得到有效提高。为业内同行应对狭小空间盾构始发开辟了新思路，为"移动式始发装置"的推广奠定了基础。

6.6.3 取得成果

（1）使用移动式反力架，能够减少施工过程中的风险。拼拆负环也存在一定的风险，如起吊管片时因钢丝绳拉断、吊具螺母脱落、吊具螺栓拉断等造成的突然下落，又如拆除负环需要对盾构机进行停机，盾构机在砂层中停机容易造成地陷。因而，采用移动式反力架，能够有效减少盾构掘进施工的风险。

（2）使用移动式反力架，能提高掘进的工作效率。受周边条件限制，始发井长度约 24m，宽度约 10m，井位比较狭小。首先，通过采用移动式始发装置克服狭小空间难题，节约负环管片成本，为该工程盾构分体始发阶段提供 19m 有效作业空间，提高了管片、渣土及其他材料的运输效率。其次，移动式反力架的前移方便快捷，只需在两端采用千斤顶进行顶推，几分钟就能把反力架推到所需的位置，继续进行掘进工作，节省工期。

（3）使用移动式反力架能节省成本。首先，采用移动式反力架，免去拼装负环，能够节省负环管片的制作和运输费用。其次，移动式反力架能够反复到各个工地使用，能有效减少企业的施工成本（图6.6-31）。

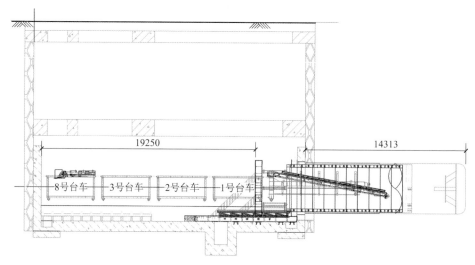

图 6.6-31　移动式反力装置剖面图

该技术的"一种用于狭小空间的移动式盾构始发装置"获得实用新型专利证书（图6.6-32）、"狭小空间盾构移动式始发装置的技术研究与应用"获广东省土木建筑学会科学技术二等奖（图6.6-33）、"盾构移动式反力架始发施工工法"获省级工法证书（图6.6-34）。

图 6.6-32　实用新型
专利证书

图 6.6-33　广东省土木建筑学会
科学技术二等奖证书

图 6.6-34　省级工法证书

6.7　泥膜的创新技术应用

目前国内常用的开仓方法为加固预处理常压开仓和气压开仓。

（1）加固预处理常压开仓原理：在地面通过旋喷、搅拌或渗透等方式让水泥浆固结开挖面周围土体，增强土体的自稳性，形成一个封闭的闭水环境，从而具备开仓的条件（图 6.7-1）。

（2）加固预处理气压开仓原理：先通过惰性浆在开挖面形成泥膜防止气体泄漏和稳定周围土体，将土仓变成压力容器罐，通过向其不断输入压缩空气，保持土仓内气压稳定并大于周围地下水土压力，稳定开挖面，从而具备开仓的条件（图 6.7-2）。

图 6.7-1　加固预处理常压开仓示意图

图 6.7-2　加固预处理气压开仓示意图

6.7.1　创新需求

泥膜技术应用于 220kV 石井—环西电力隧道（西湾路—石沙路段）土建工程（施工 3 标）盾构开仓过程中，该工程盾构隧道为 6～8 号工作井盾构区间，全长 2029m，采用海瑞克土压平衡盾构机施工。盾构机将穿越多处的上软下硬复合地层，共约 980m，部分地段砂层直接覆盖在基岩之上，主要分布在 7～8 号工作井区间。穿越全断面⑨$_{C-2}$微风化灰岩，强度约在 50MPa 以上，最高达 154MPa，共约 139m（图 6.7-3）。

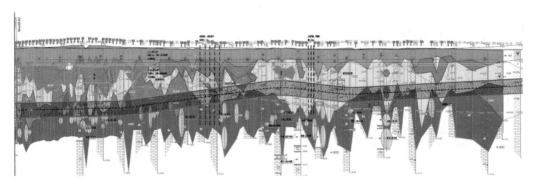

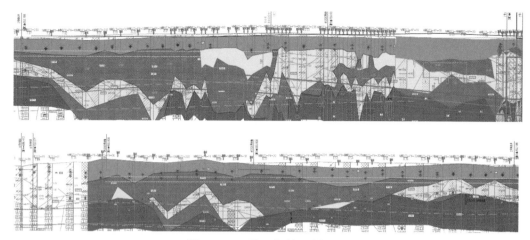

图 6.7-3 盾构区间地质剖面图

1. 上软下硬地层盾构开仓频繁

该标段盾构机穿越多处的上软下硬复合地层，复合地层最重要的特点是工程范围内的岩性变化频繁，物理力学特性差异大，基岩风化界面起伏大，断层破碎带分布密集，含水量差异明显。地质勘察资料显示，⑨$_{C-2}$ 微风化钙质灰岩岩石抗压强度在 45～154MPa 之间。上软下硬地层，掘进速度慢且速度非常不稳定。由于上软下硬地层地质不均匀且强度高，掌子面起伏大，盾构刀具受力不均，且双刃滚刀破岩能力不佳，极易造成盾构机刀具的非正常损坏，开仓换刀非常频繁。前期掘进 750m 共更换刀具 161 把（图 6.7-4）。

图 6.7-4 前期开仓掌子面及刀具照片

2. 盾构气压开仓难度大

图 6.7-5 气压开仓期间压力计图

盾构机气压开仓换刀所处的地层为上软下硬地层，上部地层多为砂层，且部分地段为历史塌陷区，砂层极为松散，自稳性差。隧道上方周边建（构）筑物与管线密集，电缆沟长期位于隧道正上方，地面加固条件有限，难以常压开仓，只能带压作业（图 6.7-5）。

而上部砂层松散且气密性差，压气作业对仓内气密性要求高，开仓难度大，准备时间长。仓内容易发生掌子面坍塌以及漏气量过大、压力不稳，安全风险高，需多次修补泥膜或加固以保证作业安全，耗费时间长，仓内作业时间有限。前期掘进 750m，共开仓换刀 30 次。

6.7.2 创新技术应用

为解决该工程开仓时间长、难度大、成本高、风险高的问题，该项目研制出一种新型泥膜注浆材料"西宁特（sealant）"。

该种材料主要由钠基膨润土、水泥以及其他环保化工产品，通过双液混合拌制而成，浆液具有易泵送、凝固时间适中、凝固后透水性差、气密性好、黏聚力高、强度低、易于清理且成本低廉等特点。

泥膜施工技术要点

1）西宁特 A 液拌制

西宁特 A 液使用剪切泵（射流泵）拌制，A 液配比：A 粉：水＝1：2（质量比），拌制完成后，密度为 1.25～1.28g/cm³，且浆液无结团微粒。

2）西宁特 A 液运输

A 液拌制完成后，泵送至砂浆车，运送到隧道内。

3）西宁特 A 液与 B 液混合

西宁特 A 液与 B 液用台车上的砂浆斗进行搅拌混合，确保塑化剂与 A 液混合均匀性，每次混合时，A 液存放量不能超过砂浆斗搅拌叶片的 2/3 高度。西宁特 A 液与 B 液混合配比：A 液：B 液＝15：1（质量比）。

4）盾构机机体包裹

利用盾构机机体上径向孔以西宁特包裹，利用同步注浆管在盾尾及脱出盾构机 1～3 环管片外侧，注入西宁特进行填充并包裹整个盾构机。注入量以压力控制为主，注入压力大于 2bar 或土仓顶部压力大于 1.2bar 时停止注入。

5）西宁特泵送及排渣

直接用西宁特进行浆渣置换（洗仓）。西宁特通过土仓壁 10 点位球阀注入，利用螺旋机进行排渣，直至螺旋机排出完全的西宁特，停止排渣，继续注入西宁特直到土仓压力大于 1.2bar。置换过程中，应严格控制好螺旋机转速及土仓压力，避免压力波动过大，偏差以 ±0.5bar 为宜。

6）分级加压

根据本次开仓地点地层条件和埋深，工作压力设定为 1.1bar。西宁特分 4 级加入，通过小量多次地注入西宁特进行加压，每级加压 0.2bar，即：1.2～1.4bar→1.4～1.6bar→1.6～1.8bar→1.8～2.0bar，其中 1.2～1.4bar→1.4～1.6bar→1.6～1.8bar 要求稳压 2h，1.8～2.0bar 要求稳压 12h。第四级加压前缓慢转动刀盘，转速 0.1～0.5r/min。保压过程记录西宁特注入量。

7）盾构机后退

西宁特分级加压第三级与第四级之间的时候，利用注入西宁特的压力让盾构机后退8cm，应严格控制土仓压力，加强地面监测。

8）浆气置换

浆气置换采取自然降压和排土方式降压，在最高压力下稳压12h以后，从2.0～1.8bar一般采用自然降压，也可根据泄压量的情况，选择采用自然降压或泄气降压。从1.8～1.2bar采用排土分级降压。开始进行排土降压时，就应启动保压系统，防止螺旋机出土时产生负压，破坏西宁特泥膜的整体性。浆气置换排渣6～7m³。

9）保压试验

浆气置换完成后，进行保压试验。保压试验期间，若：

空压机加载时间/(空压机加载时间 + 空压机卸载时间) < 10%，表明保压试验及格，人员准备加压进仓。

空压机加载时间/(空压机加载时间 + 空压机卸载时间) > 10%，重新注入西宁特进行分级保压。

6.7.3　小结

通过研发该浆液，通过泥膜制作有效地加快了该工程的开仓效率，降低了施工风险，为30余次气压开仓作出了重要贡献（图6.7-6、图6.7-7）。

图 6.7-6　现场拌制泥膜注浆材料

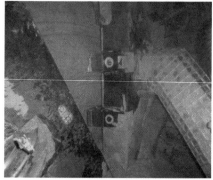

图 6.7-7　泥膜成型效果

第 7 章

同步建设的回顾与思考

城市电力隧道
与地铁隧道同步建设技术
广州石井—环西电力隧道工程

7.1　石井—环西电力隧道建设过程回顾

220kV 石井—环西电力隧道（西湾路—石沙路段）历经约 6 年艰辛建设，现已通电投产。电力隧道总长约 6.9km，是一条连接荔湾区西湾路环西变电站至白云区石沙路段的电力专用管廊，也是首个由广州市财政和广州供电局按照各占 50% 的投资比例进行建设的电力工程隧道。

7.1.1　重大建设节点情况

（1）2013 年，石井—环西电力隧道作为地铁 8 号线北延段专用变电站上级电源的电源通道，经广州市政府和南方电网达成一致意见、并报请广州市政府同意，2013 年 6 月广州市政府办公厅以城建〔2013〕770 号文明确，电力隧道建设由广州市财政和广州供电局各承担一半土建费用，财政费用从地铁建设资金中列支。

（2）2013 年 8 月 20 日，广州市电力设施建设协调工作联席会议办公室组织召开推进石井至环西电力隧道建设的会议，明确广州供电局为建设业主，地铁监理公司为代建单位，以及资金申请等相关问题。

（3）立项：2014 年 1 月 15 日，获取广州市发改委批复意见，投资估算约 54338 万元。

（4）规划许可：2015 年 1 月，取得广州市规划局的规划许可证。

（5）初步设计：2015 年 2 月 11 日，获取广州市住建委批复意见。

（6）初步设计概算：2015 年 5 月 8 日，获取广州市财政局初步设计概算评审结果。

（7）合同签订情况：

2014 年 5 月 8 日，完成建设管理合同签订工作。

2015 年 6 月 20 日，完成监理合同签订工作。

2015 年 10 月 21 日，完成设计合同签订工作。

2015 年 7 月 2 日，完成 1、2、3 标的施工合同签订工作。

（8）工程开、竣工情况：

施工 1 标：于 2016 年 4 月 28 日项目开工，2016 年 12 月 28 日盾构始发，2020 年 7 月 17 日电力隧道贯通。2022 年 3 月 21 日完成单位工程竣工验收。

施工 2 标：于 2016 年 2 月 22 日项目开工，2017 年 8 月 9 日盾构始发，2021 年 1 月 6 日电力隧道全线贯通。2022 年 3 月 30 日完成单位工程竣工验收。

施工 3 标：于 2016 年 10 月 15 日项目开工，2017 年 7 月 28 日盾构始发，2020 年 8 月 8 日电力隧道贯通。2021 年 12 月 31 日完成单位工程竣工验收。

7.1.2　工程推进过程中的亮点

220kV 石井—环西线路工程与地铁 8 号线北延段同步实施。隧道全线采用盾构法施工，沿广州市西湾路、西槎路、石槎路一路向北，并与广州地铁 8 号线北延段并行敷设，其中与地铁 8 号线并行段长约 6.1km。线路穿越广州最复杂的富水岩溶地层，其中电力隧道 1 次过地铁车站主体，4 次上跨地铁隧道，10 次下穿地铁车站出入口或风道，3 座电力隧道工作井与地铁出入口合建，工程建设和协调难度可见一斑。

从项目可研、初步设计到前期征借地，再到正式进场施工，由于项目线路处于岩溶地区和人员居住稠密区域，过程中困难重重，施工风险巨大，经过施工、监理、代建、业主的共同努力，攻坚啃硬，克服各种阻碍，工程于 2021 年 1 月 6 日全线顺利贯通。

（1）全国第一次采用盾构冷冻刀盘，成功完成多次刀具更换。

（2）盾构渣土的洞内运输是在 55‰ 的重载上坡中完成，隧道运输安全管控到位。

（3）成功运用了自制泥膜在上软下硬地层中实施超过 30 次压气开仓换刀工作。

（4）在刀盘配置双刃刀具不适应上软下硬地层掘进中，果断更换了新刀盘，顺利高效完成掘进工作。

（5）采用"先隧后井"施工工艺，盾构机连续穿越了 36 幅地下连续墙。

（6）施工过程中，盾构机过河涌、绕桥桩、贴渠箱、啃钢板，最终顺利到达隧道终点。

（7）通过电力工作井与地铁出入口同步设计、同步施工，合建口统筹规划，大大减少了本工程报规报建等手续的工作量，统一协调项目前期征借地及管线迁改，电力隧道节约了巨大的投资成本。

纵观整个电力隧道建设过程，建设面临的地质条件极为复杂。断裂带、岩溶、深厚的富水砂层、巨厚的淤泥层、上软下硬的复合地层等，在建设过程中都曾遇到。广州市城区建筑物密集，交通极其繁忙，修建地下电力隧道对周边环境的保护非常困难但又极为重要。

面对困难和挑战，电力建设者们团结一致、不畏艰难，积极探索制度创新、管理创新、技术创新，作出了大量创新尝试，注重技术先进性与工程实际相结合，取得了显著成绩。前面的施工技术篇章中有详细的描写，这里不再赘述。

7.2 电力隧道工程建设管理过程中面临的主要问题

7.2.1 电力隧道各工作井施工场地的征借地困难问题

电力隧道一般采用盾构、顶管、暗挖等施工工艺进行施工，所需施工场地较大、施工工期较长。一个盾构始发井的场地一般要 3000～4000m² 才能满足要求，特别在广州市区内征借地更加困难。

石环电力隧道在施工场地借地过程中，动用了荔湾区道扩办、白云区建设局等政府部门参与征借地，征借地工作虽有加快，但场地问题仍对项目建设工期造成了一定的影响。

7.2.2　地下工程施工风险源多、跨越障碍物多、施工过程协调量大的问题

由于是地下工程，未知的风险因素较多，电力隧道穿越各类地下管线、障碍物以及各类建（构）筑物的地基与基础，因为这些建（构）筑物稳固程度及质量不一，从而导致地下电力隧道施工过程中对各类管线和建（构）筑物的影响不一，一旦施工控制不慎，施工风险和社会影响都很大。

现有的电力隧道建设线路，主要集中在城区，必须了解原先道路地下管线的埋设情况，而许多市政管线信息资料早已缺失，排查、摸清原有管线情况需耗费大量的人力、物力和时间，施工前期准备工作任务重，造成投入成本高，且建设步伐缓慢。

在石环电力隧道 1 标穿越大坦沙污水管网过程中，需切割以前管网建设遗留的钢板、混凝土墩等，造成盾构机刀盘磨损严重。

7.2.3　线路规划与地面出入口永久用地问题

由于地下电力线路工程规划涉及城市地下空间规划、地下管线、地下轨道交通规划等，线位冲突问题时有发生。但电力线路需要按一定的走向连接各个变电站，才能发挥其应有的作用。线路报规过程中，经常出现规避了地下管线和地下建筑物，就必须穿越私人、集体或其他产权人的地块，而产权人一般都反对电力隧道侵入地块或在附近建设出入口，所以造成线路规划批复困难，线路变更或调整的情况反复出现。

地面出入口用地方面，电力井的出入口一般都布置在市政绿化带或公共用地上，但许多线路中出入口位置只能设在村或产权人地块内，协调难度较大，且电力出入口前期一般不办理用地规划许可，如果出入口在产权地块，出入口的设置尺寸和规划批复都难以得到相关部门的同意。

7.2.4　已成型电力隧道的保护问题

电力隧道建成后，由于城市其他供水、燃气等地下管线建设、轨道交通地铁隧道建设、房屋基础建设等在施工过程中，必然会对已成型的电力隧道造成影响。特别是邻近电力隧道施工时，稍有不慎，就可能造成隧道变形、上浮、破损等事故，严重影响运营电力线路的安全。石环电力隧道建设成型后，先后有白云区建设局的污水改造工程需上穿电力隧道、白云高架桥桩需在电力隧道旁施工、地铁后期剩余出入口通道需上跨电力隧道施工等，如果没有专门人员巡查和对接，对后期多条电力隧道运营将会带来较大影响。

7.3　电力隧道工程与地铁工程同步建设的思考

220kV 石井—环西电力隧道与广州地铁 8 号线北延段并行敷设，其中与地铁 8 号线并

行段长约 6.1km。3 座电力隧道工作井与地铁出入口合建，其中电力隧道 1 次过地铁车站主体，4 次上跨地铁隧道，10 次下穿地铁车站出入口或风道。

7.3.1 同步建设施工工法的调整和创新

本工程广泛采用"先隧后井""先隧后站"；工作井采用"逆作盖挖法""顺作明挖法"等多种施工工艺。由于电力隧道和地铁 8 号线北延段的车站、隧道多次交叉或合建，各工点施工进度各不相同，不能满足各项施工工序的紧密衔接，施工工法和工艺创新尤为重要。

"先隧后井"比"先井后隧"的选择更为灵活，同时部分工作井采用逆作盖挖法，也可以选择地铁车站与电力隧道不同时施工的设计和施工衔接；如采用传统的"顺作明挖法"或"先井后隧"，无论选择何种工法均不能达到地铁车站与隧道同时施工的条件。

工期和投资方面，"先隧后井"一开始的优点就是有利于线路整体工期策划，避免造成盾构施工不连续或窝工现象，造成成本、资源浪费。

7.3.2 电力工作井与地铁车站出入口合建的思考

通过电力工作井与地铁出入口一起设计、一起施工，统筹规划，大大减少了本工程报规报建及其相关行政手续的工作量。

本工程 2 号、5 号、6 号、7 号工作井属于电力与地铁合建井，其征借地、管线迁改工作在地铁车站施工时已统筹实施完成，为项目的前期征借地及管线迁改费用节约了巨大的投资成本。

与地铁合建，交叉施工中需要协调的问题太多，因为双方为了各自的成本、工期考虑，都想优先解决或实施本方关心的部分，造成协调难度大。

合建工程施工中，为保证工程安全，某些施工工序存在施工的先后顺序制约，如果某一方的工序没有实施完成，就会严重拖延后实施一方的工期。比如石环电力隧道项目电力隧道上跨地铁隧道施工过程中，为安全考虑，在聚—上区间、同—上区间，专家要求两条隧道必须先下后上，先施工下方的地铁隧道，再施工上方的电力隧道；在 5 号合建井施工中，先施工地铁的出入口连续墙，电力隧道才能穿越。这些工序中，地铁施工因其他因素多次拖延，造成了电力项目建设总工期滞后较多。

目前，电力隧道、综合管廊等地下基础设施建设机遇与风险并存，国家政策密集出台，各级地方政府大力支持。地下隧道同步建设的成功案例将会越来越多，石井—环西电力隧道在广州岩溶地区与地铁隧道同步建设案例，为我国的地下隧道同步建设事业带来新的动力和启示，期待其经验及成果在未来的实践中得到更好的应用和发展。

附　录

附录一 大事记

序号	时间	大事记
一、立项批复及招标阶段		
1	2013-1-15	取得《广州市建设科学技术委员会办公室关于轨道交通8号线北延线全线及石井至环西电力隧道初步设计评审工作的报告》
2	2013-8-1	广州供电局批复《关于220千伏石井至环西线路工程可行性研究报告的批复》
3	2013-12-17	项目建设管理单位确定
4	2014-1-15	广州市发改委批复同意《关于220千伏石井至环西线路工程可行性研究报告的批复》
5	2014-10-21	广州市规划局批复同意电力隧道线路路径方案
6	2015-5-8	广州市财政局批复初步设计概算
7	2015-5-26	220kV石井—环西电力隧道土建工程监理中标通知书颁出
8	2015-6-5	220kV石井—环西电力隧道土建工程（施工1、2、3标）中标通知书颁出
二、前期征借地及管线迁改工作		
1	2016-1-1	1号工作井正式围蔽
2	2016-5-12	1号工作井管线迁改完成
3	2017-6-30	2号工作井正式围蔽
4	2017-11-13	2号工作井管线迁改完成
5	2017-3-28	3号工作井正式围蔽
6	2017-5-30	3号工作井管线迁改完成
7	2015-7-1	4号工作井正式围蔽
8	2015-12-1	4号工作井管线迁改完成
9	2019-8-19	5号工作井正式围蔽（不涉及管线迁改）
10	2015-12-20	6号工作井正式围蔽
11	2016-12-1	6号工作井管线迁改完成
12	2016-6-19	7号工作井正式围蔽
13	2018-4-11	7号工作井管线迁改完成
14	2015-12-25	8号工作井正式围蔽
15	2016-7-15	8号工作井管线迁改完成
16	2016-11-3	A号逃生井围蔽完成
17	2017-11-4	1号逃生井正式围蔽
18	2018-3-22	1号逃生井管线迁改完成
19	2017-6-30	2号工作井正式围蔽
20	2017-11-13	2号工作井管线迁改完成
21	2017-3-28	3号工作井正式围蔽
三、工程进展		
（1）施工标段1		
1	2017-2-28	盾构开始掘进

序号	时间	大事记
2	2020-7-5	盾构隧道完成贯通
3	2016-4-28	1 号工作井正式开工
4	2020-8-9	1 号工作井完成封顶
5	2017-8-15	2 号工作井正式开工
6	2022-1-5	2 号工作井完成封顶
7	2017-5-30	3 号工作井正式开工
8	2021-9-19	3 号工作井完成封顶
9	2016-11-30	A 号逃生井正式开工
10	2021-8-28	A 号逃生井完成封顶
（2）施工标段 2		
1	2017-8-9	盾构开始掘进
2	2021-1-6	盾构隧道完成贯通
3	2016-2-22	4 号工作井正式开工
4	2021-8-10	4 号工作井完成封顶
5	2019-8-19	5 号合建工作井正式开工
6	2020-7-22	5 号合建工作井完成封顶
7	2016-9-11	6 号工作井正式开工
8	2021-8-15	6 号工作井完成封顶
9	2021-3-19	1 号逃生井正式开工
10	2021-5-14	1 号逃生井完成封顶
（3）施工标段 3		
1	2017-7-28	盾构开始掘进
2	2020-8-8	盾构隧道完成贯通
3	2016-10-15	8 号工作井正式开工
4	2021-1-30	8 号工作井完成封顶
5	2018-7-5	7 号工作井正式开工
6	2020-8-6	7 号工作井完成封顶
7	2020-8-9	2 号逃生井正式开工
8	2020-11-8	2 号逃生井完成封顶
四、运营投产阶段		
1	2021-1-15	项目完成通电
2	2022-10-12	风水电项目竣工

附 录 二 石井—环西电力隧道地质剖面图

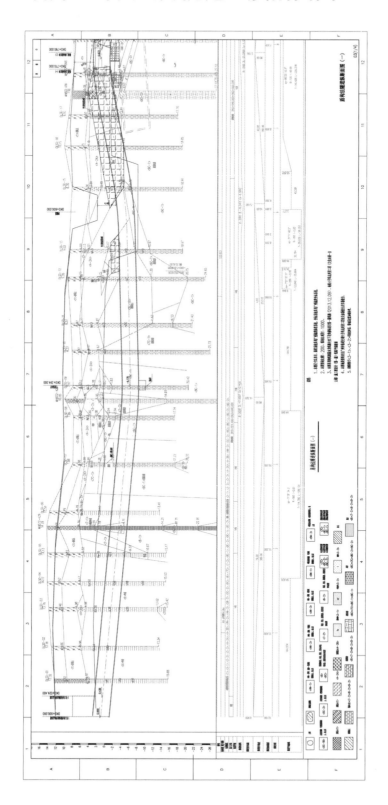

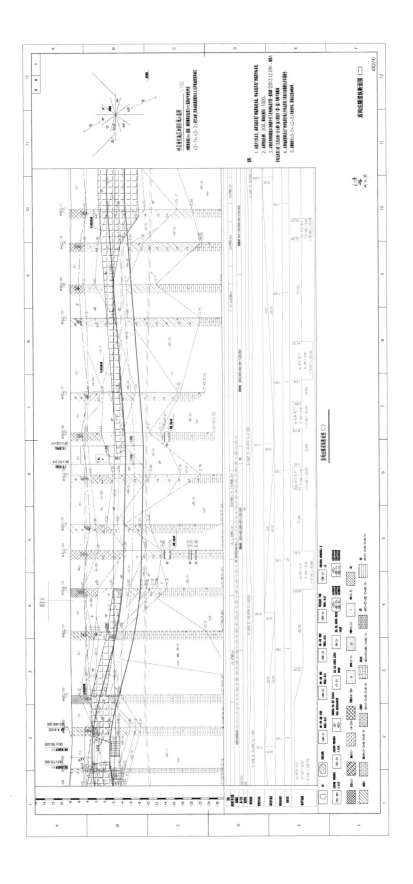

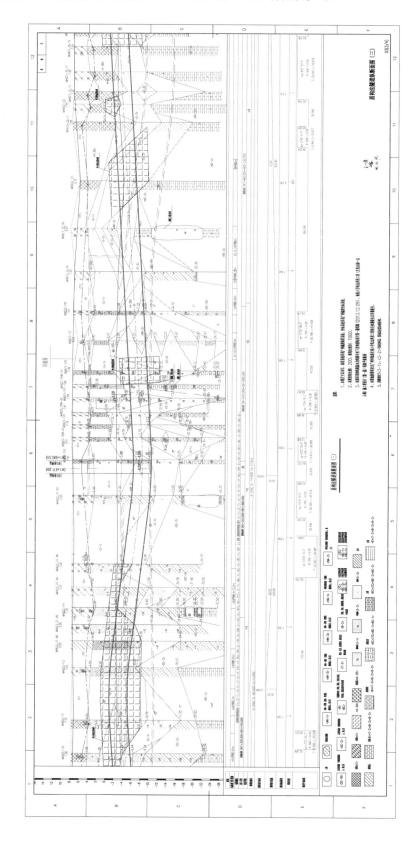

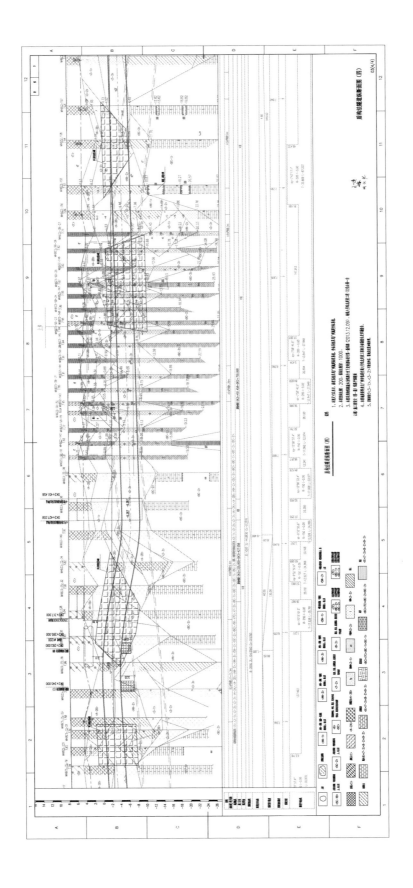

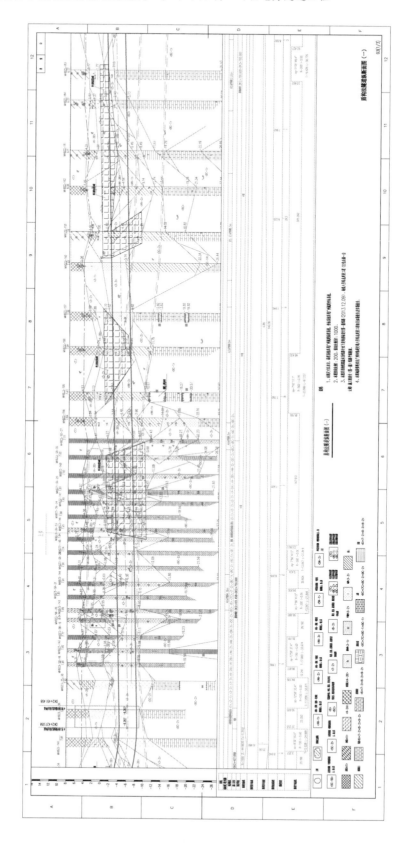

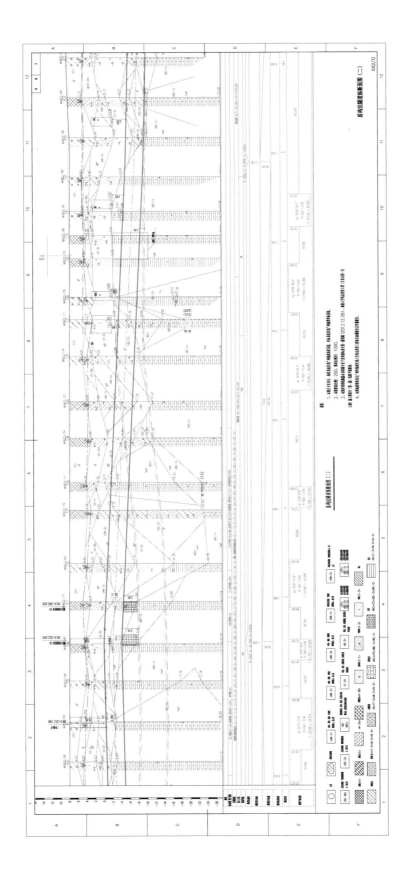

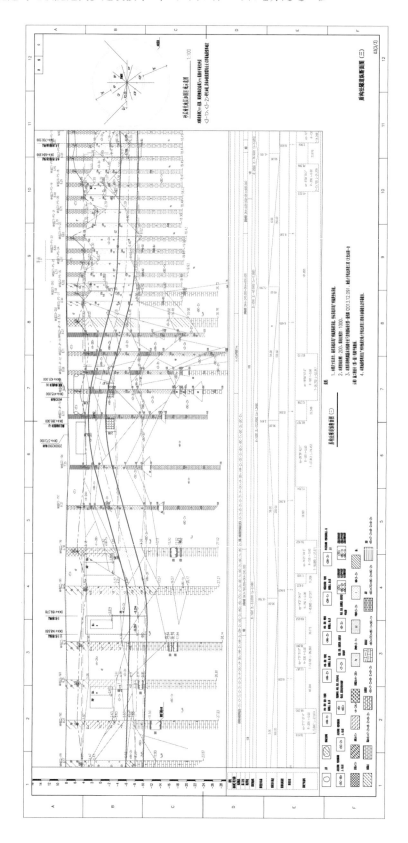

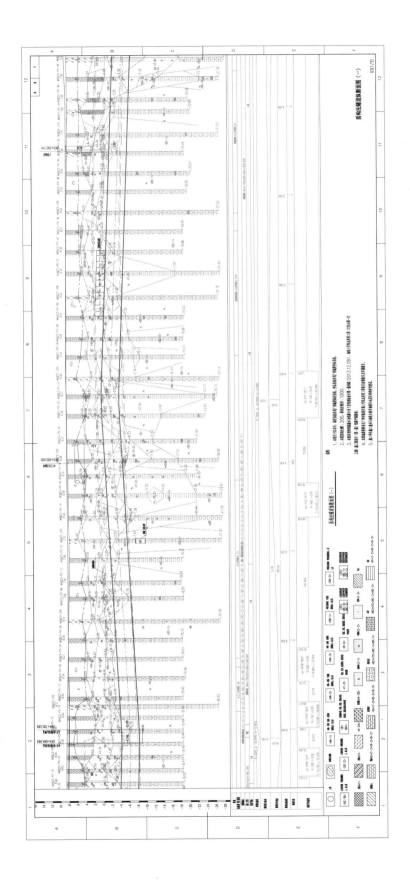

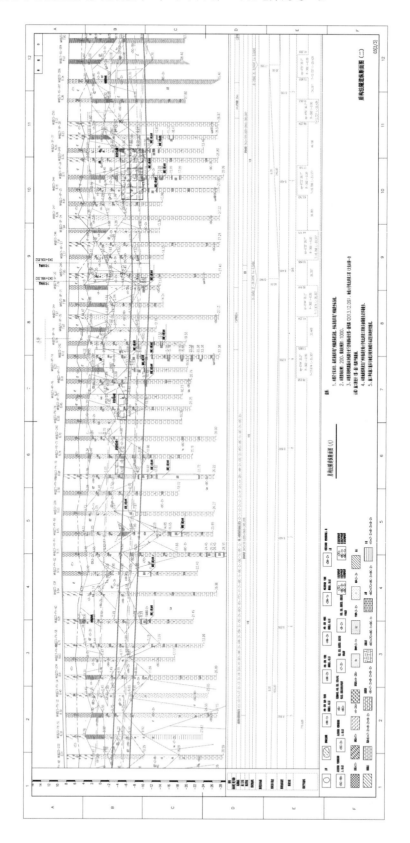

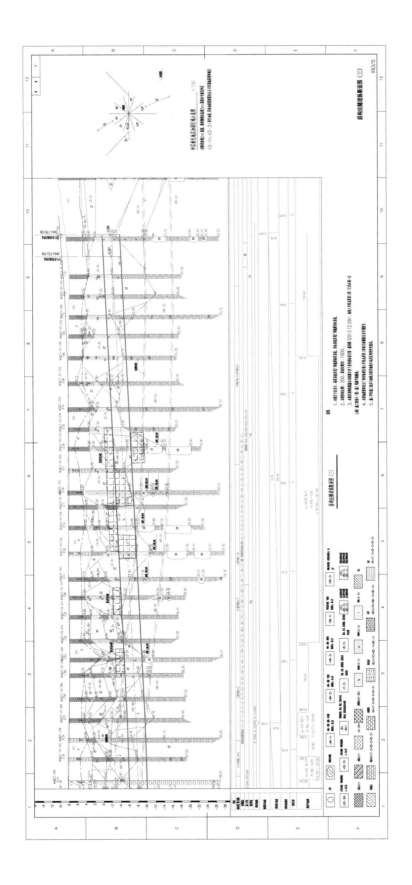